Laurence King Verlag GmbH
Jablonskistraße 27, 10405 Berlin
www.laurencekingverlag.de

Laurence King Publishing ist ein Imprint von:
The Orion Publishing Group Ltd
Carmelite House, 50 Victoria Embankment
London EC4Y 0DZ

Ein Unternehmen von Hachette UK

Für die deutsche Ausgabe
Übersetzung Sarah Pasquay, Hildesheim
Lektorat: hauffe publishing, Dortmund
Satz: Igor Divis, Dortmund
Projektleitung: hauffe publishing, Dortmund

ISBN: 978-3-96244-239-2

1. Auflage 2022
Gestaltung: John Round Design
Herstellung: DL Imaging, London
Gedruckt in China bei Asia Pacific Offset Ltd

Laurence King Publishing setzt sich für eine ethische und nachhaltige Produktion ein. Wir sind stolzes Mitglied des Book Chain Project®.
Bookchainproject.com

BOOK
CHAIN
PROJECT

www.laurenceking.com
www.orionbooks.co.uk

Wir sind für eine gendergerechte Sprache, haben uns jedoch hier im Text aus Gründen der besseren Lesbarkeit und zum leichteren Verständnis der komplexen Fakten für das generische Maskulinum entschieden. Es sind ausdrücklich alle Menschen, egal ob männlich, weiblich oder divers, gemeint. Besonders, weil in der Wissenschaft Frauen oft nicht ausreichend gewürdigt wurden, siehe hierzu auch die Anmerkung zum Kontext, S. 8.

S. 10 Der persische Naturwissenschaftler und
Philosoph al-Razi/Wellcome Collection
S. 41 Das Foucaultsche Pendel im Pantheon, Paris/Rémih
S. 154 Die Andromedagalaxie/NASA/JPLCalifornia Institute of Technology
S. 180 Aufbau des ATLAS-Detektors im Large Hadron Collider, CERN

EINE KURZE GESCHICHTE DER WISSEN-SCHAFT

Ein Überblick über die wichtigsten historischen Stationen, Experimente, Theorien, Methoden und Instrumente

Tom Jackson

Aus dem Englischen von Sarah Pasquay

Laurence King Verlag

Inhalt

THEORIEN

METHODEN UND INSTRUMENTE

Einleitung

STEPHEN HAWKING: „WIR ALLE SIND NUR EINE WEITERENTWICKELTE ART VON AFFEN, AUF EINEM UNBEDEUTENDEN PLANETEN EINES SEHR DURCHSCHNITTLICHEN STERNS. ABER WIR KÖNNEN DAS UNIVERSUM VERSTEHEN. DAS MACHT UNS ZU ETWAS SEHR BESONDEREM."

Die Naturwissenschaften widmen sich dem Aufdecken von Fakten, die seit jeher existieren, bis dahin aber nicht bekannt waren. Naturwissenschaftler erforschen die Natur der Stoffe und sind bestrebt, bis zum äußersten Rand des Universums zu blicken – und vielleicht darüber hinaus.

Dieses Buch beschreibt die bahnbrechenden Entdeckungen, die unser heutiges Verständnis des Universums begründen. Es behandelt die Physik, die die Gesetze ergründet, welche Energie, Materie und Bewegung beherrschen; die Chemie, die Substanzen aller Art erforscht und zu verstehen versucht, wie sich eine Substanz in eine andere umwandeln kann; und die Biologie, die alle Formen des Lebens studiert. Darüber hinaus streift es die Psychologie, die Astronomie, die Neurowissenschaft und die Geologie.

In den Naturwissenschaften stützen sich neue Entdeckungen stets auf ältere. Die kurzen Hintergrundgeschichten, die hier erzählt werden, geben Einblicke in naturwissenschaftliche Erkenntnisprozesse und zeigen, wie sich diese durch jahrhundertelange Arbeit stetig weiterentwickelt haben.

Historische Stationen

MARIE CURIE: „MAN BRAUCHT IM LEBEN NICHTS ZU FÜRCHTEN, MAN MUSS ES NUR VERSTEHEN. JETZT IST ES AN DER ZEIT, MEHR ZU VERSTEHEN, DAMIT WIR WENIGER FÜRCHTEN."

Es hat Tausende Jahre gedauert, bis die Naturwissenschaften aus dem Nebel von Aberglaube und Dogmen auftauchen konnten. Heutige Wissenschaftler arbeiten mit präzisen Methoden, die das Denken leiten, testen ihre Theorien und überprüfen sorgfältig ihre Ergebnisse. Und doch ist die schon in der Antike entstandene schlichte Einsicht, dass die Suche nach Beweisen zur Wahrheit führt, bis heute von großer Bedeutung.

Den großen Einfluss, den die Naturwissenschaften heute ausüben, erhielten sie erst vor rund 350 Jahren, zu Beginn jener Periode, die wir als naturwissenschaftliche Revolution bezeichnen. Damals wurde das weite Forschungsfeld nach und nach in spezialisierte Bereiche aufgegliedert. In den 1850er Jahren waren Naturwissenschaftler zu Experten für verschiedene Fachgebiete geworden, etwa für Zellbiologie, das Wesen von Elektrizität oder das Gewicht von Atomen. Niemand konnte mehr Experte in allen naturwissenschaftlichen Bereichen sein.

Experimente

CARL SAGAN: „IRGENDWO WARTET ETWAS UNGLAUBLICHES DARAUF, BEKANNT ZU WERDEN."

Die naturwissenschaftliche Methode umfasst mehrere Schritte. Der wohl bekannteste ist das Experiment, bei dem eine Theorie überprüft wird und sich als richtig oder falsch erweist. Solche Versuche müssen nicht sonderlich kompliziert sein, um Wirkung zu zeigen. In den 1950er Jahren stellte Stanley Miller in einem runden Glaskolben und einigen Glasröhren eine Ursuppe her. Innerhalb einer Woche hatte sein Versuchsaufbau spontan sämtliche für das Leben benötigten Chemikalien hervorgebracht.

Theorien

ALBERT EINSTEIN: „ZWEI DINGE SIND UNENDLICH, DAS UNIVERSUM UND DIE MENSCHLICHE DUMMHEIT, ABER BEI DEM UNIVERSUM BIN ICH MIR NOCH NICHT GANZ SICHER."

Die Naturwissenschaften sind ein kreativer Prozess. Wir können verborgene Wahrheiten nur dann offenlegen, wenn wir sie uns zunächst vorgestellt haben. Die Vorstellungen werden als Theorien oder Hypothesen bezeichnet. Ist eine Theorie einmal bewiesen – wenn sie denn bewiesen werden kann –, dann ist sie keine Theorie mehr, sondern wird als Tatsache etabliert und akzeptiert. Manche Theorien werden allerdings auch weiterhin als solche bezeichnet, obwohl sie sich als korrekt erwiesen haben, was für Verwirrung sorgen kann.

Methoden und Instrumente

ISAAC NEWTON: „WENN ICH WEITER GEBLICKT HABE, SO DESHALB, WEIL ICH AUF DEN SCHULTERN VON RIESEN STEHE."

Die Geschichte der Naturwissenschaften geht Hand in Hand mit der Geschichte der Technologie. Neue naturwissenschaftliche Erkenntnisse bieten Einsichten, die zur Entwicklung neuer Technologien erforderlich sind, und diese Technologien wiederum geben Naturwissenschaftlern neue Forschungsmöglichkeiten an die Hand. Bei den Instrumenten und technischen Hilfsmitteln, die den Naturwissenschaften zur Verfügung stehen, gab es mehrere große Sprünge nach vorn. Im 16. Jahrhundert entwickelten Linsenhersteller Teleskope und Mikroskope sowie Röhrenglas, das so empfindlich auf Veränderungen in der Außentemperatur reagierte, dass es zum Bau von Thermometern verwendet werden konnte. Verbesserungen bei der Metallverarbeitung ermöglichten die Konstruktion von Präzisionsmechanismen und elektromagnetischen Geräten. Heutzutage nutzen Naturwissenschaftler die Computertechnik, um Instrumente zu steuern und Daten zu sammeln und zu analysieren. Computer sind in der naturwissenschaftlichen Forschung inzwischen von unschätzbarem Wert. Aller Wahrscheinlichkeit nach werden neue Formen von Computertechnologie erhebliche Auswirkungen auf die Zukunft der Forschung haben.

Anmerkung zum Kontext

Die meisten naturwissenschaftlichen Fortschritte sind das Ergebnis einer kollektiven Anstrengung: Nur wenige Pioniere haben allein gearbeitet, und selbst eigenbrötlerische Naturwissenschaftler stützen sich bei ihren Forschungen auf bereits vorhandene Daten.

Das Fördern des öffentlichen Bewusstseins für naturwissenschaftliche Erkenntnisse ist ein löbliches Ziel – tatsächlich ist es das Hauptanliegen dieses Buches. Eine potenzielle Schwäche dabei ist allerdings die zu starke Vereinfachung: eine Tendenz, wichtige Errungenschaften wenigen namentlich genannten Individuen zuzuschreiben, obwohl diese Erfolge auf der Arbeit eines großen Teams beruhen, dessen Mitglieder von unterschiedlichen Orten weltweit zusammenarbeiten oder miteinander wetteifern.

Die meisten Forscher, die so zu Ruhm kamen, waren weiße Männer. Das lässt sich nicht als journalistische Verkürzung abtun. Es ist schlimmer als ungenau. Es ist unfair und schadet Frauen und Menschen mit anderer Hautfarbe, indem es ihnen die verdiente Anerkennung verwehrt und den Eindruck verfestigt, sie könnten auf diesen Gebieten nicht reüssieren.

Heute werden zunehmend Anstrengungen unternommen, dieses Ungleichgewicht zu überwinden, und Menschen, die zu wenig Anerkennung erfahren haben oder bisher ungenannt blieben, die verdiente Anerkennung zu geben. Es ist jedoch bemerkenswert, dass Naturwissenschaftler afrikanischer oder asiatischer Herkunft im Westen so lange ignoriert wurden, dass die heutige Berichterstattung tendenziell den Eindruck erweckt, hier träte erstmals eine Minderheit auf verschiedenen Gebieten in den Vordergrund. Bis zur Chancengleichheit für nicht-weiße Menschen ist es unzweifelhaft noch ein langer Weg.

Frauen haben seit Langem bedeutende Beiträge zur naturwissenschaftlichen Forschung geleistet, sogar in Zeiten, als sie von der höheren Bildung und akademischen Studien ausgeschlossen waren. Es ist eine Schande, dass ihre Errungenschaften jahrhundertelang routinemäßig von Männern für sich beansprucht oder ihnen zugeschrieben wurden. Die weiblichen Beiträge wurden stets heruntergespielt oder aus dem Gesamtbild wegretuschiert. Die Leser dieses Buches werden daher hoffentlich verinnerlichen, dass es eine Frau war, die herausfand, wie sich die Größe des Universums bestimmen lässt (Seite 28); dass eine Frau die Kernspaltung entdeckte, die in Atombomben und Kernkraftwerken zur Anwendung kommt (Seite 136); dass die Existenz Dunkler Materie, eines der größten Rätsel der Wissenschaft, von einer Frau bewiesen wurde (Seite 175); und dass es eine Frau war, die als Erste den Treibhauseffekt darstellte (Seite 178).

Die Naturwissenschaften sind nicht für wenige Auserwählte da; sie sind – oder sollten es zumindest sein – für alle da, jederzeit.

Über dieses Buch

Dieses Buch ist in vier Teile gegliedert: Historische Stationen, Experimente, Theorien sowie Methoden und Instrumente. Jeder Teil kann separat gelesen werden oder in Verbindung mit anderen Teilen. Hilfreiche Querverweise in den Fußzeilen der einzelnen Seiten leiten den Leser von einem Bereich zum anderen. In Infokästen werden wichtige Entwicklungen und biografische Hintergründe bedeutender Naturwissenschaftler beschrieben sowie eine Fülle zusätzlicher Informationen geliefert.

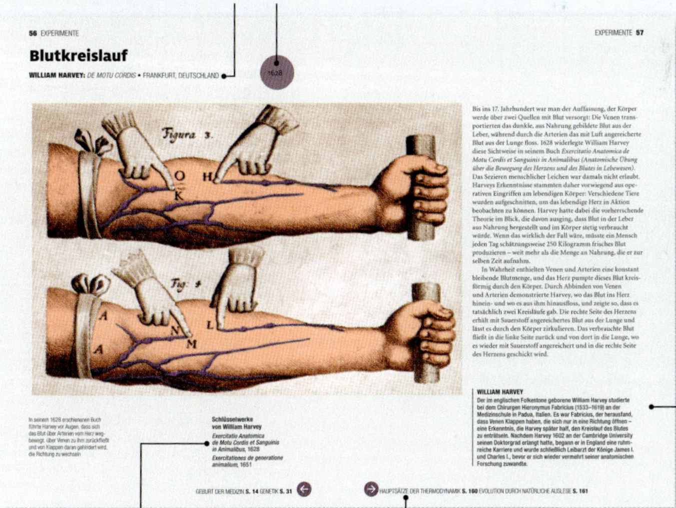

محمد زکریای رازی
(۲۵۰ - ۳۱۳ هجری)
بسرویس طبی تجارتخانه حسن خسروشاهی بمناسبت پنجمین کنگره پزشکی رامسر ضمیمه نشریه « در کلینیک چه میکنند »
نقل از کتاب تألیف آقای دکتر محمود نجم آبادی و لوئی فلیکس مهرماه ۱۳۳۵

HISTORISCHE STATIONEN

Frühe Astronomen

HAUPTVERTRETER: EUDOXUS

ca. 30.000 – ca. 500 v. Chr.

WICHTIGE ENTWICKLUNGEN

Frühe Astronomen taten genau das Gleiche wie heutige Astronomen: Sie bauten Modelle des Universums auf der Grundlage dessen, was sie von ihm sehen konnten. Das vorherrschende Modell im 4. Jahrhundert v. Chr. positionierte die Erde im Zentrum; der Mond, die Sonne und die Planeten bewegten sich in perfekten Kreisen um sie herum. Die Sterne wurden am äußersten Rand der Sphäre angeordnet. Dieses Modell mit der Erde als Mittelpunkt des Universums fand jahrtausendelang breite Akzeptanz.

Die Astronomie ist eine der frühesten Naturwissenschaften. In prähistorischer Vergangenheit entdeckten Beobachter, dass die funkelnden Sterne am Himmel Muster bildeten. Diese Muster wurden zu Figuren von Lagerfeuergeschichten. Bis heute wird der Himmel grob in derselben Tradition unterteilt und nach Elementen aus der griechischen und römischen Mythologie benannt.

Über das bloße Sternebeobachten hinaus entdeckten die Menschen, dass sich die Sternkonstellationen Stunde für Stunde, Nacht für Nacht und Monat für Monat weiterbewegten. Diese Bewegungen passten zum Rhythmus des Sonnenauf- und -untergangs sowie der wechselnden Gestalt des Mondes. Auf Grundlage dieser Beobachtungen wurden Kalender erstellt, welche für eine erfolgreiche Ernte und die Vorratsplanung über das Jahr hinweg von existenzieller Bedeutung waren. Fünf Himmelskörper sahen aus wie Sterne, bewegten sich aber auf einer eigenen Bahn. Das waren die „Wanderer", oder Planeten – der Begriff ist vom griechischen „planetos" abgeleitet. Sie alle bewegen sich in einem schmalen Himmelsband, das wir heute als Zodiak (vom griechischen „zodiakos") oder besser noch unter der deutschen Übersetzung „Tierkreis" kennen.

Zu den frühesten Astronomen gehörten die Babylonier, die die wichtigsten Himmelskörper mit ihren Gottheiten in Verbindung brachten. Dieser monumentale Stein aus dem 12. Jahrhundert v. Chr. zeigt einen Stern (die Göttin Ishtar), den Mond (der Gott Sin) und die Sonne (der Gott Shamash).

GRÖßE DER ERDE **S. 44** EXOPLANETEN **S. 148** PANSPERMIE **S. 156**
ENTSTEHUNG DES SONNENSYSTEMS **S. 179** TELESKOP **S. 189**

Griechische Philosophen

HAUPTVERTRETER: PLATON • ARISTOTELES • THALES VON MILET

ca. 600 – ca. 300 v. Chr.

Die Schule von Athen zeigt Platon, Aristoteles und weitere bedeutende Philosophen des alten Griechenlands. Fresko, 1509–1511, von Raffael (1483–1520).

Für den Titel „erster Naturwissenschaftler“ gibt es mehrere Anwärter, etwa Imhotep (aktiv ca. 2667–2648 v. Chr.), der als Architekt von Ägyptens erster Pyramide berühmt wurde, und Sushruta (aktiv ca. 600 v. Chr.), ein in Indien tätiger Arzt. Im Allgemeinen wird diese Ehre jedoch Thales von Milet (ca. 624–ca. 548 v. Chr.) zuteil, einem Vorreiter der Naturphilosophie. Er und seine Nachfolger versuchten die Welt zu erklären, ohne dabei auf Mythologie oder Religion zurückzugreifen. Diese Tradition entstand vermutlich im alten Griechenland, denn die olympischen Götter legten sehr menschliche Verhaltensweisen an den Tag und hielten daher einige spannende Antworten auf große Fragen bereit. Die Argumentationsmethoden des Thales von Milet waren jedoch ganz andere als jene, die heute als wissenschaftlich gelten. Im 5. Jahrhundert v. Chr. wurde Athen zum Zentrum der Naturphilosophie, zunächst mit Sokrates (ca. 470–399 v. Chr.), der dann Platon unterrichtete (ca. 424–ca. 348 v. Chr.), der wiederum der Mentor von Aristoteles (384–322 v. Chr.) war. Die beiden Letzteren waren uneins über den Ursprung des Wissens. Platon glaubte, dass man nur über eine verborgene Seinsebene der reinen Ideen zur Wahrheit gelangen könne. Aristoteles hingegen war überzeugt, dass der Weg zur Erkenntnis über die Beobachtung und das Studium unserer Umgebung führen müsse.

WICHTIGE ENTWICKLUNGEN

Ein bleibendes Erbe der griechischen Philosophie ist das Regelwerk der Logik. Bei der Deduktion wird aus zwei Prämissen eine logische Schlussfolgerung gezogen, zum Beispiel: Alle Menschen sind sterblich; Platon ist ein Mensch. Also ist Platon sterblich. Bei der Induktion besteht eine schwächere Verbindung zwischen Prämisse und Schlussfolgerung: Die Sonne geht jeden Morgen auf. Deshalb wird die Sonne morgen aufgehen. Beide Formen wurden von späteren Philosophen oft kritisiert, bilden aber bis heute wesentliche Instrumente der naturwissenschaftlichen Methode.

AUFTRIEB **S. 42** GRÖSSE DER ERDE **S. 44** PANSPERMIE **S. 156**

Geburt der Medizin

HAUPTVERTRETER: HIPPOKRATES • GALEN • AVICENNA

ca. 600 – ca. 500 v. Chr.

Hippokrates, der traditionell als Vater der Medizin betrachtet wird, Stich, 1638, von Peter Paul Rubens (1577–1640)

Mehrere große medizinische Traditionen sind aus westlichen wie östlichen Kulturen hervorgegangen. Die westliche Medizin, die fest in der Wissenschaft verwurzelt ist, hat es erfolgreich verstanden, die Lebenserwartung zu steigern und eine gesunde Lebensweise zu fördern. Begründet wurde sie von dem griechischen Arzt Hippokrates (ca. 460–ca. 370 v. Chr.), in dessen Namen junge Mediziner bis heute den Eid ablegen, ihre Patienten bestmöglich zu versorgen. Die Medizin des Hippokrates stützte sich auf die vier Elemente: Erde, Luft, Wasser und Feuer. Sie alle – so glaubte man – existierten im Körper in Form von vier Säften; durch ein Ungleichgewicht dieser Säfte wurden Krankheiten hervorgerufen. Hippokrates bereitete den Weg für neue Diagnosetechniken, indem er nach Anhaltspunkten oder Symptomen für ein Problem suchte, dieses dann angemessen behandelte und eine Prognose über die weitere Entwicklung der Krankheit abgab. Er entschied sich für Eingriffe, mit denen die Symptome behandelt wurden, in der Hoffnung, das möge den Körper in die Lage versetzen, in den kritischen Phasen des Krankheitsverlaufs die Oberhand zu gewinnen. Zudem war Hippokrates ein intuitiver Verfechter der heilenden Kräfte der Hygiene und eines guten Umgangs mit Kranken.

WICHTIGE ENTWICKLUNGEN

Die vier Körpersäfte waren: Blut, das Luft transportierte; wässriger Schleim; schwarze Galle, die kalte Erde enthielt; und gelbe Galle, die mit Feuer gefüllt war. Jeder Körpersaft wurde mit einem Temperament in Verbindung gebracht. Zu viel Blut machte einen Menschen zum Sanguiniker mit lebhaftem Temperament. Phlegmatische Personen waren ruhig wie tiefe Wasser. Niedergeschlagenheit – oder Melancholie – wurde auf zu viel schwarze Galle zurückgeführt, während zu viel gelbe Galle für Gereiztheit und Jähzorn sorgte (Choleriker).

ENTDECKUNG DES STOFFWECHSELS **S. 54** BLUTKREISLAUF **S. 56** KEIMTHEORIE **S. 104**
ANTIBIOTIKUM **S. 130** THERMOMETER **S. 187** BIG DATA **S. 214**

Alchemie

ca. 200 v. Chr.– ca. 1750 n. Chr.

HAUPTVERTRETER: JABIR IBN HAYYAN • PARACELSUS • HENNIG BRAND • ALBERTUS MAGNUS

Anders als die griechischen Naturphilosophen, die hochgeistige Überlegungen anstellten, pflegten die Alchemisten einen praxisorientierteren Zugang beim Erforschen der Natur. Die beste Erklärung für die Herkunft des Begriffs „Alchemie" lautet „aus dem Land von Al-Khmi", eine arabisierte Version des alten Namens für Ägypten, wo die Alchemie im 2. Jahrhundert v. Chr. entstand. „Khmi" bedeutet „Land der schwarzen Erde", was sich auf die fruchtbaren Böden des Nildeltas bezieht. Aus heutiger Sicht mögen die Alchemisten eher wie Zauberer erscheinen. Sie unterschieden nicht zwischen Magie und Wissenschaft, und bei ihren Experimenten riefen sie die Geister an. Zudem strebten sie nach Reichtum und Macht und hüllten sich daher bewusst in Geheimhaltung. Das Werk von Jabir ibn Hayyan (721–813) war so schwer zu verstehen, dass sein Name das englische Wort „gibberish" (dt. Kauderwelsch) hervorbrachte. Doch Alchemisten entwickelten auch viele Instrumente und Glaserzeugnisse, die für die Erforschung chemischer Stoffe erforderlich waren.

WICHTIGE ENTWICKLUNGEN

Erkenntnisse über die Natur waren Nebenprodukte bei der alchemistischen Suche nach Reichtum und ewigem Leben. Hauptziel der Alchemisten war das Auffinden des Steins der Weisen, einer magischen Substanz, von der man annahm, sie könne einfache Metalle in Gold verwandeln, und des Elixiers, eines Trunks, der alle Krankheiten heilen und Unsterblichkeit schenken sollte. Bei dieser Suche nach dem ewigen Leben entdeckten chinesische Alchemisten zufällig das Schießpulver. Die Suche nach dem Stein der Weisen führte zu einem besseren Verständnis von Stoffgemischen, Elementen und Reaktionen.

Der Alchemist, Stich, nach 1558, von Pieter Bruegel dem Älteren (ca. 1525–1569)

GASGESETZE **S. 60** NATURWISSENSCHAFTLICHE METHODE **S. 182** STANDARDMAßE **S. 185**

Naturwissenschaften in der islamischen Welt

ca. 700 – ca. 1300

HAUPTVERTRETER: AL-RAZI • ALHAZEN • AL-BIRUNI

WICHTIGE ENTWICKLUNGEN

Die Errungenschaften islamischer Forscher – die von heimkehrenden Kreuzfahrern in den Westen gebracht wurden – übten starken Einfluss auf Gelehrte wie Albertus Magnus (1199–1280) und Roger Bacon (ca. 1220–ca. 1292) aus, beides Mönche und Naturwissenschaftler. Zu ihrer Zeit war Europa fest im Griff der Scholastik, die Naturphänomene mit den althergebrachten aristotelischen Weisheiten zu erklären versuchte, die in die Kirchendoktrin Eingang gefunden hatten. Wer sich zu weit von dieser Doktrin entfernte, lief Gefahr, als Hexer gebrandmarkt zu werden.

Der persische Naturwissenschaftler und Philosoph Abu Bakr Muhammad ibn Zakariyya al-Razi – besser bekannt als al-Razi – galt weithin als bedeutendster Physiker der islamischen Welt

In den Lehren des Islam wird der Bildung große Bedeutung beigemessen. Das ist einer der Gründe, weshalb sich der Fokus der Wissenschaft im 8. Jahrhundert in Richtung Naher Osten verlagerte. Das Haus der Weisheit in Bagdad löste die Bibliothek von Alexandria als weltweites Bildungszentrum ab. Islamische Alchemisten erweiterten das Feld der Alchemie, deren Hauptinteresse sich (wenn auch nicht gänzlich) vom Streben nach Wohlstand und ewigem Leben hin zur Suche nach Antworten auf praktische Fragen verschob, etwa wie man Duftstoffe haltbar machte und langlebige Pigmente und Lasuren für Keramikerzeugnisse erzeugte.

Für das Erreichen dieser Ziele bedurfte es präziser Messungen und klarer Aufzeichnungen, was einen großen Schritt in Richtung der modernen Chemie bedeutete. Ein angesehener Alchemist jener Zeit war al-Razi (865–925), der in den Hügeln oberhalb von Teheran lebte. Er soll den Ausdruck „al-kuhl" geprägt haben, was die „Essenz" oder den „Geist" einer Substanz meint und auf den das deutsche Wort Alkohol zurückgeht. Auf ähnliche Weise leitet sich die „alkalische" Lösung – eine Substanz, die eine Säure neutralisiert – vom Arabischen „al kalja" ab, das eine Mischung aus Kalk und Wasser bezeichnet.

CAMERA OBSCURA **S. 46** BLUTKREISLAUF **S. 56** NATURWISSENSCHAFTLICHE METHODE **S. 182**

Renaissance

HAUPTVERTRETER: LEONARDO DA VINCI • MICHELANGELO • NIKOLAUS KOPERNIKUS

ca. 1400 – ca. 1550

Die Renaissance war eine Blütezeit von Naturwissenschaften, Kunst und Kultur. Sie nahm im 15. Jahrhundert in den italienischen Handelsstädten ihren Anfang und verbreitete sich von dort über ganz Europa. Wörtlich übersetzt bedeutet der Begriff „Wiedergeburt". Ein neuer Wissensfluss setzte ein, der von der griechischen Klassik in den islamischen Nahen und Mittleren Osten und über die Handelsstraßen zurück nach Westeuropa reichte. Die Frührenaissance war von Universalgelehrten geprägt, die auf vielen Gebieten bewandert waren und mit großem Elan althergebrachte Vorstellungen auf den Prüfstand stellten, Regeln brachen und Neues ausprobierten. Einer von ihnen war Leonardo da Vinci (1452–1519), der uns vor allem als Maler bekannt ist, aber auch ein überaus produktiver Erfinder war, der Panzer und Flugmaschinen entwarf. Michelangelo (1475–1564) nutzte die Kunst, um versteckt, aber doch für alle sichtbar Tabus zu brechen. *Die Erschaffung Adams* in der Sixtinischen Kapelle zum Beispiel ist eine anatomische Darstellung des menschlichen Gehirns, in der Gott und seine Engel ausgewählte Elemente der inneren Struktur abbilden. Die Kirchendoktrin verbot das Sezieren toter Körper; dieses Gemälde im Vatikan war daher ein äußerst subversives Bild.

WICHTIGE ENTWICKLUNGEN

Selbst in der Hochzeit der Renaissance lehrte die Kirche noch, dass die Erde im Mittelpunkt des Universums stehe, so wie Aristoteles es gelehrt hatte. 1543 wagte sich der polnische Astronom Nikolaus Kopernikus (1473–1543), der ebenfalls im Dienst der Kirche stand, mit einer unvorstellbaren Theorie vor: Die Erde sei lediglich ein weiterer Planet, der sich um die Sonne bewege. Er hatte auch genügend Beobachtungsdaten erhoben, um diese Theorie zu beweisen. Da er sich jedoch bewusst war, welche Gefahr ihm durch solch ketzerische Vorstellungen drohte, veröffentlichte Kopernikus seine Erkenntnisse erst wenige Tage vor seinem Tod.

Die Erschaffung Adams, ca. 1512, von Michelangelo. Das Bild ist Teil eines Freskos an der Decke der Sixtinischen Kapelle im Vatikan.

LICHTBRECHUNG UND REGENBOGEN **S. 48** HOMOLOGIEN FINDEN **S. 50** NATURWISSENSCHAFTLICHE METHODE **S. 182**

Naturwissenschaftliche Revolution

1650 – 1750

HAUPTVERTRETER: WILLIAM GILBERT • ISAAC NEWTON • GALILEO GALILEI • ROBERT BOYLE • JOHANNES KEPLER

Im 17. Jahrhundert erhielt die naturwissenschaftliche Forschung neuen Schwung, was den Beginn der modernen Naturwissenschaften markiert. Forscher rund um die Welt begannen Schritt für Schritt, aufbauend auf früheren Entdeckungen, neue Forschungen anzustellen. Das führte zu erheblichen Veränderungen im Verständnis der Welt. William Gilbert (1544–1603) zum Beispiel offenbarte die Bedeutung des Experiments, indem er eine Kompassnadel auf einem kugelförmigen Magneten anbrachte, um zu zeigen, dass sie sich hier genauso verhielt wie auf der Erdoberfläche. Daraus folgerte er, dass die Erde ebenfalls ein Magnet war. Galileo Galilei (1564–1642) begann mithilfe von Messungen und mathematischen Berechnungen, die allgemeinen Bewegungsgesetze aufzudecken. Johannes Kepler (1571–1630) tat es ihm mit seinen Gesetzen der Planetenbewegung gleich; diese trugen dazu bei, die Erkenntnis, dass die Erde um die Sonne kreist und der Mond um die Erde, zu untermauern. Auf Grundlage dieser Erkenntnisse formulierte Isaac Newton (1643–1727) in den 1660er Jahren seine Gesetze der Bewegung und sein Gravitationsgesetz. Und auf dem Gebiet der Biologie und der Medizin erbrachte William Harvey (1578–1657) mit einer ähnlichen wissenschaftlichen Herangehensweise den Nachweis, dass das Blut im Körper zirkuliert.

Der gefeierte deutsche Astronom Johannes Kepler entlarvte die mittelalterlichen Vorstellungen von den Planetenbewegungen als Irrglaube

WICHTIGE ENTWICKLUNGEN

Der anglo-irische Naturwissenschaftler Robert Boyle (1627–1691) begründete mit seinem Buch *Der skeptische Chemiker* (1661) die moderne Chemie. Er wandte sich darin gegen die Magie und die Mystik, von denen die Alchemie durchdrungen war, und sprach sich dafür aus, auf Grundlage systematischer Beobachtungen eine Übersicht über chemische Substanzen zu erstellen. Boyles Forschungen ebneten der Atomtheorie und den Hauptsätzen der Thermodynamik den Weg.

PENDELGESETZ **S. 52** FALLBESCHLEUNIGUNG **S. 55** BLUTKREISLAUF **S. 56** GASGESETZE **S. 60**
NATURWISSENSCHAFTLICHE METHODE **S. 182** GRAPHEN UND KOORDINATEN **S. 183**

Entstehung von Forschungseinrichtungen

ca. 1650

HAUPTVERTRETER: BLAISE PASCAL • MARIN MERSENNE • RENÉ DESCARTES • ROBERT HOOKE • EDMOND HALLEY • BENJAMIN FRANKLIN

Treffen der Lunar Society im englischen Heathfield, Birmingham, Kupferstich aus dem 19. Jahrhundert

Kommunikation ist ein wesentlicher Bestandteil der naturwissenschaftlichen Methode: Forscher teilen ihre Ergebnisse, damit andere sie kritisch prüfen, Experimente nachstellen und weitere Forschungen anstellen können. Zu eben diesem Zweck sind Naturwissenschaftler aller Fachrichtungen heute über Gelehrtenakademien, Hochschulen und Forschungsgesellschaften mit Kollegen auf der ganzen Welt vernetzt. Viele dieser Institutionen gehen auf zwei Vorbilder zurück, die Mitte des 17. Jahrhunderts in Paris und London gegründet wurden. Die Académie Parisienne in Frankreich war eine informelle Gruppe, der Marin Mersenne (1588–1648) vorstand, ein Mönch, der einer ausgewählten Gruppe von Gelehrten die neuesten Forschungsergebnisse über Briefe zugänglich machte. Aus Mersennes Gruppe ging 1666 die Académie des sciences hervor. In England pflegten Robert Hooke (1635–1703), Edmond Halley (1656–1742) und Robert Boyle einen ähnlichen Austausch im Rahmen des sogenannten Invisible College. 1660 gründeten die drei Männer dann die Royal Society, die älteste Wissenschaftsakademie der Welt.

WICHTIGE ENTWICKLUNGEN

Neben den nationalen Wissenschaftsakademien entstanden im 18. Jahrhundert weitere, weniger bedeutsame Organisationen, die das öffentliche Interesse an den neuesten naturwissenschaftlichen Entwicklungen bedienten. Zum Beispiel trafen Ingenieure und Fabrikanten wie James Watt (1736–1819), der Erfinder der Dampfmaschine, und Naturwissenschaftler wie Benjamin Franklin (1706–1790) in der Lunar Society of Birmingham zusammen, die so hieß, weil sich ihre Mitglieder immer bei Vollmond trafen.

→ HOOKESCHES GESETZ **S. 62** FARBSPEKTRUM **S. 66** SCHWEBENDER JUNGE **S. 68** GEWICHT DER ERDE **S. 74**
GRAVITATIONSTHEORIE **S. 158** NATURWISSENSCHAFTLICHE METHODE **S. 182**

Geburt der Chemie

HAUPTVERTRETER: JOSEPH BLACK • JOSEPH PRIESTLEY • ANTOINE LAVOISIER

ca. 1750

Im frühen 18. Jahrhundert wurde intensiv an Mineralien geforscht, insbesondere an medizinischen Hochschulen, wo Studenten nach neuen therapeutischen Substanzen suchten. In den 1750er Jahren entdeckte der schottische Medizinstudent Joseph Black (1728–1799) bei der Suche nach einem Heilmittel gegen Nierensteine ein Gas. Er stellte weitere Forschungen an und nannte seine Entdeckung „fixe Luft“, weil sie in Erdsedimenten eingeschlossen zu sein schien und durch Erhitzen freigesetzt wurde. Heute kennen wir diese „fixe Luft“ als Kohlendioxid. Black gilt daher als weltweit erster Chemiker, der seine Forschung auf Versuchen aufbaute. 1766 entdeckte Henry Cavendish (1731–1810) „brennbare Luft“ (Wasserstoff), die entstand, wenn Säuren mit Metallen reagierten.

Daniel Rutherford (1749–1819) isolierte einen Leben erstickenden, nicht reaktiven Teil der Luft, den er „Phlogiston“ nannte (was bedeutete, dass sie nicht brennbar war; heute heißt dieses Gas Stickstoff). Ihren Höhepunkt erreichte die Gasforschung, auch bekannt als pneumatische Chemie, 1774, als Joseph Priestley (1733–1804) „dephlogisierte Luft“ entdeckte, die den Brennvorgang beförderte und die wir heute als Sauerstoff kennen. Aufgrund dieser Entdeckungen konnten spätere Chemiker beweisen, dass die alte Theorie von nur vier Elementen – Wasser, Erde, Luft und Feuer – falsch war.

WICHTIGE ENTWICKLUNGEN

In der Frühzeit der Chemie war man sich nicht darüber im Klaren, dass etwa Kreide, Kalk und Muscheln im Grunde aus dem gleichen Material bestanden (Kalziumkarbonat). Die Liste der zu erforschenden Stoffe war daher nahezu unerschöpflich. Die Entdeckung verschiedener Arten von Luft (Gasen) führte wiederum zu der Entdeckung, dass alle Stoffe, natürliche wie künstliche, aus einer einzigartigen Kombination einfacher Substanzen bestehen, die wir heute als Elemente kennen.

Dieser berühmte humoristische Stich von James Gillray (1756–1815) trägt den Titel „Scientific Researches! New Discoveries in Pneumaticks!“ (dt. Wissenschaftliche Forschungen! Neue Entdeckungen der pneumatischen Chemie!). Die Szene, in der Humphry Davy (rechts) und Thomas Garnett einen Freiwilligen einige neue „Lüfte“ einatmen lassen, dokumentiert das wachsende öffentliche Interesse an der Chemie Ende des 18. Jahrhunderts.

GASGESETZE **S. 60** SAUERSTOFF **S. 72** ERHALTUNG DER MASSE **S. 76** ELEKTROLYSE **S. 84** VITALISMUS **S. 92**
ATOMKERN **S. 126** ATOMTHEORIE **S. 159** PERIODENSYSTEM **S. 162** DESTILLATION **S. 204**

Naturwissenschaft und industrielle Revolution

1750 – 1900

HAUPTVERTRETER: ALESSANDRO VOLTA • HUMPHRY DAVY • SADI CARNOT • HANS CHRISTIAN ØRSTED • JAMES PRESCOTT JOULE • LORD KELVIN

Während der industriellen Revolution entstanden moderne Volkswirtschaften, zunächst in Großbritannien, dann in Nordeuropa und Nordamerika. Die Veränderungen führten zum größten gesellschaftlichen Umbruch seit der Entwicklung der Landwirtschaft.

Die Revolution selbst war das Ergebnis eines naturwissenschaftlichen Umbruchs, der ein tieferes Verständnis des Wesens von Bewegung, Kraft, Wärme und Elektrizität offenbarte. Um aus den neu etablierten maritimen Handelswegen den größtmöglichen Nutzen zu ziehen, griffen Ingenieure jede neue naturwissenschaftliche Erkenntnis begierig auf: Mit „heißem Gas“ (Dampf) wurde Wärme in Bewegung verwandelt, und Verbesserungen bei der Metallverarbeitung ermöglichten die Massenproduktion von Maschinen. Diese wiederum automatisierten die Arbeit von Spinnern, Webern, Müllern und Dreschern. Neue Berufe entstanden: Bergarbeiter, Stahlarbeiter, Binnenschiffer und Schienenarbeiter. Mithilfe neu entdeckter Metalle wie Molybdän, Aluminium und Chrom wurden korrosionsbeständige Legierungen entwickelt, die leicht und robust waren. Deren Farbenvielfalt brachte einen neuen Markt für Pigmente und Farben hervor.

WICHTIGE ENTWICKLUNGEN

Die industrielle Revolution wurde von der Dampfmaschine angetrieben. Diese nutzte die Wärme verbrennender Kohle, um Dampfhochdruck zu erzeugen, durch den ein Kolben in einem Zylinder vor- und zurückbewegt werden konnte. Der erste praktische Kraftantrieb – die 1712 von Thomas Newcomen (1664–1729) entwickelte „atmosphärische Dampfmaschine“ – wurde von James Watt, der größere und stärkere Dampfmaschinen konstruierte, erheblich verbessert. Der Verbrennungsmotor, der mit dem heißen Gas explodierenden Treibstoffs arbeitet, wurde 1807 erfunden.

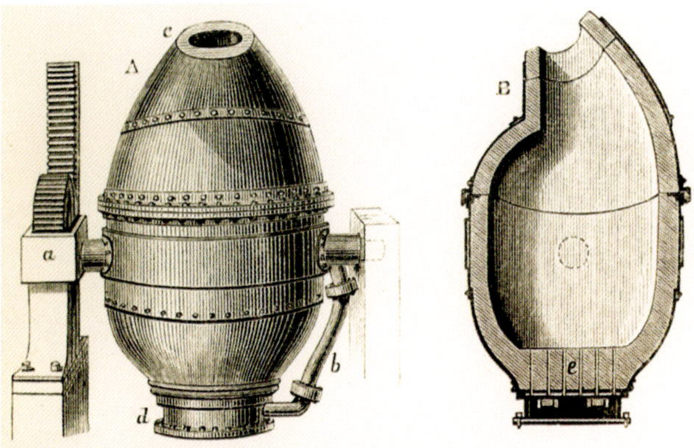

FIG. 24.—*Bessemer Converter.*
A, Front view, showing the mouth, *c*; B, Section.

In den 1850er Jahren entwickelte der englische Ingenieur Henry Bessemer (1813–1898) ein Verfahren zur Herstellung hochwertigen Stahls. Geschmolzenes Roheisen wurde in birnenförmige Behälter gegossen (A) und durch das Einblasen von Luft gereinigt.

PENDELGESETZ **S. 52** GEWICHT DER LUFT **S. 58** HAUPTSÄTZE DER THERMODYNAMIK **S. 160** THERMOMETER **S. 187**

Naturgeschichte und Biologie

1789 – 1900

HAUPTVERTRETER: CARL VON LINNÉ • CHARLES DARWIN • NICOLAS STENO • GILBERT WHITE • ALEXANDER VON HUMBOLDT

Frontispiz des Buchs *The Natural History of Selborne* (1789) von Gilbert White (1720–1793). Der englische Naturforscher, Ökologe und Ornithologe leistete mit seinem Werk Pionierarbeit.

Die Biologie als eigener, von der Medizin getrennter Bereich war das letzte bedeutende Forschungsfeld, das aus der naturwissenschaftlichen Revolution hervorging. Naturphilosophen hatten sich natürlich schon früher mit dem Thema beschäftigt, doch das von Carl von Linné (1707–1778) entwickelte binäre Klassifizierungssystem brachte Genauigkeit in die Beschreibung der Arten und ermöglichte es Forschern, sich der großen Vielfalt des Lebens zu widmen. Im frühen 19. Jahrhundert erlebten solche Studien eine Blüte. Forscher wie Alexander von Humboldt (1769–1859) und Charles Darwin (1809–1882) reisten durch die Welt und kehrten mit der Frage zurück, warum das Leben von Ort zu Ort so unterschiedlich war, aber dennoch viele gleiche Merkmale und Verhaltensweisen aufwies. Aus diesen Studien entwickelte Darwin seine berühmte Theorie der Evolution durch natürliche Auslese. Ein Erbe Humboldts ist die Wissenschaft der Ökologie, die untersucht, welche Beziehungen wildlebende Populationen mit ihrer Umwelt unterhalten. Im 20. Jahrhundert brachte der technologische Fortschritt eine neue Form der Biologie hervor, die synthetische Biologie. Sie betrachtet das Leben als ein Phänomen, das aus Chemie und Geologie entsteht.

WICHTIGE ENTWICKLUNGEN

Der dänische Bischof Niels Steensen (1638–1686), besser bekannt unter seinem latinisierten Namen Nicolas Steno, forschte an der Schnittstelle von Evolutionsbiologie, Paläontologie und Geologie. In den 1660er Jahren untersuchte er sogenannte Zungensteine (so benannt nach ihrer Form) und fand heraus, dass sie die gleiche gezackte Struktur besaßen wie die Zähne eines Hais. Daraus schloss er, dass es sich tatsächlich um versteinerte Überreste eines lang verstorbenen Lebewesens handeln musste – ein Fossil, wie wir es heute nennen.

ENTDECKUNG VON MIKROORGANISMEN **S. 64** KEIMTHEORIE **S. 104** EVOLUTION DURCH NATÜRLICHE AUSLESE **S. 161**
ZENTRALES DOGMA DER MOLEKULARBIOLOGIE **S. 172** ENDOSYMBIOSE **S. 173**

Geologie und Geowissenschaft

1800 – 1850

HAUPTVERTRETER: JAMES HUTTON • LOUIS AGASSIZ • CHARLES LYELL

Als Vater der Geologie (der Wissenschaft von der Beschaffenheit der Erde) gilt James Hutton (1726–1797), ein schottischer Landwirt und Naturforscher, der lokale Gesteinsformationen studierte. Einige dieser Formationen befanden sich unter der Erde, andere waren durch verschiedene Eingriffe an der Oberfläche freigelegt worden. Hutton war nicht der Erste, der feststellte, dass Gestein aus Schichten besteht, aber er formulierte die Theorie des Uniformitarismus. Diese besagt, dass Gestein auf der Erdoberfläche entsteht und tiefer liegendes Gestein älter ist als die darüber liegende Schicht. Die Prozesse, durch die das ältere Gestein entstand, sind die gleichen, die wir heute bei Gesteinsveränderungen an der Erdoberfläche beobachten können. Indem wir die Zusammensetzung alter, zu verschiedenen Zeiten geformter Gesteinsschichten untersuchen, können wir uns also ein Bild davon machen, wie die Erdoberfläche in ferner Vergangenheit aussah. Huttons Forschung führte zu der Schlussfolgerung, dass die Erde in der Tat sehr alt sein müsse – eine Vorstellung, die unter anderem Charles Darwin maßgeblich beeinflusste. Darüber hinaus zeigte Louis Agassiz (1807–1873) 1840 anhand von Huttons Theorie, dass ein Großteil der Erde einst von Gletschern bedeckt war – der erste Beweis für die Eiszeiten.

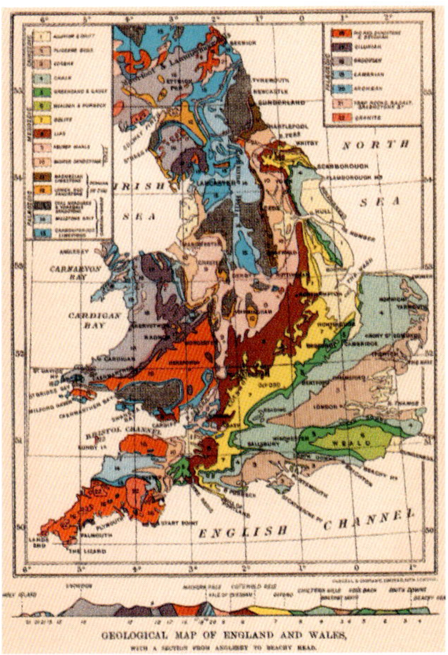

Diese geologische Karte aus dem 19. Jahrhundert zeigt verschiedene Gesteinsschichten, die die Landmasse von England und Wales bilden

WICHTIGE ENTWICKLUNGEN

Die Geologen, die Hutton nachfolgten, erstellten ein vollständiges Bild der Entstehung von Gestein, den sogenannten Kreislauf der Gesteine. Geschmolzenes Material tief im Innern der Erde kühlt zu festem Gestein aus, wenn es an die Oberfläche geschoben wird. Extremer Druck im Innern von Bergen kann den Gesteinsaufbau verändern, woraufhin das Gestein schließlich durch Erosion zu kleinen Sand- und Staubkörnern zerbröselt. Diese bilden Sedimente, die zu neuen Gesteinsarten versteinern. Am Ende wird das Gestein tief ins Innere der Erde hinuntergezogen, wo es schmilzt. Dann kann der Kreislauf von vorn beginnen.

BEWEISE FÜR DAS AUSSTERBEN **S. 82** EVOLUTION DURCH NATÜRLICHE AUSLESE **S. 161** PLATTENTEKTONIK **S. 164** SEISMOGRAF **S. 196** RADIOKOHLENSTOFFDATIERUNG **S. 197**

Elektrizität

HAUPTVERTRETER: ALESSANDRO VOLTA • BENJAMIN FRANKLIN • MICHAEL FARADAY

1800 – 1830

Die Elektrizität wird seit dem Altertum erforscht. Im 7. Jahrhundert v. Chr. untersuchte Thales von Milet, wie Bernstein Fusseln anziehen und abstoßen konnte. Dieses Phänomen wurde daher nach dem griechischen Wort „elektra“ (dt. „Bernstein“) benannt. Mitte des 18. Jahrhunderts speicherte man statische Elektrizität in Glasbehältern, sogenannten Leidener Flaschen, die innen und außen mit Metallfolie verkleidet waren. Benjamin Franklin überlegte, einen solchen Behälter mit der Ladung aus einer Gewitterwolke zu füllen. Er setzte dieses Vorhaben nie in die Tat um (andere starben bei dem Versuch), propagierte aber die Idee, dass elektrische Ladung positiv oder negativ sein könne.

1800 entwickelte Alessandro Volta (1745–1827) die erste moderne Batterie, die sich eine chemische Reaktion zunutze machte, um einen kontinuierlichen Fluss elektrischer Ladung zu erzeugen – auch bekannt als Strom. Die Batterie, die es in verschiedenen Formen gab, versetzte Forscher in die Lage, für eine stete Energiezufuhr zu sorgen, mit der sie Licht machen oder Maschinen antreiben konnten.

WICHTIGE ENTWICKLUNGEN

1820 wurde die Verbindung zwischen Elektrizität und Magnetismus entdeckt, und ein Jahr später kombinierte Michael Faraday (1791–1867) diese beiden Kräfte für den Bau eines Motors. Das Modell von 1821 war ein sehr einfacher Prototyp, der die Kraft von Abstoßung und Anziehung zwischen einem Draht und einem Magneten nutzte, um eine kontinuierliche Kreisbewegung zu erzeugen. Zehn Jahre später fand Faraday heraus, dass man einen Draht elektrisch aufladen konnte, indem man ihn durch ein Magnetfeld bewegte. Auf Grundlage dieser Erkenntnis konstruierte er die Urform des elektrischen Generators.

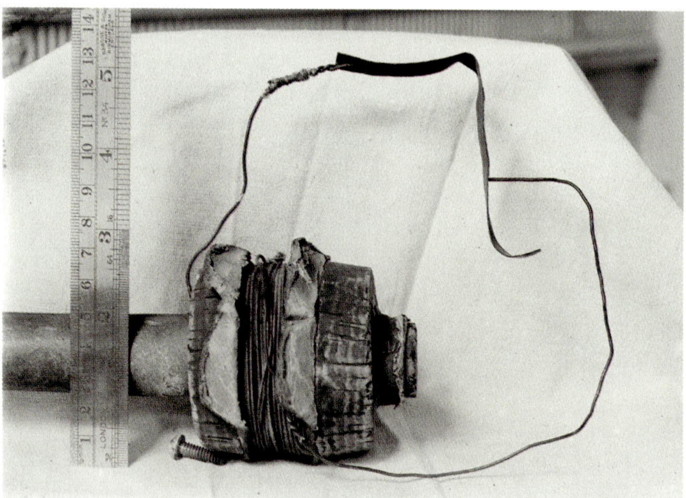

Mit dieser Drahtwicklung erzeugte Michael Faraday, was er als „einen sehr deutlichen, wenn auch kleinen“ Funken beschrieb

SCHWEBENDER JUNGE **S. 68** TIERISCHE ELEKTRIZITÄT **S. 78** ELEKTROLYSE **S. 84**
ELEKTROMAGNETISCHE WECHSELWIRKUNG **S. 88**

Zelltheorie

HAUPTVERTRETER: ROBERT HOOKE • MATTHIAS SCHLEIDEN • THEODOR SCHWANN

1830 – 1850

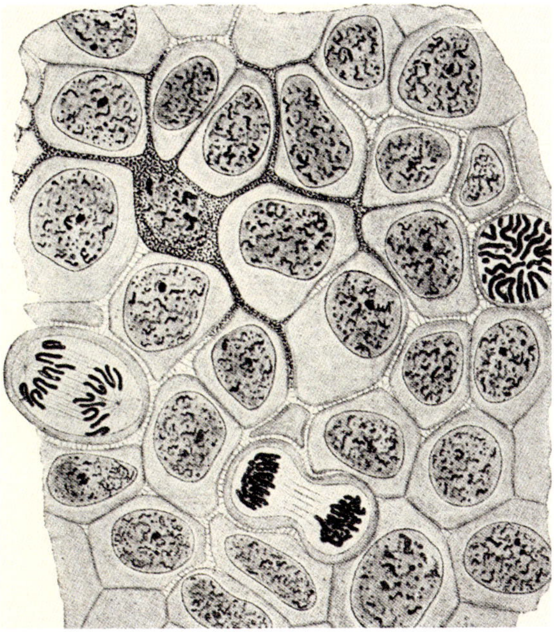

WICHTIGE ENTWICKLUNGEN
Mit der Weiterentwicklung der Mikroskoptechnologie fanden sich immer mehr Beweise für die Zelltheorie. In den 1850er Jahren beobachteten Forscher, wie Zellen sich in einem komplizierten Prozess, der sogenannten Mitose, in zwei neue Zellen teilten. Daraus erwuchs ein Interesse daran, wie Informationen aus der Ursprungszelle in neue Zellen weitergegeben werden und ob dies mit der Vererbung von Eltern zu Nachkommen zusammenhing. Die Antworten gaben das neue Forschungsgebiet der Genetik sowie die Evolutionstheorie.

Stark vergrößerte Gewebezellen der Haut eines Salamanders aus dem Buch *Biology and its Makers* von William A. Locy, 1908

1665 führte Robert Hooke eine der ersten mikroskopischen Beobachtungen von Lebewesen durch und hielt seine Erkenntnisse in dem Buch *Micrographia* fest: Zu seinen Entdeckungen gehörten kleine Struktureinheiten im Kork. Diese verglich Hooke mit den Wohnräumen von Mönchen – kleinen Kammern, die als Zellen bekannt waren (Gefangene wurden damals in Kerkern festgehalten). Der Begriff blieb hängen, und rund 170 Jahre später stellte sich heraus, dass diese Zellen der Grundstein allen Lebens waren. Die Zelltheorie wird vor allem mit der Forschung zweier Deutscher in Verbindung gebracht: Matthias Schleiden (1804–1881), ein Pflanzenexperte, und Theodor Schwann (1810–1882), ein Tierphysiologe. Sie beruht auf drei Grundsätzen. Erstens: Alle Organismen bestehen aus einer oder mehr Zellen (das bedeutet, dass Viren keine Organismen sind und deshalb nicht lebendig). Zweitens: Die Zelle ist die grundlegende Einheit für die Struktur des Körpers. Drittens und sehr bedeutend: Jede Zelle entsteht aus einer bereits existierenden Zelle. Die Zelltheorie widerlegte die alte Theorie der Spontanzeugung, der Vorstellung, dass Leben, vor allem in seiner kleinsten Form, aus unbelebtem Material entsteht.

→ ENTDECKUNG VON MIKROORGANISMEN **S. 64** FUNKTION VON CHROMOSOMEN **S. 109** CITRATZYKLUS **S. 139**
URSPRUNG DES LEBENS **S. 140** ZENTRALES DOGMA DER MOLEKULARBIOLOGIE **S. 172** STAMMZELLEN **S. 207**

Gesundheitswesen

HAUPTVERTRETER: JOHN SNOW • IGNAZ SEMMELWEIS • JOHN GRAUNT

1850

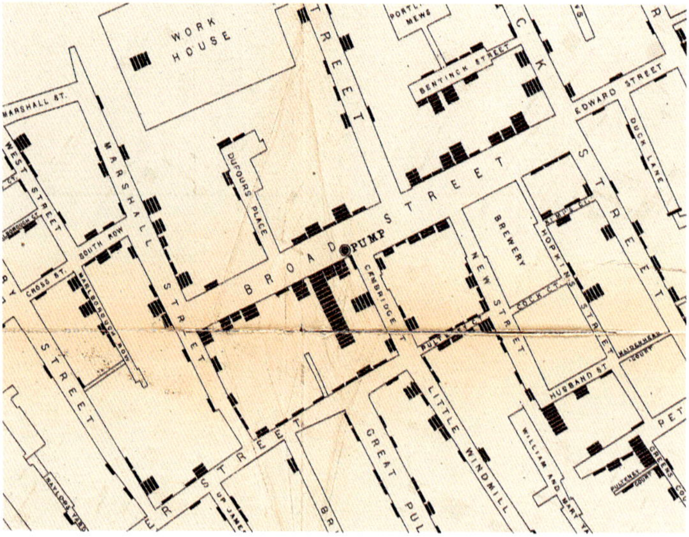

Mithilfe dieses Stadtplans von Soho kam John Snow dem Ursprung der Cholera in diesem zentralen Londoner Viertel auf die Spur

Die weltweite Urbanisierung hatte zur Folge, dass sich Millionen Menschen in unhygienischen Umgebungen zusammendrängten. Das schuf im 19. Jahrhundert die perfekten Voraussetzungen für die Entstehung von Krankheiten, insbesondere der Cholera; diese wird von Bakterien in verunreinigtem Trinkwasser hervorgerufen. In den 1850er Jahren jedoch wusste man noch nichts davon. Stattdessen vermutete man die Ursache in Miasmen – üblen Dünsten, die durch faulige Prozesse in der Luft entstehen – oder einem verkühlten Unterleib. Als die Cholera Soho, damals ein Londoner Elendsviertel, heimsuchte, begann der örtliche Arzt John Snow (1813–1858), den Ursachen nachzugehen. Er markierte den Wohnort der Kranken auf einem Stadtplan und befragte die Betroffenen nach ihren Alltagsaktivitäten. Er fand heraus, dass alle örtlichen Haushalte, die unter der Cholera litten, ihr Trinkwasser aus derselben öffentlichen Pumpe holten. Daraufhin ersuchte Snow die Behörden, diese Pumpe außer Betrieb zu nehmen, und nachdem das geschehen war, endete der Ausbruch in Soho. John Snow gilt als einer der Gründerväter der Epidemiologie, der Wissenschaft von der Entstehung, Verbreitung und Bekämpfung von Massenerkrankungen.

WICHTIGE ENTWICKLUNGEN

Mit seiner detektivischen Arbeit machte John Snow den Zusammenhang zwischen Hygiene und Krankheiten offenbar, eine Verbindung, die in den darauffolgenden Jahrzehnten durch die Keimtheorie bestätigt wurde. 1844 erbrachte der ungarische Arzt Ignaz Semmelweis (1818–1865) den eindeutigen statistischen Beweis, dass frischgebackene Mütter seltener an Infektionen wie zum Beispiel dem sogenannten Kindbettfieber erkrankten, wenn sich das medizinische Personal die Hände wusch, bevor es Geburtshilfe leistete.

ENTDECKUNG VON MIKROORGANISMEN **S. 64** KEIMTHEORIE **S. 104** ANTIBIOTIKUM **S. 130**
GRAPHEN UND KOORDINATEN **S. 183** KLINISCHE VERSUCHE **S. 208**

Moderne Physik

HAUPTVERTRETER: MAX PLANCK • ALBERT EINSTEIN • NIELS BOHR

1900 – 1925

Für seinen Beitrag zur Quantentheorie wurde der deutsche Wissenschaftler Max Planck (hier auf einem Foto von 1933) 1918 mit dem Nobelpreis für Physik ausgezeichnet

WICHTIGE ENTWICKLUNGEN

Einsteins denkwürdigster Beitrag zur modernen Physik ist die Gleichung $E=mc^2$. Die Formel besagt, dass Energie (E) und Masse (m) gleichwertig sind. c^2 steht dabei für das Quadrat der Lichtgeschwindigkeit, eine sehr große Zahl mit 17 Stellen, die verdeutlicht, dass schon eine winzige Masse eine riesige Menge Energie freisetzen kann. Das verleiht Kernreaktionen ihre enorme Kraft.

1878 erhielt Max Planck (1858–1947) von seinem Professor an der Universität den Rat, eine weitere Spezialisierung im Fachgebiet Physik zu vermeiden, da „fast alles schon erforscht sei". Planck hörte nicht auf ihn. Und um die Jahrhundertwende machte er eine bahnbrechende Entdeckung, die die Quantenphysik begründete. Er fand heraus, dass Atome Licht und andere Strahlungsenergie in bestimmten kleinen Paketen, sogenannten Quanten, aufnehmen und abgeben. Daraus entwickelte sich ein wahrscheinlichkeitstheoretisches Verständnis von Atomen und subatomaren Teilchen, deren Verhalten und Eigenschaften nicht auf die Weise festgelegt waren, wie Physiker der alten Schule annahmen. Diese Entwicklungen ließen auch den Widerspruch zwischen den Gesetzen der Mechanik, die der Bewegung zugrunde liegen, und den Gesetzen des Elektromagnetismus, die über Licht und Strahlung herrschen, deutlich hervortreten. Albert Einstein (1879–1955) fragte sich, warum Licht in der immer gleichen Geschwindigkeit zu reisen schien, auch wenn sich seine Quellen in unterschiedlichem Tempo bewegten. Aus dieser Überlegung entwickelte sich die allgemeine Relativitätstheorie, der zufolge Raum und Zeit nicht unveränderbar und absolut sind, sondern dynamisch und fähig zur Beschleunigung und Entschleunigung, wenngleich diese Effekte für den Betrachter nicht wahrnehmbar sein mögen.

LICHTGESCHWINDIGKEIT **S. 98** ENTDECKUNG DES ELEKTRONS **S. 114** WELLEN-TEILCHEN-DUALISMUS **S. 128**
HEISENBERGSCHE UNSCHÄRFERELATION **S. 166** GEIGER-MÜLLER-ZÄHLROHR **S. 191**

Größe des Universums

HAUPTVERTRETER: EDWIN HUBBLE • HENRIETTA SWAN LEAVITT • VESTO SLIPHER • J.J. THOMSON • MARIE CURIE • ERNEST RUTHERFORD

1900 – 1930

In den ersten 30 Jahren des 20. Jahrhunderts erweiterte die Physik unseren Blick auf die Größe des Universums, sowohl hinsichtlich seiner immensen Größe als auch im Verhältnis zu den winzigen Teilchen im Innern von Atomen. Teilchenphysiker fanden heraus, dass die subatomare Struktur von Atomen – ihre Elektronen, Protonen und Neutronen – zur Erklärung chemischer und physikalischer Eigenschaften herangezogen werden konnte, die sich in größeren Zusammenhängen beobachten ließen. Die Beschaffenheit eines Elektrons zum Beispiel stand in Verbindung mit der Reaktionsfähigkeit, Dichte und Leitfähigkeit eines Atoms, während die Struktur des Atomkerns mit Radioaktivität gekoppelt war und dem Atom einen Großteil seiner Masse verlieh. Am anderen Ende der Skala gelang es Astronomen, die Entfernung zu den Sternen mit einiger Zuversicht zu berechnen. Dabei fanden sie heraus, dass unsere Galaxie nur ein winziger Teil des Universums und von benachbarten Galaxien durch mehrere Lichtjahre getrennt ist. Die Milchstraße ist Teil eines Galaxienhaufens, der zusammen mit weiteren Galaxienhaufen einen Superhaufen bildet. Verbunden sind sie durch fadenförmige Strukturen aus heißem Gas, sogenannte Filamente, die, ähnlich der seifigen Oberfläche einer Blase, riesige Leerräume, die sogenannten Voids, umhüllen.

WICHTIGE ENTWICKLUNGEN

Die Erforschung von Atomen führte zu der überraschenden Erkenntnis, dass diese überwiegend aus leerem Raum bestehen. Am einfachsten kann man sich ihre Struktur so vorstellen: Ein dichter Kern in der Mitte wird von einer Hülle aus Elektronen umgeben, die sich um ihn herumbewegen. Hätte die Hülle den Durchmesser eines Fußballstadions, wäre der Kern in der Mitte so groß wie ein Fußball.

Die US-amerikanische Astronomin Henrietta Swan Leavitt (1868–1921) untersuchte den Zusammenhang zwischen der Leuchtkraft der Sterne und den intergalaktischen Entfernungen

DOPPLER-EFFEKT **S. 94** LICHTGESCHWINDIGKEIT **S. 98** SPEKTROSKOPIE **S. 102**
KOSMISCHE HINTERGRUNDSTRAHLUNG **S. 146** EXOPLANETEN **S. 148** KOSMISCHE INFLATION **S. 176**

Naturwissenschaften und das Interesse der Allgemeinheit

1940 – 1955

HAUPTVERTRETER: J. ROBERT OPPENHEIMER • RICHARD FEYNMAN • ALAN TURING • WILLIAM SHOCKLEY

Die erste Explosion einer Atombombe mit dem Codenamen Trinity wurde am 16. Juli 1945 von der U.S. Army in der Wüste Jornada ausgelöst. Drei Wochen später warf die amerikanische Luftwaffe Atombomben über den japanischen Städten Hiroshima und Nagasaki ab und beendete so den Zweiten Weltkrieg.

Während des Zweiten Weltkriegs arbeiteten Naturwissenschaftler an der Entwicklung von möglichst effizienten Waffen. Nach dem Krieg wurden einige dieser Technologien für friedliche Zwecke angepasst. Durch Radartechnik und Düsenantrieb zum Beispiel – beide für militärische Zwecke entwickelt – wurde der Luftverkehr sicher, zuverlässig und für gewöhnliche Menschen erschwinglich.

Die Erforschung der Wellenlängen des Radars führte zudem zur Erfindung der Mikrowelle, und die in Radarempfängern genutzten reinen Siliziumkristalle lieferten das Basismaterial für Halbleiter und Mikrochips.

Auch Computer wurden zur Zeit des Krieges erfunden, in erster Linie als elektromechanische Rechenmaschinen, die der Artillerie beim Berechnen von Flugbahnen halfen, aber auch zum Entschlüsseln feindlicher Codes. Die ersten Raumfahrzeuge waren Überschallflugkörper, die aussahen wie Langstreckenraketen. Unter Anwendung derselben Technologie wurden seither zahlreiche Satelliten auf den Weg gebracht – einige ferngesteuert, andere bemannt –, die den Raum erkundet und im Interesse der Allgemeinheit andere Welten besucht haben.

WICHTIGE ENTWICKLUNGEN

Der Zweite Weltkrieg wurde durch den Einsatz von Atombomben beendet, die durch Aufspalten von Atomkernen in einer blitzschnellen Kettenreaktion gewaltige Explosionen auslösten. Zum Bau solcher Bomben mussten Wissenschaftler lernen, Nuklearreaktoren zu bauen und zu kontrollieren. Heute erzeugen Atomkraftwerke zehn Prozent des weltweiten Stroms. Außerdem werden sie für die Herstellung radioaktiver Substanzen genutzt, die in lebenserhaltenden medizinischen Therapien zum Einsatz kommen.

ENTDECKUNG ELEKTROMAGNETISCHER WELLEN **S. 110** ENTDECKUNG DER RADIOAKTIVITÄT **S. 112**
KERNSPALTUNG **S. 136** TURINGMASCHINE **S. 138**

Elektronik und Computertechnik

1948 – 1960

HAUPTVERTRETER: ALAN TURING • JOHN VON NEUMANN • GEORGE BOOLE • WILLIAM SHOCKLEY • JACK KILBY

Technikerinnen verbinden die Kabel des ENIAC (Electronic Numerical Integrator and Computer), des ersten elektronischen Universalrechners. Er wurde im Zweiten Weltkrieg von der U.S. Army finanziert.

Die Elektronik ist eine Technologie, die sich mit der Steuerung des Elektronenflusses, also des elektrischen Stroms, befasst. In ihrer einfachsten Form stützte sich die Elektronik auf Glühkathodenröhren, die wiederum aus der Glühbirnentechnologie hervorgegangen waren. Die Festkörperelektronik entstand 1948 mit der Erfindung des Transistors (eines Schaltelements) auf Siliziumbasis. Das Silizium war mit winzigen Mengen anderer Materialien versetzt und wurde dadurch zum Halbleiter, der den Strom mehrere tausend Male pro Sekunde wechselweise leiten und blockieren konnte. Dieses Umschalten wird als physische Manifestation eines digitalen Codes von Einsen (1 für „an“) und Nullen (0 für „aus“) genutzt. In den 1950er Jahren brachten Techniken zur Herstellung günstigerer und kleinerer Festkörpergeräte den integrierten Schaltkreis hervor, in dem alle Komponenten und die Verbindungen zwischen ihnen auf einem einzigen kleinen Siliziumplättchen, einem Chip, untergebracht sind. Bis heute bilden Mikrochips den Hauptprozessor (engl. „central processing unit“, CPU) jedes Computers, egal ob Tischrechner, Waschmaschine oder Mars-Rover. Befehle werden von außen in das Gerät eingegeben und anhand der in der Programmierung festgelegten Regeln in Befehle umgewandelt, die wieder ausgegeben werden. So sind leistungsfähige, vielseitige Arbeitsgeräte entstanden.

WICHTIGE ENTWICKLUNGEN

Klassische Computer nutzen die Boolesche Algebra, ein mathematisches System, das George Boole (1815–1864) 1854 entwickelte. Eine Boolesche Rechnung ergibt stets 1 (richtig) oder 0 (falsch). Im Gegensatz zu den üblichen Rechenwegen, wie Addition und Multiplikation, bringt die Boolesche Algebra eigenartig wirkende Ergebnisse hervor: Wird zwei Mal die 1 eingegeben, kann als Ergebnis eine 1 oder eine 0 herauskommen, aber nie eine 2. Durch die Verknüpfung von Transistoren zu bestimmten Mustern entstehen Logikgatter, die unter Verwendung einer speziellen Booleschen Operation Ergebnisse produzieren.

TURINGMASCHINE **S. 138** COMPUTERMODELLE **S. 211** KLIMASIMULATION **S. 212**
MASCHINELLES LERNEN **S. 213** BIG DATA **S. 214**

Genetik

HAUPTVERTRETER: GREGOR MENDEL • CHARLES DARWIN • WILLIAM BATESON

1952

Das Konzept der Vererbung wurde seit jeher als solches anerkannt, doch wie es funktionierte, war bis Mitte des 20. Jahrhunderts weitgehend unklar. Die Evolutionstheorie stützt sich darauf, dass genetische Informationen von den Eltern an die Nachkommen weitergegeben werden. Darwins methodischer Ansatz beruhte auf einer sehr alten Vererbungslehre, der sogenannten Pangenesis. Diese postuliert, dass alle Körperteile – Herz, Gehirn, etc. – ihre eigenen Informationsteilchen in die Keimzellen schicken. Gregor Mendel (1822–1884) hatte bereits gezeigt, dass Merkmale in Form unscheinbarer Einheiten vererbt wurden, die er als „Faktoren" bezeichnete. Diese Faktoren wurden in „Gene" umbenannt (ein von Darwin inspirierter Begriff), und deren Erforschung nannte man Genetik.

Die moderne Genetik umfasst das Studium der Desoxyribonukleinsäure (DNA). Anfangs wussten Genetiker lediglich, dass DNA zusammen mit den Chromosomen im Zellkern vorkam. 1952 wurde sie zweifelsfrei als Vererbungsträger identifiziert. Im Jahr darauf wurde die DNA-Struktur entschlüsselt, und seither haben Genetiker den Code, den sie enthält, Schritt für Schritt geknackt und mit dem Wachstum und den Funktionen des Körpers in Verbindung gebracht.

WICHTIGE ENTWICKLUNGEN

Eine der Regeln der genetischen Vererbung lautet, dass Informationen nur vom Gen auf den Organismus übertragen werden, niemals umgekehrt. Dennoch tat sich in den 1990er Jahren ein verwandtes neues Forschungsgebiet auf: die Epigenetik. Sie untersucht die Möglichkeit, dass chemische Veränderungen an der DNA-Verpackung – diese können je nach äußeren Bedingungen wie Lebensführung, Krankheiten und Hunger variieren – vererbbar sein könnten. Es ist erwiesen, dass Hormone, die bei einem einschneidenden Ereignis während einer Schwangerschaft ausgeschüttet werden, an den Fötus und sogar an mögliche Enkel weitergegeben werden können.

Die von Gregor Mendel aufgestellten Grundsätze der Vererbung legten das Fundament für die moderne Wissenschaft der Genetik

→ ENTDECKUNG DER GENE **S. 106** FUNKTION VON CHROMOSOMEN **S. 109** GESCHLECHTSCHROMOSOMEN **S. 118** DOPPELHELIX **S. 142** DNA-PROFIL **S. 205** CRISPR-METHODE **S. 206**

Wettlauf ins All

HAUPTVERTRETER: KONSTANTIN ZIOLKOWSKI • ROBERT GODDARD • WERNHER VON BRAUN

1957 – 1969

Der amerikanische Astronaut Edward H. White II, Pilot des viertägigen Weltraumflugs Gemini 4, schwebt am 3. Juni 1965 schwerelos außerhalb seines Raumschiffs

Das erste künstliche Objekt im Weltraum war eine deutsche V2-Rakete, die bei einem senkrechten Testflug im Juni 1944 eine Höhe von 176 Kilometern erreichte. Die V2-Technologie, die sich weitgehend auf frühere Entwürfe des US-amerikanischen Raumfahrtpioniers Robert Goddard (1882–1945) stützte, diente später den Supermächten im Kalten Krieg als Grundlage bei ihrem Wettlauf ins All. Dieser Wettbewerb wurde 1957, dem internationalen Jahr der Geophysik, offiziell, als sowohl die Vereinigten Staaten als auch die Sowjetunion bestrebt waren, Satelliten ins All zu schießen. Wer ein Raumschiff in die Umlaufbahn der Erde bringen konnte – so der kaum verhüllte Subtext der Unternehmung –, war auch in der Lage, jedes Ziel auf der Erde mit Raketen zu treffen. Auf der ersten Etappe siegten die Sowjets, die im Oktober 1957 Sputnik 1 starteten. Sie konnten ihre Vorherrschaft sogar noch erweitern, da die Amerikaner zunächst strauchelten, bevor sie dann mit ihrer Apollo-Mission zum Mond erstaunliche Erfolge erzielten. Doch auch mit ihrem ersten Satelliten, Explorer 1, landeten die Amerikaner 1958 einen wissenschaftlichen Durchbruch. Seine Sensoren bestätigten, dass das Magnetfeld der Erde, das bis in den Weltraum hineinreicht, hochenergetische Teilchen der Sonne in einem mehrteiligen Strahlengürtel einfängt, der die Erde umgibt.

WICHTIGE ENTWICKLUNGEN

Bei den meisten Weltraumflügen sind keine lebendigen Passagiere an Bord. Selbst nach 60 Jahren Forschung haben weniger als 600 Menschen den Weltraum besucht. Die ersten Lebensformen, die die Amerikaner 1947 in einer V2 in den Weltraum schickten, waren Fruchtfliegen und Moos. Das erste größere Tier war 1949 ein Rhesusaffe, Albert II, der bei der Landung ums Leben kam. Die ersten Tiere, die sicher aus dem Orbit zurückkehrten, waren 1960 die russischen Hunde Belka und Strelka. 1961 flog Juri Gagarin (1934–1968) als erster Mensch ins All.

KOSMISCHE STRAHLUNG **S. 124** EXOPLANETEN **S. 148** ENTSTEHUNG DES SONNENSYSTEMS **S. 179**
TELESKOP **S. 189** PLANETARISCHER ROVER **S. 215**

Evolution des Menschen

HAUPTVERTRETER: LOUIS LEAKEY • MARY LEAKEY • RICHARD LEAKEY

1960

1972 wurden in Äthiopien Teile eines Skeletts entdeckt. Anhand der Beckenknochen erkannte man, dass es sich um die Überreste eines Hominiden handelte, einer Frau, die aufrecht auf zwei Beinen gehen konnte, aber auch lange Arme hatte, mit deren Hilfe sie auf Bäume kletterte. Das Fossil erhielt den Namen Lucy. Es ist bis heute eines der frühesten Beispiele einer Spezies, die Merkmale besitzt, die denen unserer Spezies ähneln, und sich im Körperbau von nicht-menschlichen Affen signifikant unterscheidet.

Im Großen Afrikanischen Grabenbruch sind seither Beweise für mehrere ausgestorbene Vorfahren der Menschen gefunden worden, aus denen sich ablesen lässt, wie sich unsere Spezies, der Homo sapiens, entwickelt hat. Lucy lebte vor rund 3,2 Millionen Jahren und stellte einfache Werkzeuge her – die steinernen haben bis heute überdauert. Eine Million Jahre später lebte in der Region der Homo habilis, der mit dem Menschen größere Ähnlichkeit hatte als Lucy, aber nur knapp über einen Meter groß war. Diese Spezies ist für ihre vielfältigen Werkzeuge bekannt.

Was als nächstes geschah, ist unklar. Von einer späteren, größeren Spezies, dem Homo erectus, weiß man, dass er sich vor rund einer Million Jahren von Afrika aus verbreitete und wahrscheinlich der Vorfahr des Neandertalers war. Doch angesichts neuer Fossilien, die jüngst in Afrika entdeckt wurden, ist die genaue Abstammungslinie des modernen Menschen, der sich vor etwa 70.000 Jahren über die ganze Welt verbreitete, ein wenig unklar geworden.

Die britische Paläoanthropologin Mary Leakey (1913–1996) mit dem Schädel eines kleinen Primaten, um 1940

WICHTIGE ENTWICKLUNGEN

Zu den Merkmalen, mit denen die menschliche Spezies üblicherweise definiert wird, zählen die Zweifüßigkeit und ein großes Gehirn. Vermutlich haben sich diese Merkmale gemeinsam entwickelt. Damit der Mensch auf zwei Beinen stehen kann, muss er das Becken flach kreisen lassen. Das führt zu einer Verkleinerung des Geburtskanals, was wiederum bedeutet, dass Babys klein und nach relativ kurzer Schwangerschaft geboren werden. In den frühen Entwicklungsstadien ist das Gehirn im Verhältnis zum Körper größer. Die Babys unserer Ahnen entwickelten daher große Köpfe, waren aber hilflos und mussten von ihren Eltern getragen werden – mit Armen, die nicht mehr zum Gehen benötigt wurden.

→ BEWEISE FÜR DAS AUSSTERBEN **S. 82** ENTDECKUNG DER GENE **S. 106** URSPRUNG DES LEBENS **S. 140** EVOLUTION DURCH NATÜRLICHE AUSLESE **S. 161** RADIOKOHLENSTOFFDATIERUNG **S. 197** KLADISTIK UND TAXONOMIE **S. 209**

Neurowissenschaft und Psychologie

1960

HAUPTVERTRETER: SIGMUND FREUD • CAMILLO GOLGI • ERIC KANDEL • DONALD HEBB

Die Psychologie, die Wissenschaft der mentalen Vorgänge, etablierte sich Mitte des 20. Jahrhunderts als eigene Disziplin und bot fortan aufschlussreiche Einsichten in das menschliche Verhalten. Daneben entwickelte sich die Neurowissenschaft, das Studium der Struktur und der Funktion des Nervensystems, insbesondere auf Zell- und biochemischer Ebene. Diese beiden Felder standen offensichtlich im Zusammenhang, wurden aber aus Mangel an Beweisen zunächst getrennt voneinander betrachtet. Da es keinen sichtbaren Beleg für die Verbindung von mentaler Aktivität und dem Lernen oder dem Verhalten gab, schlugen Anhänger des radikalen Behaviourismus vor, Forscher sollten davon ausgehen, dass überhaupt kein Zusammenhang bestehe. Vielleicht, so meinten sie, war der Geist ein Kunstprodukt und kein System, das den Körper steuerte. Dennoch ging die Forschung auf beiden Gebieten rasch voran, und die Vermutung, dass es einen Zusammenhang gebe, blieb bestehen. Die führende Theorie besagte, „Neurons that fire together, wire together“ (dt. „Neuronen, die aufeinander feuern, verbinden sich“). Lernprozesse und Gedächtnisleistungen, so die Annahme, würden in physischen Hirnkreisläufen abgelegt und durch Erinnern verstärkt. In den frühen 1970er Jahren entdeckte Eric Kandel (1929–) die erste direkte Verbindung, indem er zeigte, wie sich bei Meeresschnecken die chemische Zusammensetzung der Nervenzellen durch Lernen veränderte.

WICHTIGE ENTWICKLUNGEN

Neurowissenschaft und Psychologie versuchen noch immer die schwierige Frage nach dem Bewusstsein zu lösen: Wie können wir zum Beispiel die Wahrnehmungen des Geistes untersuchen, etwa die von Farbe oder Schmerz? Diese mentalen Phänomene, die sogenannten Qualia, sind gänzlich privater Natur: Zwar mögen alle darin übereinstimmen, dass der Himmel blau ist. Doch wenn es möglich wäre, diese Farbe so wahrzunehmen wie andere Menschen es tun, würde dann jeder von ihnen sie genau gleich beschreiben?

Für seine Forschung zu den physiologischen Grundlagen des Speicherns von Erinnerungen in Neuronen wurde der österreichisch-amerikanische Wissenschaftler Eric Kandel im Jahr 2000 als einer von mehreren mit dem Nobelpreis für Physiologie oder Medizin ausgezeichnet

TIERISCHE ELEKTRIZITÄT **S. 78** ERLERNTE REAKTIONEN **S. 116** KLINISCHE VERSUCHE **S. 208**

Umweltwissenschaft

HAUPTVERTRETER: JULIAN HUXLEY • RACHEL CARSON • PETER SCOTT • DAVID ATTENBOROUGH

1962

1962 veröffentlichte Rachel Carson (1907–1964) *Der stumme Frühling*, ein Sachbuch, in dem sie beschreibt, wie die Umwelt durch menschliches Handeln zerstört wird. Auf dem Höhepunkt des Industriezeitalters warnte Carson davor, dass das Pestizid DDT und zahllose weitere Chemikalien, mit denen die Natur achtlos verschmutzt wurde, zu einer unbeabsichtigten Zerstörung von Leben führen würden. Der Buchtitel nimmt die Folgen dieser Entwicklung vorweg: Das Verstummen des Lebens und seiner Geräusche. In den USA löste das Buch Bemühungen aus, die chemische Industrie sauberer zu machen; ähnliche Bestrebungen gab es überall auf der Welt. Carsons Werk trug auch zur Entstehung einer Umweltbewegung bei, die der natürlichen Welt mit Achtung begegnete und infrage stellte, ob der industrielle Fortschritt die Zerstörung des natürlichen Lebensraumes wert sei. 1970 war die Umweltbewegung so mächtig geworden, dass die US-Regierung eine Umweltschutzbehörde, die Environmental Protection Agency, ins Leben rief; und wieder folgten andere Länder ihrem Beispiel. In der Zwischenzeit avancierten Interessensverbände wie Greenpeace und Nichtregierungsorganisationen wie der World Wildlife Fund (WWF) zu internationalen Akteuren beim Schutz der Umwelt.

WICHTIGE ENTWICKLUNGEN

Der Umweltschutz ist ein komplexes Feld, auf dem das menschliche Bedürfnis nach Nahrung und Raum mit dem Schutz seltener Lebensräume und vom Aussterben bedrohter Arten vereinbart werden muss. Es gibt daher unterschiedliche Ansätze, doch Einigkeit herrscht in der Regel darüber, dass die bedrohten Tierarten, die auf der Roten Liste der International Union for Conservation of Nature (IUCN) stehen, geschützt werden müssen. Alle Spezies auf dieser Liste sind entsprechend der Gefahr ihres Aussterbens klassifiziert, in der Hoffnung, dass Maßnahmen zu ihrer Rettung ergriffen werden, bevor es zu spät ist.

Die britische Anthropologin Jane Goodall (1934–) hat ihr Leben dem Studium und dem Schutz der Schimpansen in Tansania gewidmet

URSPRUNG DES LEBENS **S. 140** EVOLUTION DURCH NATÜRLICHE AUSLESE **S. 161**
MENSCHENGEMACHTER KLIMAWANDEL **S. 178** KLIMASIMULATION **S. 212**

Internet

ca. 1970

HAUPTVERTRETER: PAUL BARAN • VINT CERF • BOB KAHN • TIM BERNERS-LEE

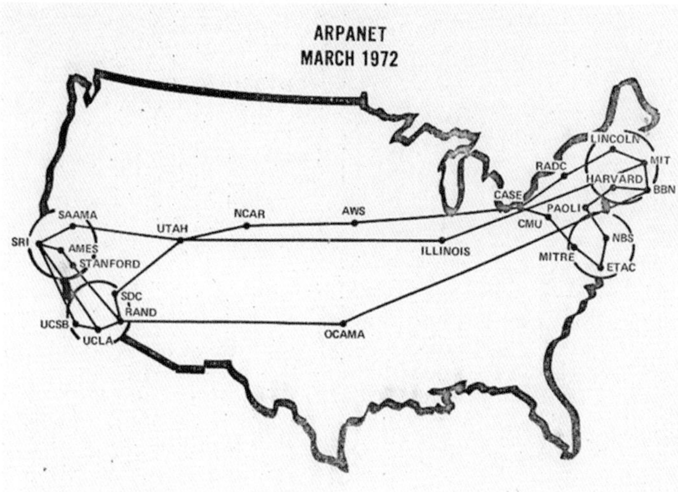

Die Reichweite des Internets – damals hieß es ARPANET (Advanced Research Projects Agency Network) – etwa 18 Monate nach seiner Inbetriebnahme

Das Internet war ursprünglich ein militärisches Projekt. Im Atomzeitalter verlangten Befehlshaber nach einer reibungslosen Kommunikation zwischen ihren Frühwarnsystemen und ihren High-Tech-Arsenalen und mussten sich dabei immer stärker auf die Computertechnik verlassen. All diese Innovationen könnten durch ein einfaches Abschneiden der Befehlshaber von ihren Streitkräften neutralisiert werden. Daher verlangte das US-Verteidigungsministerium nach einem robusteren System. Das Ergebnis war eine Datenpaketvermittlung. In diesem System werden die Daten einer Nachricht in Pakete aufgeteilt, und diese Pakete durchqueren als unabhängige, eigenständige Einheiten das Netzwerk. Wenn Pakete nicht ankommen, bittet der Computer des Empfängers, sie erneut zu schicken, bis die Originalnachricht wieder zusammengesetzt ist. Diese Technologie wurde 1969 in Betrieb genommen und verband zunächst zwei Universitäten an der US-amerikanischen Westküste. Doch bald schon entwickelte sich daraus die Möglichkeit eines „Netzwerks von Netzwerken" oder Internet. Der Computernutzer musste nur eine Verbindung zum System haben, um mit jedem der stetig mehr werdenden Nutzer kommunizieren zu können. Universitätslehrkräfte, insbesondere Naturwissenschaftler, waren Vorreiter dieses Netzwerks; sie nutzten das Internet, um große Datenmengen problemlos zu teilen.

WICHTIGE ENTWICKLUNGEN

Mit dem World Wide Web, das Tim Berners-Lee (1955–) in den frühen 1990er Jahren entwickelte, sollten Informationen effizienter geteilt werden können. Das Netz funktioniert über Computer, die mit dem Internet verbunden sind und Material bereithalten, das für jeden mit einem Web-Browser zugänglich ist. Seine unglaubliche Leistung besteht darin, dass es Menschen ermöglicht, die Information zu finden, nach der sie suchen, aus Quellen, von denen sie vorher nicht ahnten, dass es sie gibt – und das im Bruchteil einer Sekunde.

TURINGMASCHINE **S. 138** COMPUTERMODELLE **S. 211**

Fehlende Materie im Universum

1980er Jahre

HAUPTVERTRETER: NIKOLAUS KOPERNIKUS • ADAM RIESS • VERA RUBIN

WICHTIGE ENTWICKLUNGEN

2018 postulierte der Astrophysiker Jamie Farnes (1984–), dass es sich bei Dunkler Energie und Dunkler Materie um Teile ein und derselben hypothetischen Substanz handele, die er „Dunkle Flüssigkeit" nannte. Er nahm an, dass bei der Ausdehnung des Universums der leere Raum mit einer negativen Masse gefüllt wird. (Die Gravitation von Objekten mit negativer Masse drängt diese auseinander, statt sie zueinander zu ziehen). Diese negative Masse, so Farnes weiter, verbinde Galaxien stärker als normale Materie, was wiederum zu den Beobachtungen passe, die der Theorie der Dunklen Materie zugrunde liegen. Die Idee ist interessant, hat aber nur wenige Anhänger gefunden.

Die amerikanische Astronomin Vera Rubin (1928–2016) als Studentin am Vassar College. Später half ihre Forschung zu Rotationskurven von Galaxien, den Beweis für die Existenz Dunkler Materie zu erbringen.

Der amerikanische Philosoph Thomas Kuhn (1922–1996) beschrieb es als natürlich, dass die Naturwissenschaften hin und wieder in Krisen voller Widersprüche und Geheimnisse geraten, bis durch einen Paradigmenwechsel alles wieder in den Normalbetrieb zurückkehrt. Beispiele für solche Paradigmenwechsel sind die Entdeckung des heliozentrischen Sonnensystems und die Relativitätstheorie. Zu Beginn des 21. Jahrhunderts steckten die Naturwissenschaften – insbesondere die Astronomie und die Kosmologie – in der Krise. In den 1980er Jahren kämpfte dieser Forschungszweig mit der Tatsache, dass das sichtbare Universum nur etwa ein Sechstel seiner Materie ausmachte. Der Rest war sogenannte Dunkle Materie, die nur durch ihre Gravitation aufgespürt werden konnte, aber um das sechsfache größer war als normale Materie. Um 1990 fanden Astronomen dann heraus, dass Materie – ob dunkel oder nicht – nur ein Viertel der Energie im Universum ausmachte. Der Rest war Dunkle Energie, die irgendwie im Nichts des leeren Raums enthalten war. Die Jahrhunderte wissenschaftlichen Fortschritts, die das Universum immer detaillierter erklärten, bezogen sich de facto nur auf fünf Prozent davon; die anderen 95 Prozent bleiben ein Mysterium.

KOSMISCHE HINTERGRUNDSTRAHLUNG **S. 146** EXOPLANETEN **S. 148** ENTDECKUNG DUNKLER ENERGIE **S. 150**
DUNKLE MATERIE **S. 175** KOSMISCHE INFLATION **S. 176** VIELE-WELTEN-INTERPRETATION **S. 177**

Gentechnische Veränderungen

1990

HAUPTVERTRETER: RUDOLF JAENISCH • JENNIFER DOUDNA

Im 21. Jahrhundert war die Gentechnik so weit fortgeschritten, dass sie den Sprung vom Labor ins Ladenregal wagte, vor allem bei Lebens- und Arzneimitteln. Das weckte die öffentliche Aufmerksamkeit und löste eine Debatte darüber aus, ob die Lebensmittel- und die Agrarindustrie genetisch veränderte Organismen (GVOs) verwenden sollten. Befürworter argumentieren, dass GVOs, in der Regel Feldfrüchte, so auch unter Bedingungen wachsen können, die einer reichen Ernte zuvor entgegengestanden hätten, zum Beispiel weil ein Gen, das aus einem völlig anderen Organismus stammt, sie gegen Frost- oder Schimmel resistent macht. Manche Pflanzen sind auch dahingehend verändert, dass eine bestimmte Chemikalie, die andere Organismen tötet, ihnen nichts anhaben kann; so können Pestizide sinnvoller eingesetzt werden. Gegner argumentieren, dass gentechnische Veränderungen in GVOs patentiert sind und Landwirte daher Lizenzgebühren zahlen müssen, was bei natürlichen Pflanzen nicht der Fall ist. Umweltschützer befürchten zudem, dass GVOs in die freie Natur gelangen und mit ihren genetischen Vorteilen natürliche Ökosysteme verändern könnten, denn Pflanzen kreuzen sich leichter als Tiere. Die Debatte dauert an.

WICHTIGE ENTWICKLUNGEN

Gentechnische Veränderungen an Mikroorganismen sind weniger umstritten. Diese geschehen vor allem zu medizinischen Zwecken. Aus modifizierten Viren zum Beispiel werden Impfstoffe entwickelt; Bakterien und Hefen werden manipuliert, um nützliche biochemische Stoffe im industriellen Maßstab zu produzieren. Eine der erfolgreichsten gentechnischen Veränderungen gelang 1978, als eine neue Form von E. coli-Bakterien erschaffen wurde, die menschliches Insulin produzierten, das bei der Behandlung von Diabetes sehr viel effektiver wirkt als frühere Formen.

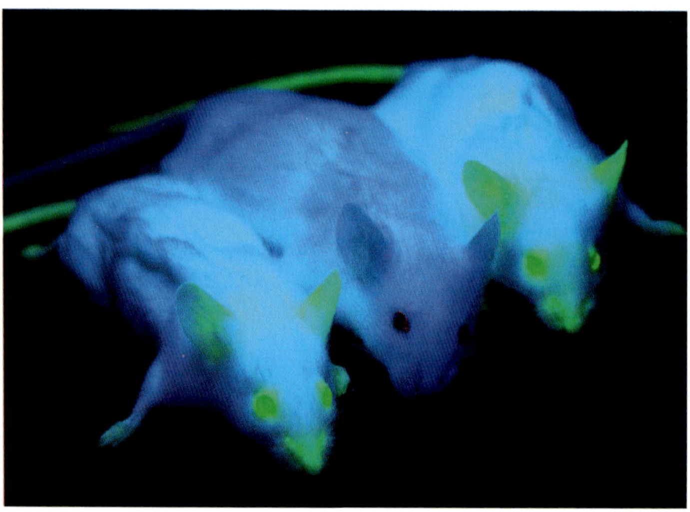

Gentechnische Veränderungen bei Säugetieren: Zwei Mäuse, die unter UV-Licht ein erhöhtes grün fluoreszierendes Protein aufweisen, flankieren eine gewöhnliche Maus aus der genetisch unveränderten Abstammungslinie.

ENTDECKUNG DER GENE **S. 106** DOPPELHELIX **S. 142**
ZENTRALES DOGMA DER MOLEKULARBIOLOGIE **S. 172** DNA-PROFIL **S. 205** CRISPR-METHODE **S. 206**

Stringtheorie

HAUPTVERTRETER: PETER HIGGS • EDWARD WITTEN

2000 –

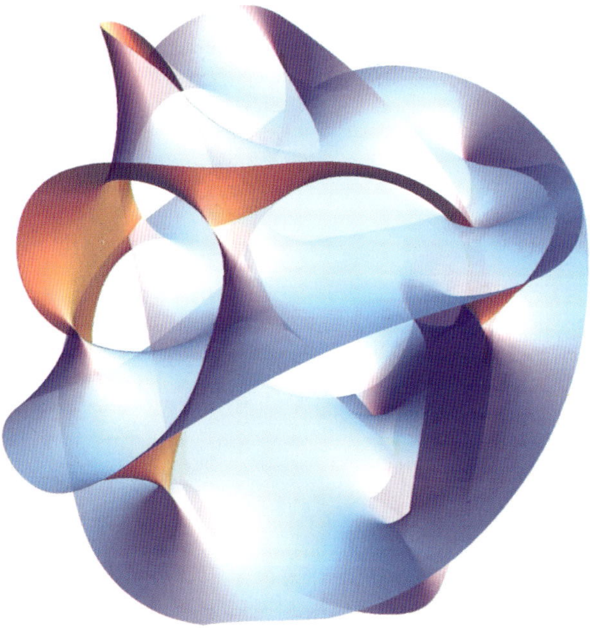

WICHTIGE ENTWICKLUNGEN

Zu jedem Teilchen, von dem wir wissen – Elektron, Photon, etc. – könnte es ein bisher unentdecktes (und sehr schweres) Superteilchen geben – ein Superelektron oder Superphoton. Der Large Hadron Collider (LHC) – ein Teilchenbeschleuniger nahe Genf, den die Europäische Organisation für Kernforschung (CERN) 2012 für die Suche nach dem Higgs-Boson nutzte – wird derzeit aufgerüstet, um die theoretisch notwendige Energie verfügbar zu machen, die zum Aufspüren eines Superpartikels benötigt wird.

Dieses computergenerierte Bild zeigt die Oberfläche eines Gebildes mit vier räumlichen Dimensionen – eine mehr als die üblichen drei: Länge, Breite und Höhe. Einige Stringtheorien befassen sich mit Objekten, die elf Dimensionen haben.

Das Hauptproblem mit den beiden großen physikalischen Theorien, der Quantenmechanik und der Relativität, liegt darin, dass sich keine durch die andere erklären lässt. Die Gravitation zum Beispiel kann nicht mithilfe von Quantenteilchen erklärt werden.

In dem Versuch, die beiden zu vereinen, bringt die Stringtheorie eine tiefere Organisationsebene ins Spiel, auf der Teilchen fadenförmige Gebilde sind, die in zahlreichen Dimensionen schwingen. Drei dieser Dimensionen sind uns vertraut – Länge, Breite und Höhe. Die Theorie geht aber von weiteren Dimensionen aus, die wir nicht sichtbar machen können.

Die Theorie beschreibt Teilchen als eine Reihe von Schleifen und eindimensionalen Fäden (engl. „string"). Diese Objekte offenbaren die facettenreichen Eigenschaften eines Teilchens als Schwingungen in den Fäden, die in acht kompakten Raumdimensionen oberhalb und unterhalb jener drei vor sich gehen, aus denen die alltägliche Welt besteht.

In der Stringtheorie, oder zumindest in vielen Versionen davon, gibt es einen Platz für die Quantengravität. Daher ist sie ein Kandidat für die Weltformel, also ein einziges allumfassendes Modell. Bis heute hat es jedoch niemand geschafft, über die erlesene Mathematik, die die Stringtheorie untermauert, hinauszugehen und eine Möglichkeit zu finden, sie in Aktion zu testen.

ENTDECKUNG DES ELEKTRONS **S. 114** ATOMKERN **S. 126** STANDARDMODELL **S. 174** BLASENKAMMER **S. 198** TEILCHENBESCHLEUNIGER **S. 199** NEUTRINO-DETEKTOREN **S. 201**

ANGELVM GALLIÆ CVSTODEM CHRISTVS PATRIÆ FATA DOCET
LA CONVENTION NATIONALE
17
16
15
14
13
12

EXPERIMENTE

AUFTRIEB 42 • **GRÖSSE DER ERDE** 44 • **CAMERA OBSCURA** 46 • **LICHTBRECHUNG UND REGENBOGEN** 48 • **HOMOLOGIEN FINDEN** 50 • **PENDELGESETZ** 52 • **ENTDECKUNG DES STOFFWECHSELS** 54 • **FALLBESCHLEUNIGUNG** 55 • **BLUTKREISLAUF** 56 • **GEWICHT DER LUFT** 58 • **GASGESETZE** 60 • **HOOKESCHES GESETZ** 62 • **ENTDECKUNG VON MIKROORGANISMEN** 64 • **FARBSPEKTRUM** 66 • **SCHWEBENDER JUNGE** 68 • **ENTDECKUNG DER PHOTOSYNTHESE** 70 • **SAUERSTOFF** 72 • **GEWICHT DER ERDE** 74 • **ERHALTUNG DER MASSE** 76 • **TIERISCHE ELEKTRIZITÄT** 78 • **IMPFUNG** 80 • **BEWEISE FÜR DAS AUSSTERBEN** 82 • **ELEKTROLYSE** 84 • **DOPPELSPALTEXPERIMENT** 86 • **ELEKTROMAGNETISCHE WECHSELWIRKUNG** 88 • **CARNOT-KREISPROZESS** 89 • **BROWNSCHE BEWEGUNG** 90 • **VITALISMUS** 92 **DOPPLER-EFFEKT** 94 • **MECHANISCHES WÄRMEÄQUIVALENT** 96 • **LICHTGESCHWINDIGKEIT** 98 • **ERD-ROTATION** 100 • **SPEKTROSKOPIE** 102 • **KEIMTHEORIE** 104 **ENTDECKUNG DER GENE** 106 • **NICHTEXISTENZ DES ÄTHERS** 108 • **FUNKTION VON CHROMOSOMEN** 109 • **ENTDECKUNG ELEKTROMAGNETISCHER WELLEN** 110 • **ENTDECKUNG DER RADIOAKTIVITÄT** 112 • **ENTDECKUNG DES ELEKTRONS** 114 • **ERLERNTE REAKTIONEN** 116 • **GESCHLECHTSCHROMOSOMEN** 118 • **BESTIMMEN DER LADUNG** 120 • **HERTZSPRUNG-RUSSELL-DIAGRAMM** 122 • **KOSMISCHE STRAHLUNG** 124 • **ATOMKERN** 126 • **WELLEN-TEILCHEN-DUALISMUS** 128 • **ANTIBIOTIKUM** 130 • **EXPANSION DES UNIVERSUMS** 132 **REKOMBINATION** 134 • **KERNSPALTUNG** 136 • **TURINGMASCHINE** 138 • **CITRATZYKLUS** 139 • **URSPRUNG DES LEBENS** 140 • **DOPPELHELIX** 142 • **MILGRAM-EXPERIMENT** 144 • **KOSMISCHE HINTERGRUNDSTRAHLUNG** 146 • **EXOPLANETEN** 148 **ENTDECKUNG DUNKLER ENERGIE** 150 • **LIGO** 152

Auftrieb

ARCHIMEDES: *ÜBER SCHWIMMENDE KÖRPER* • SYRAKUS, SIZILIEN, ITALIEN

ca. 250 v. Chr.

GRIECHISCHE PHILOSOPHEN **S. 13**

Schlüsselwerke von Archimedes
Kreismessung
Stomachion
Die Sandrechnung

Über den griechischen Naturwissenschaftler Archimedes (ca. 287–ca. 212 v. Chr.) wird erzählt, er habe beim Baden eine Erleuchtung gehabt, sei daraufhin aus der Wanne gesprungen und habe ausgerufen „Heureka!", „Ich hab's". Was Archimedes damals entdeckte, liefert heute die Erklärung dafür, warum einige Materialien schwimmen und andere untergehen.

Archimedes hatte über die Reinheit des Goldes in der neuen Krone seines Königs nachgedacht. Als er sich entspannt in die randvolle Wanne gleiten ließ, lief ein Teil des Wassers über. Dadurch erkannte er, dass er auf die gleiche Weise das Volumen der Krone überprüfen konnte: Er musste nur das Wasser auffangen, das sie verdrängte. Wenn er erst ihr genaues Volumen kannte, könnte er die Krone mit einem Goldklumpen gleichen Gewichts vergleichen. War die Krone aus reinem Gold gefertigt, würde sie genauso viel wiegen wie der Goldbarren.

Archimedes verglich den Auftrieb der beiden Objekte, indem er sie an dem Balken einer Waage aufhängte und so ins Wasser tauchte. Das Gewicht eines Objektes verdrängt Wasser, doch das Wasser drängt mit der Kraft des Auftriebs zurück. Ist diese Kraft größer als das Gewicht, schwimmt das Objekt; ist der Auftrieb kleiner als das Gewicht, geht das Objekt unter. Das Prinzip des Archimedes fasst diese Entdeckung zusammen: Die Auftriebskraft, die auf ein Objekt wirkt, entspricht dem Gewicht des Wassers, das dieses Objekt verdrängt. Archimedes wusste, dass auf beide Objekte die gleiche Auftriebskraft wirkte, die Krone jedoch schwamm höher im Wasser als das Gold. Damit war bewiesen, dass die Krone nicht aus reinem Gold bestand, sondern mit leichteren – und billigeren – Metallen versetzt war.

ARCHIMEDES

Archimedes, einer der produktivsten Mathematiker und Erfinder des Altertums, lebte in Syrakus, einer griechischen Stadt auf Sizilien. Zu seinen Errungenschaften gehören die Berechnung der Kreiszahl pi (π) bis 3,1408. Außerdem soll er Kriegsmaschinen erfunden haben, um die Angriffe der Römer abzuwehren, insbesondere Brenngläser, die mithilfe gekrümmter Spiegel Sonnenstrahlen bündeln und damit Kriegsschiffe in Brand setzen sollten. Archimedes starb während der Punischen Kriege bei der Eroberung von Syrakus durch die Römer.

Archimedes beim Wannenbad, wo er der Legende nach das Prinzip erkannte, das heute seinen Namen trägt, Holzschnitt, 16. Jahrhundert

GRIECHISCHE PHILOSOPHEN **S. 13** STANDARDMAẞE **S. 185**

Größe der Erde

ERATOSTHENES nach KLEOMEDES:
DE MOTU CIRCULARI CORPORUM CAELESTIUM • ALEXANDRIA, ÄGYPTEN

ca. 200 v. Chr.

In den letzten Jahren des 3. Jahrhunderts v. Chr. fand der griechische Universalgelehrte Eratosthenes (ca. 276–ca. 194 v. Chr.), der im ägyptischen Alexandria lebte, eine Methode, den Erdumfang zu berechnen. Die Idee dazu kam ihm, als er von einem sehr ungewöhnlichen Brunnen auf Elephantine, einer Flussinsel im Nil nahe der Stadt Syene (heute Assuan), hörte. Es hieß, dass in der Mittagsstunde am Tag der Sommersonnenwende die Sonne keinen Schatten in diesen tiefen Brunnen werfe und sich in seinem Wasser spiegle. Daraus schloss Eratosthenes, dass die Sonne an diesem Tag direkt über Syene stand, er wusste aber, dass dies in Alexandria zur selben Zeit nicht der Fall war. Also errichtete er in Alexandria eine kleine Säule und maß die Länge ihres Schattens zur Mittagszeit. Dann nutzte er diesen Wert zusammen mit der Höhe der Säule, um einen rechtwinkligen Dreikant zu bauen. Mithilfe dieses Instruments berechnete er, dass die Sonnenstrahlen Alexandria in einem Winkel von 7 Grad trafen. Wenn seine Säule bis zum Mittelpunkt der Erde reichen würde, so überlegte Eratosthenes, dann würde eine ähnliche Linie, die von Syene aus zu diesem Punkt liefe, in einem Winkel von 7 Grad auf die Säule treffen. Das bedeutete, dass die Entfernung zwischen den beiden Städten etwa ein Fünfzigstel der Strecke um die Welt darstellte (ein Siebtel der 360 Grad in einem Kreis). Aus Befragungen von Reisenden schloss Eratosthenes, dass Syene 5.000 ägyptische Vermessungsstangen entfernt lag. Also hatte die Erde einen Umfang von 250.000 Vermessungsstangen – 39.375 Kilometer. Mit dieser Berechnung lag er nur 1,4 Prozent unter dem heutigen Maß von 40.076 Kilometer.

Der Brunnen des Eratosthenes auf der Insel Elephantine, Assuan, Ägypten

FRÜHE ASTRONOMEN **S. 12** NATURWISSENSCHAFTEN IN DER ISLAMISCHEN WELT **S. 16**

Schlüsselwerke von Eratosthenes

Platonikos
Hermes
Erigone
Über Chronographien
Olympiasieger

ERATOSTHENES

Eratosthenes kam in Kyrene, einer griechischen Kolonie an der Küste des heutigen Libyens, zur Welt. Als junger Mann studierte er mit führenden Philosophen der damaligen Zeit an der von Platon gegründeten Philosophenschule in Athen. Er machte sich als Dichter einen Namen und wurde eingeladen, nach Alexandria zu kommen, um dort als Bibliothekar zu arbeiten. Im Alter von 35 Jahren war er Leiter der Bibliothek von Alexandria und bemühte sich, diese zur führenden Bildungsstätte der antiken Welt zu machen.

NATURWISSENSCHAFTLICHE METHODE **S. 182** STANDARDMAẞE **S. 185**

Camera Obscura

ALHAZEN (IBN AL-HAITHAM): *SCHATZ DER OPTIK* • KAIRO, ÄGYPTEN

ca. 1000

NATURWISSENSCHAFTEN IN DER ISLAMISCHEN WELT **S. 16**

Schlüsselwerke von Alhazen
Abhandlung über das Licht
Über den Aufbau der Welt
Zweifel an Ptolemäus
Modell der Bewegungen jeder der sieben Planeten

Alhazen (ca. 965–ca. 1040) gilt als Begründer der Optik, jener Wissenschaft, die sich mit dem Verhalten von Lichtstrahlen beschäftigt. Ein großer Teil seiner Arbeit stützt sich auf die Camera Obscura – der lateinische Ausdruck bedeutet „dunkle Kammer". Die Camera Obscura war zu Alhazens Zeit ein etabliertes Phänomen. Der zu diesem Zweck genutzte Raum – oder das Zelt – war, abgesehen von einem kleinen Loch in der Wand, komplett dunkel. Als Alhazen von einer solchen Kammer aus eine Sonnenfinsternis beobachtete, bemerkte er, dass auf der dem Loch gegenüberliegenden Wand ein auf dem Kopf stehendes Bild der Sonne erschien. Er stellte sich vor, dass gebündelte Sonnenstrahlen von draußen in dem Loch zusammenliefen, sich überkreuzten und so das innen sichtbare Bild umkehrten. Diese Vermutung brachte ihn dazu, sich der Optik mit den Mitteln der Geometrie zu nähern. Bis dahin waren Lichtbündel stets als gerade Linien behandelt worden, die die Richtung und die Winkel wechselten, wenn sie von Oberflächen reflektiert oder durch sie gebrochen wurden. Alhazens Vorstellung vom Licht widerlegte auch die althergebrachte Emissionstheorie des Sehens, derzufolge das Auge Lichtstrahlen aussendet, mit denen es die Objekte der sichtbaren Welt gewissermaßen „abscannt". Stattdessen erweiterte sie die Intromissionstheorie, nach der das Licht der Sonne oder einer anderen Quelle von einem Objekt gespiegelt wird und von dort ins Auge des Betrachters gelangt, wo es ein Bild ergibt – genau wie bei der Camera Obscura.

ALHAZEN

Der in Basra (einer Stadt im heutigen Irak) während der Blüte der Fatimiden-Dynastie geborene Alhazen (eigentlich Abu Ali al-Hasan ibn al-Haitham) war zunächst Wesir oder Berater des örtlichen Emirs. Es heißt, er habe damit geprahlt, einen Plan zu haben, wie sich das Hochwasser des Nils kontrollieren lasse, und sei daraufhin vom Kalifen al-Hakim nach Kairo eingeladen worden. Doch bald schon erkannte er wohl, wie dumm seine Behauptung gewesen war. Um dem Zorn des Kalifen zu entgehen, habe er daraufhin eine Geisteskrankheit vorgetäuscht. Was auch immer daran wahr sein mag, Alhazen wurde jahrelang unter Hausarrest gestellt und trieb in dieser Zeit seine Forschungen auf dem Gebiet der Optik voran.

Das Prinzip der Camera Obscura: Das einfallende Licht wirft ein kopfüber stehendes Bild an eine dem Loch gegenüberliegende Wand. Kupferstich, 1752.

MIKROSKOP **S. 188** TELESKOP **S. 189** FOTOGRAFIE **S. 192**

Lichtbrechung und Regenbogen

ca. 1300

DIETRICH VON FREIBERG: *DE IRIDE ET RADIALIBUS IMPRESSIONIBUS* •
TOULOUSE, FRANKREICH

NATURWISSENSCHAFTEN IN DER ISLAMISCHEN WELT **S. 16**

In einem Regenbogen wird das einfallende weiße Licht in seine farbigen Bestandteile aufgebrochen und bildet (von außen nach innen) Bögen aus Rot, Orange, Gelb, Grün, Blau, Indigo und Violett

Schlüsselwerke von Dietrich von Freiberg

De luce et eius origine
De coloribus
De miscibilibus in mixto
De elementis corporum naturalium

Den Zusammenhang zwischen einem Regenbogen und Wassertropfen – nicht nur dem Regen – erkannte Seneca der Jüngere (ca. 4 v. Chr.–65 n. Chr.). Er hatte festgestellt, dass ein Regenbogen am Himmel stets auf der der Sonne gegenüberliegenden Seite erschien, und gelangte so zu der Annahme, dass das farbenfrohe Phänomen durch Licht entstehe, das von jedem einzelnen Tropfen reflektiert werde. Alhazen vermutete, ein Regenbogen werde dadurch hervorgerufen, dass die Regentropfen einen konkaven Spiegel bildeten. Dietrich von Freiberg (ca. 1250–ca. 1310) beendete die Debatte, indem er mithilfe einer mit Wasser gefüllten Glaskugel einen Regenbogeneffekt erzeugte: Bei diesem Versuch dringt das Licht durch die Vorderseite der Kugel ein, wird vom Wasser gebrochen und in ein schmales Farbspektrum aufgefächert, das von der hinteren Innenfläche der Kugel reflektiert wird. Beim Verlassen der Kugelvorderseite wird das Spektrum abermals gebrochen. Insgesamt dreht sich das Licht um 318 Grad, bewegt sich also fast zur Lichtquelle zurück. Licht wird gebrochen, wenn ein Lichtstrahl beim Übergang von einem transparenten Medium (in diesem Fall die Luft) in ein anderes (in diesem Fall das Wasser) von seiner Bahn abgelenkt wird. Der Brechungswinkel ist abhängig von der relativen Lichtgeschwindigkeit im jeweiligen Medium (durch Wasser zum Beispiel bewegt es sich langsamer). Daher bricht jeder Regentropfen das Licht auf genau die gleiche Art und Weise wie alle anderen, und dieser kumulative Vorgang lässt am Himmel den Regenbogen entstehen.

DIETRICH VON FREIBERG

Dietrich von Freiberg war der Vorzeigeschüler von Albertus Magnus, dem einflussreichen deutschen Philosophen, Naturwissenschaftler und Theologen. Wie sein Lehrer wurde Dietrich Dominikanermönch in Frankreich und Deutschland. Neben den Naturwissenschaften interessierte er sich für die Metaphysik, die Wissenschaft des Seins.

MIKROSKOP **S. 188** TELESKOP **S. 189** LASER **S. 195**

Homologien finden

PIERRE BELON: *L'HISTOIRE DE LA NATURE DES OYSEAUX* •
PARIS, FRANKREICH

ca. 1550

Einer der Eckpfeiler der Evolutionstheorie ist die vergleichende Anatomie, die zwei Dinge untersucht. Erstens: Wie es kommt, dass ein gemeinsamer Körperbauplan aus Knochen und Gliedern sich zu verschiedenen Gestalten entwickeln kann, um sich vielfältigen Umgebungen anzupassen. Wieso zum Beispiel sind die Skelette von Walen und Fledermäusen aus den gleichen (homologen) Knochen aufgebaut? Zweitens: Wie können unterschiedliche Anatomien ähnliche Formen annehmen, die sie für einen ähnlichen Lebensstil wappnen? Dieses Phänomen lässt sich etwa bei Delfinen, Haien und Ichthyosauriern (ausgestorbenen Meeresreptilien) beobachten.

Der Begründer der vergleichenden Anatomie war Pierre Belon (1517–1564). Er brachte in den 1550er Jahren eine Reihe von Schriften heraus, in denen er analoge Anatomien von Meereslebewesen untersuchte. 1555 veröffentlichte er das Werk *L'histoire de la nature des oyseaux*, in dem er detailliert zeigte, dass das Vogelskelett mit dem menschlichen Skelett homolog ist, also eine weitgehend gleiche Struktur besitzt.

Die Frage, warum und wie Vögel und Säugetiere mit einem grundlegend gleichen Knochenbau verschiedene Anatomien entwickeln, war durch Belons Forschung nun offen für Interpretationen. Die Entdeckungen der vergleichenden Anatomie führten schrittweise zu der Auffassung, dass sich verschiedene Lebensformen aus gemeinsamen Vorfahren entwickelt haben müssen.

PIERRE BELON

Der im französischen Le Mans geborene Pierre Belon ging bei einem Apotheker in die Lehre und arbeitete dann im Dienst des Bischofs von Clermont. Er begann sich für Zoologie zu interessieren, und nachdem er an die Universität von Wittenberg gegangen war, widmete er sich vermehrt der Erforschung von Pflanzen. In den 1540er Jahren studierte Belon kurzzeitig an der medizinischen Universität von Paris, machte aber keinen Abschluss. Stattdessen reiste er ausgiebig durch Europa und den Vorderen Orient, wo er sich als Anatom einen Namen machte. Nach seiner Rückkehr wurde er in Paris von Dieben ermordet.

RENAISSANCE **S. 17** NATURGESCHICHTE UND BIOLOGIE **S. 22** EVOLUTION DES MENSCHEN **S. 33**

Schlüsselwerke von Pierre Belon

L'histoire naturelle des éstranges poissons marins, avec la vraie peincture & description du Daulphin, & de plusieurs autres de son espece, 1551

De aquatilibus, 1553

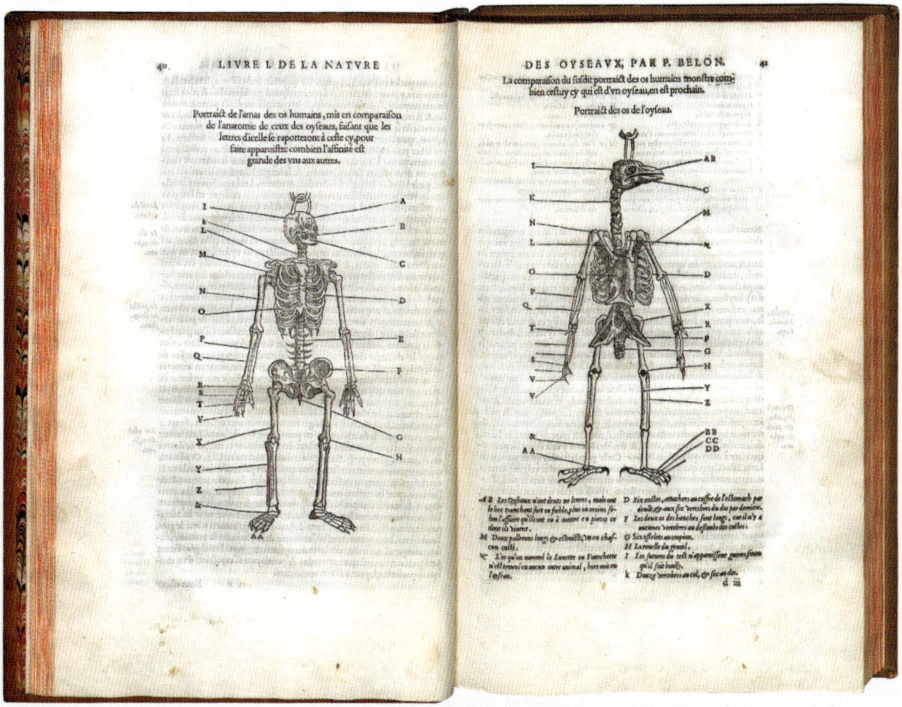

Doppelseite aus der ersten Auflage von Belons Meisterwerk, auf der die Ähnlichkeiten zwischen dem menschlichen Skelett und dem eines Vogels aufgezeigt werden. Das Buch wurde zu einem Eckpfeiler der vergleichenden Anatomie.

EVOLUTION DURCH NATÜRLICHE AUSLESE **S. 161** ENDOSYMBIOSE **S. 173** KLADISTIK UND TAXINOMIE **S. 209**

Pendelgesetz

GALILEO GALILEI: *DISCORSI E DIMOSTRAZIONI MATEMATICHE INTORNO A DUE NUOVE SCIENZE* • PISA, ITALIEN

1583

Schlüsselwerke von Galileo
Die Waage, 1586
Mechanik, ca. 1600
Le operazioni del compasso geometrico e militare, 1606

Ein Pendel ist ein Gewicht – ein Senkblei –, das an einer Schnur oder einer Stange schwingt. Lange Zeit wurden Pendel aufgrund ihrer Bewegungsempfindlichkeit in frühen Technologien genutzt, etwa in Schwingungssensoren. 1583 bemerkte Galileo Galilei – in der möglicherweise ersten Entdeckung seiner illustren wissenschaftlichen Laufbahn – eine Eigenschaft des Pendels, die die Naturwissenschaften und die Technologie revolutionieren sollte. Während einer Messe in der Kathedrale von Pisa stoppte er die Schwünge eines großen Leuchters, der von der Decke hing und zu schwingen begann, als der Küster die Kerzen darauf entzündete. Mithilfe seines Pulses maß Galileo die Schwingungsdauer – die Periode – und entdeckte, dass diese, ganz gleich wie stark oder wie weit der Leuchter schwang, stets konstant blieb. Zwölf Jahre später wandte sich Galileo diesem Thema erneut zu und fand heraus, dass auch die Masse des Senkbleis keine Auswirkung auf die Periode des Pendels hatte. Daraus folgte, dass die Schwingungsdauer allein von der Länge des Pendels bestimmt wurde. Galileo berechnete, dass sich die Periode proportional zur Quadratwurzel der Pendellänge verhielt. (Ein Pendel mit einer Periode von einer Sekunde ist 99,4 Millimeter lang.) Aus diesem universellen Gesetz folgte, dass schwingende Pendel als Zeitmesser genutzt werden konnten. Das Gesetz zog weitere Forschungen zur Physik der Schwingung nach sich, die Wissenschaftler beim Verständnis von Wellen, Kräften, Gravitation und sogar subatomaren Teilchen halfen.

CHRISTIAAN HUYGENS
Galileo hat nie eine Uhr mit einem Pendel gebaut. Das gelang 1656 erstmals dem niederländischen Naturwissenschaftler Christiaan Huygens (1629–1695). Huygens spielte auch auf mehreren anderen Gebieten eine wichtige Rolle, etwa in der Optik, wo er (richtig) vermutete, dass Lichtstrahlen Schwingungen seien, und in der Astronomie: 1659 entdeckte er die Ringe des Saturns.

RENAISSANCE **S. 17** NATURWISSENSCHAFTLICHE REVOLUTION **S. 18**

Seine Beobachtungen an einem schwingenden Leuchter, der von der Decke der Kathedrale in Pisa hing, führten Galileo zu einer bedeutsamen Entdeckung über das Wesen der Bewegung

BEWEGUNGSGESETZE **S. 157** ZEITMESSUNG **S. 186**

Entdeckung des Stoffwechsels

ca. 1600

SANTORIO SANTORIO: *ARS DE STATICA MEDICINA* • PADUA, ITALIEN

Schlüsselwerke von Santorio Santorio

Methodi vitandorum errorum omnium qui in arte medica contingunt, 1602

Commentaria in artem medicinalem Galeni, 1612

Commentaria in primam Fen primi Canonis Avicennae, 1625

Commentaria in primam-sectionem Aphorismorum Hypocratis, 1629

Das medizinische Fachwort „Metabolismus" (dt. Stoffwechsel) ist von dem griechischen Wort für Veränderung abgeleitet und bezieht sich auf die zahllosen chemischen Vorgänge, bei denen die Nahrung in lebenserhaltende Stoffe umgewandelt wird. Diese Erkenntnis, die uns heute selbstverständlich erscheint, lag bis ins späte 19. Jahrhundert noch im Dunkeln. Frühe Mediziner waren sich zwar bewusst, dass ein Teil des Materials, das in den Körper hineinkam, irgendwie verlorenging, doch sie vermuteten, dass es wie Schweiß verdunstete.

Santorio Santorio (1561–1636) untersuchte diese Frage in einem der längsten Experimente der Naturwissenschaften. Er baute einen Wiegestuhl, mit dem er vor jeder Mahlzeit sein Gewicht und das seiner Nahrung maß. Später wog er dann seine Ausscheidungen. (Außerdem wog er sich vor und nach dem Schlafen, dem Sex und der Arbeit). Die Auswertung offenbarte, dass weniger Material aus dem Körper ausgeschieden als aufgenommen wurde. Im Durchschnitt schied er pro 3,5 Kilogramm, die er aß, 1,5 Kilogramm wieder aus. Das war der erste klare Beweis, dass Stoffe aus der Nahrung, die in den Körper aufgenommen wurden, dazu dienten, diesen anzutreiben und zu kräftigen.

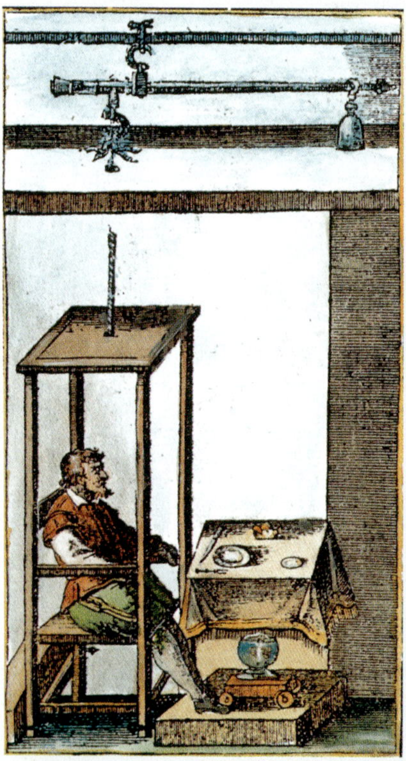

Mithilfe eines Wiegestuhls versuchte Santorio, den Unterschied zwischen der vom Körper aufgenommenen und ausgeschiedenen Materialmenge zu bestimmen. Buchillustration, 17. Jahrhundert.

SANTORIO SANTORIO

Der in einem Teil des heutigen Sloweniens, damals eine Provinz der Venezianischen Republik, geborene Santorio studierte Medizin in Padua. In den 1580er Jahren begann er in Venedig als Arzt zu praktizieren und erwarb sich rasch einen so guten Ruf, dass die wohlhabendsten Bewohner der Stadt ihn konsultierten. 1611 kehrte er nach Padua zurück, um dort Medizin zu lehren.

Fallbeschleunigung

GALILEO GALILEI: *DE MOTU* • PISA, ITALIEN

ca. 1600

Schlüsselwerke von Galileo

Sidereus Nuncius, 1610

Dialog über die beiden hauptsächlichen Weltsysteme, 1632

Unterredung und mathematische Demonstration über zwei neue Wissenszweige die Mechanik und die Fallgesetze betreffend, 1638

Einer bekannten Legende zufolge schleppte Galileo zwei Kanonenkugeln, eine kleine und eine große, auf die Spitze des schiefen Turms von Pisa und ließ sie seitlich des Gebäudes hinunterfallen. Dabei beobachtete er, dass sie „gleichmäßig fielen" und zur selben Zeit den Boden berührten. Das war der Beweis dafür, dass das Gewicht eines Objekts keinen Einfluss darauf hatte, wie schnell es fällt; leichte Dinge fallen genauso schnell wie schwere. Dieser Versuch jedoch war ein reines Gedankenexperiment. Im wirklichen Leben ließ Galileo die Kugeln über eine schiefe Ebene rollen, über der in gleichmäßigen Abständen Glöckchen befestigt waren, die läuteten, wenn eine Kugel vorbeikam. Mithilfe dieses Versuchsaufbaus untersuchte Galileo, wie Körper beschleunigen, wenn sie rollen (oder fallen). Dabei verglich er die zurückgelegte Entfernung mit der benötigten Zeit. So kam er auf das Gesetz des freien Falls, das besagt, dass die zurückgelegte Strecke proportional zum Quadrat der benötigten Zeit ist. Anders gesagt, eine Kugel, die doppelt so tief fällt, fällt vier Mal schneller. Umgekehrt ausgedrückt: Ein Ball, der aus vierfacher Höhe fallengelassen wird, braucht nur doppelt so lange, um den Boden zu erreichen.

GALILEO GALILEI

Der in Pisa geborene Musikersohn Galileo entwickelte die Teleskopastronomie und erbrachte den visuellen Beweis, dass die Erde sich um die Sonne bewegt. Seine Forschung zur Bewegung bereitete den Weg für Newton und Einstein. Galileo, der in prekären finanziellen Verhältnissen großgeworden war, verdiente sich seinen Lebensunterhalt mit Vorlesungen und einer Vielzahl von Erfindungen, doch letztlich brachte ihn seine Arbeit in Konflikt mit der Kirche. Seine letzten Lebensjahre verbrachte er unter Hausarrest.

Galileo sagte genau voraus, dass zwei Kanonenkugeln, die man vom schiefen Turm von Pisa fallen ließe, trotz ihrer unterschiedlichen Größe zur selben Zeit auf dem Boden aufschlagen würden

RENAISSANCE **S. 17** NATURWISSENSCHAFTLICHE REVOLUTION **S. 18**

Blutkreislauf

WILLIAM HARVEY: *DE MOTU CORDIS* • FRANKFURT, DEUTSCHLAND

1628

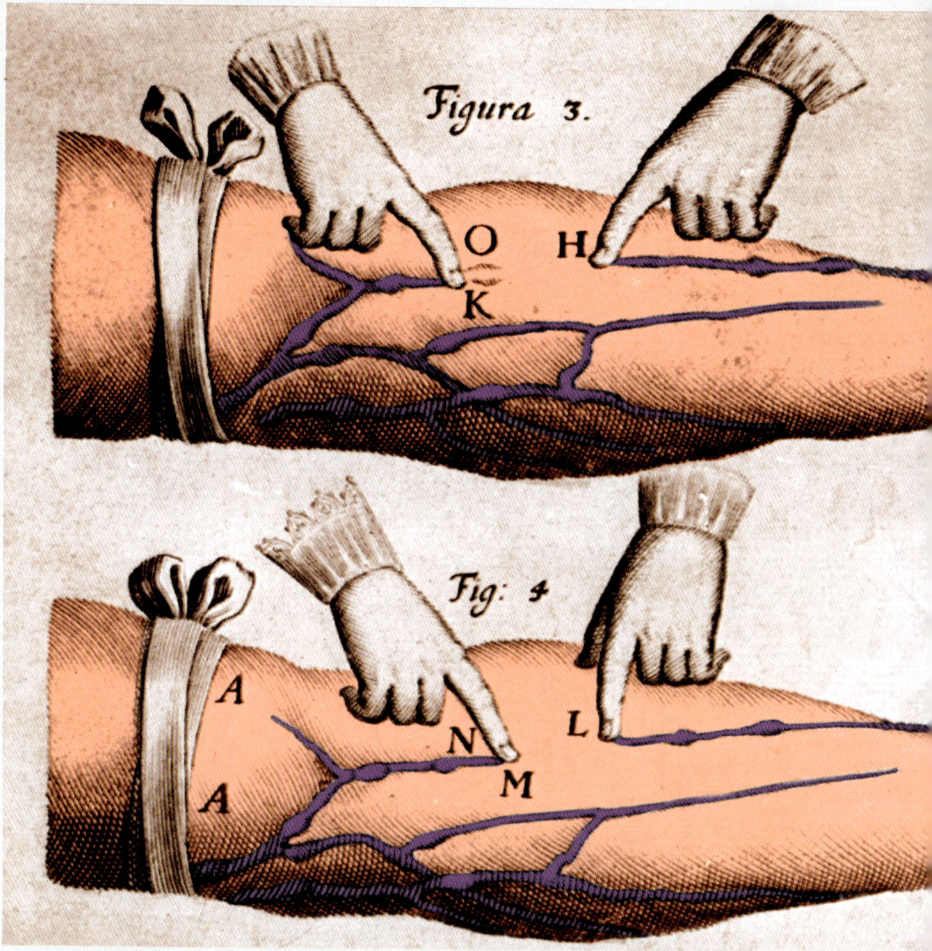

In seinem 1628 erschienenen Buch führte Harvey vor Augen, dass sich das Blut über Arterien vom Herz wegbewegt, über Venen zu ihm zurückfließt und von Klappen daran gehindert wird, die Richtung zu wechseln

Schlüsselwerke von William Harvey

Exercitatio Anatomica de Motu Cordis et Sanguinis in Animalibus, 1628

Exercitationes de generatione animalium, 1651

GEBURT DER MEDIZIN **S. 14** GENETIK **S. 31**

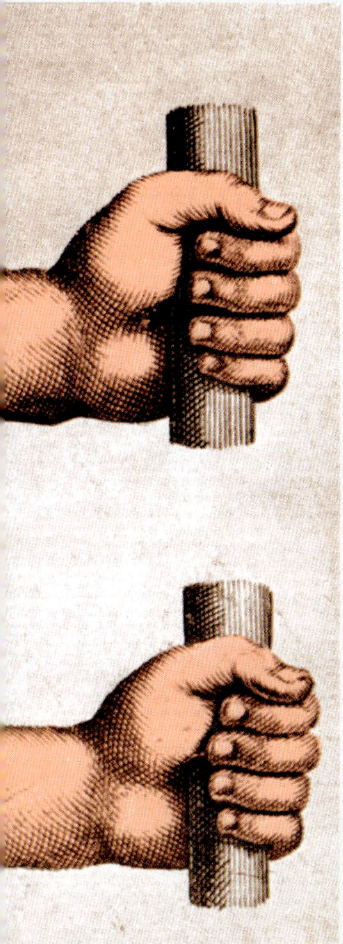

Bis ins 17. Jahrhundert war man der Auffassung, der Körper werde über zwei Quellen mit Blut versorgt: Die Venen transportierten das dunkle, aus Nahrung gebildete Blut aus der Leber, während durch die Arterien das mit Luft angereicherte Blut aus der Lunge floss. 1628 widerlegte William Harvey diese Sichtweise in seinem Buch *Exercitatio Anatomica de Motu Cordis et Sanguinis in Animalibus (Anatomische Übung über die Bewegung des Herzens und des Blutes in Lebewesen)*. Das Sezieren menschlicher Leichen war damals nicht erlaubt. Harveys Erkenntnisse stammten daher vorwiegend aus operativen Eingriffen am lebendigen Körper: Verschiedene Tiere wurden aufgeschnitten, um das lebendige Herz in Aktion beobachten zu können. Harvey hatte dabei die vorherrschende Theorie im Blick, die davon ausging, dass Blut in der Leber aus Nahrung hergestellt und im Körper stetig verbraucht würde. Wenn das wirklich der Fall wäre, müsste ein Mensch jeden Tag schätzungsweise 250 Kilogramm frisches Blut produzieren – weit mehr als die Menge an Nahrung, die er zur selben Zeit aufnahm.

In Wahrheit enthalten Venen und Arterien eine konstant bleibende Blutmenge, und das Herz pumpt dieses Blut kreisförmig durch den Körper. Durch Abbinden von Venen und Arterien demonstrierte Harvey, wo das Blut ins Herz hinein- und wo es aus ihm hinausfloss, und zeigte so, dass es tatsächlich zwei Kreisläufe gab. Die rechte Seite des Herzens erhält mit Sauerstoff angereichertes Blut aus der Lunge und lässt es durch den Körper zirkulieren. Das verbrauchte Blut fließt in die linke Seite zurück und von dort in die Lunge, wo es wieder mit Sauerstoff angereichert und in die rechte Seite des Herzens geschickt wird.

WILLIAM HARVEY

Der im englischen Folkestone geborene William Harvey studierte bei dem Chirurgen Hieronymus Fabricius (1533–1619) an der Medizinschule in Padua, Italien. Es war Fabricius, der herausfand, dass Venen Klappen haben, die sich nur in eine Richtung öffnen – eine Erkenntnis, die Harvey später half, den Kreislauf des Blutes zu enträtseln. Nachdem Harvey 1602 an der Cambridge University seinen Doktorgrad erlangt hatte, begann er in England eine ruhmreiche Karriere und wurde schließlich Leibarzt der Könige James I. und Charles I., bevor er sich wieder vermehrt seiner anatomischen Forschung zuwandte.

HAUPTSÄTZE DER THERMODYNAMIK **S. 160** EVOLUTION DURCH NATÜRLICHE AUSLESE **S. 161**

Gewicht der Luft

BLAISE PASCAL: *TRAITÉ DE LA PESANTEUR DE LA MASSE DE L'AIR* • PARIS, FRANKREICH

1643

In einer berühmt gewordenen Formulierung schrieb Aristoteles: „Die Natur fürchtet das Vakuum". Damit meinte er, dass ein Raum niemals Nichts enthalten könne, weil immer irgendetwas – für gewöhnlich Luft oder Wasser – eindringe, um die Leere zu füllen. 1643 ging der italienische Physiker Evangelista Torricelli (1608–1647), ein Schützling Galileos, dieser Hypothese auf den Grund. Er füllte eine ein Meter lange Röhre mit Quecksilber und stülpte sie kopfüber in ein ebenfalls mit flüssigem Quecksilber gefülltes Gefäß. Er entdeckte, dass das Quecksilber nicht herausfloss, sondern stets auf etwa derselben Höhe verharrte – nach heutiger Messung auf 76 Zentimetern. Was hielt das Quecksilber an seinem Platz? Torricelli starb, bevor er es herausfinden konnte. Der Franzose Blaise Pascal (1623–1662) griff das Thema auf. Manche vermuteten, die leere Lücke am oberen Ende des Röhrchens sei ein Vakuum, das das Quecksilber nach oben ziehe. Pascal dagegen meinte, es müsse am äußeren Druck liegen, den das „Gewicht der Luft" auf das Quecksilber ausübe. Wenn das zuträfe, würde das Quecksilber mit zunehmender Höhe schneller fallen, weil es dort weniger Luft gab, die es nach oben drücken konnte. 1648 ließ Pascal ein Torricelli-Röhrchen auf einen Berg bringen, und es zeigte sich, dass die Höhe des Quecksilbers mit jeder Messung, die auf dem Weg zum Gipfel vorgenommen wurde, sank. Das „Gewicht der Luft" kennen wir heute als Luftdruck; er wird gemessen als die Kraft, die die Atmosphäre pro Flächeneinheit ausübt. Torricellis Röhre war folglich das erste Barometer, ein Instrument zum Messen des Luftdrucks. Pascal zu Ehren wurde die wissenschaftliche Maßeinheit des Drucks Pascal (Pa) genannt.

OTTO VON GUERICKE

Der deutsche Naturforscher Otto von Guericke (1602–1686) erfand nicht nur den elektrostatischen Generator, der das Studium des Elektromagnetismus mit auf den Weg brachte. Er entwickelte auch eine Luftpumpe, die die Kraft des Luftdrucks eindrucksvoll vor Augen führte. 1663 saugte er die Luft aus zwei aneinander liegenden metallenen Halbkugelschalen, sodass diese von dem umgebenden Luftdruck zusammengepresst wurden. Zwei Gespanne von je acht Pferden schafften es nicht, die Halbkugeln wieder auseinanderzuziehen.

GEBURT DER CHEMIE **S. 20**

Schlüsselwerke
von Blaise Pascal

Expériences nouvelles touchant le vide, 1647
Trait du triangle arithmétique, 1665
Pensées, 1670

Florin Périer besteigt auf Geheiß seines Schwagers Blaise Pascal mit einem mit Quecksilber gefüllten Torricelli-Röhrchen den Puy de Dôme in Frankreich. Zeichnung, 1911, von Max de Nansouty (1854–1913).

ATOMTHEORIE **S. 159** NATURWISSENSCHAFTLICHE METHODE **S. 182**

Gasgesetze

1660er Jahre

ROBERT BOYLE: *NEW EXPERIMENTS PHYSICO-MECHANICALL: TOUCHING THE SPRING OF THE AIR, AND ITS EFFECTS* • LONDON, GROßBRITANNIEN

Schlüsselwerke von Robert Boyle

Der skeptische Chemiker, 1661

Experimenta et Observationes Physicae, 1691

Die Vorstellung von Gas ist relativ jung. Das Wort wurde bis Ende des 18. Jahrhunderts nicht in einem wissenschaftlichen Kontext verwendet. Der Terminus leitet sich vom griechischen „chaos“ ab, denn anders als einem festen Körper oder einer Flüssigkeit fehlt dem Gas eine feste Gestalt und Größe. Bevor es Gas genannt wurde, war diese Art Substanz schlicht als Luft bekannt. Die moderne Chemie nimmt ihren Ausgang mit Robert Boyles Erforschung der Luft in den 1660er Jahren. Mit einer Pumpe saugte Boyle die Luft aus Töpfen und Gefäßen und zeigte so, dass durch das Fehlen von Luft der Klang einer Glocke erstarb, Flammen erloschen und Pflanzen und Tiere starben. Seine wissenschaftliche Hinterlassenschaft ist das Boyle'sche Gesetz. Es besagt, dass der Druck eines Gases umgekehrt proportional zu seinem Volumen ist. Anders gesagt, wenn ein Gas auf die Hälfte seines ursprünglichen Volumens zusammengepresst wird, verdoppelt sich der Druck, den es ausübt. Heute ist dies eines der drei Gasgesetze, die das Verhalten von Gas beschreiben. Das zweite ist das Charles-Gesetz von 1780. Ihm zufolge verändert sich das Volumen eines Gases proportional zur Temperatur: Ein wärmeres Gas dehnt sich aus, ein kühleres zieht sich zusammen. Das dritte ist das Gay-Lussac-Gesetz von 1802, demzufolge sich der Gasdruck proportional zu seiner Temperatur verändert: Das Erhitzen eines Gases erhöht seinen Druck. Mithilfe dieser Gesetze konnten Naturwissenschaftler ergründen, wie Gase (und alle Stoffe) aus Molekülen und Atomen aufgebaut sind.

ROBERT BOYLE

Als Kind reicher irischer Landbesitzer machte sich Robert Boyle als junger Mann auf, die Annehmlichkeiten des Wohlstands zu genießen. Doch schon bald wandte er sich der Religion zu und stellte seine materiellen Reichtümer in den Dienst des Lernens. Genau wie heute war für eine sehr gute wissenschaftliche Ausrüstung eine präzise Technik erforderlich. Deshalb beauftragte Boyle Londons beste Glasfabrikanten und Schlosser damit. In seinem berühmtesten Buch, *Der skeptische Chemiker*, zerpflückte er Schritt für Schritt den Anspruch der Alchemie, eine Wissenschaft zu sein.

NATURWISSENSCHAFTLICHE REVOLUTION **S. 18** GEBURT DER CHEMIE **S. 20**

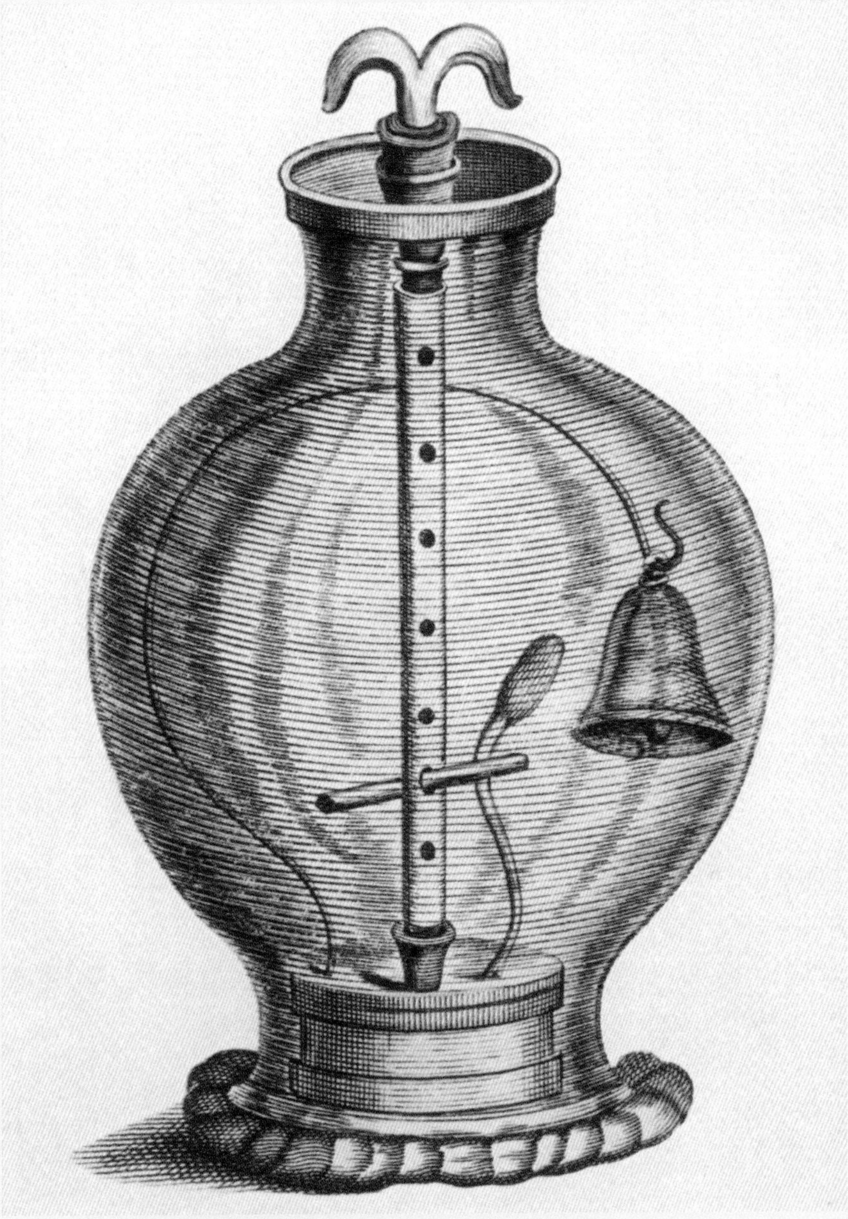

Zeichnung eines hermetisch verschlossenen Krugs, aus dem Boyle die Luft herauspumpte, um zu demonstrieren, dass in Abwesenheit dieses Gases die Glocke im Krug nicht zu hören war

ATOMTHEORIE **S. 159** HAUPTSÄTZE DER THERMODYNAMIK **S. 160** NATURWISSENSCHAFTLICHE METHODE **S. 182**
THERMOMETER **S. 187**

Hookesches Gesetz

1668

ROBERT HOOKE: *LECTURES DE POTENTIA RESTITUTIVA, OR OF SPRING. EXPLAINING THE POWER OF SPRINGING BODIES* • LONDON, GROẞBRITANNIEN

Blick von unten durch das Monument in London. Die Treppe diente Hooke als Messskala.

ENTSTEHUNG VON FORSCHUNGSEINRICHTUNGEN **S. 19**

Schlüsselwerke von Robert Hooke

Some Considerations Touching the Usefulness of Experimental Natural Philosophy, 1663

New Experiments and Observations Touching Cold, 1665

Der große Brand von London im Jahr 1666 setzte dem Pestausbruch in der Stadt ein Ende. Er eröffnete auch der neu etablierten Royal Society of London, der weltweit ersten Akademie der Wissenschaften, mehrere Möglichkeiten zu zeigen, was naturwissenschaftliche Methoden leisten konnten. Der Sekretär dieser Gelehrtengesellschaft, Robert Hooke, wurde zusammen mit dem berühmten Londoner Architekten Christopher Wren (1632–1723) beauftragt, ein Monument im Gedenken an das Feuer zu errichten. Das Ergebnis war eine Säule – noch heute als das Monument bekannt –, die Hooke als wissenschaftliches Instrument gestaltete. Mit ihrem hohlen Kern und dem offenen Dach wurde sie als Teleskop für genaue Berechnungen von Himmelskörpern genutzt. Die Wendeltreppe im Innern diente als Skala, um zu errechnen, wie stark Materialien sich unter einem Gewicht dehnten und dann auf und ab schwangen. Die Ergebnisse dieser Experimente brachten das Hookesche Gesetz hervor. Es besagt, dass sich die Ausdehnung eines Materials proportional zu dem Gewicht (oder einer anderen Kraft) verhält, das auf sie einwirkt. Wird die Kraft verdoppelt, dehnt sich das Material doppelt so stark. Das Material wirkt dem Gewicht mit einer Rückstellkraft entgegen, die es auf seine ursprüngliche Länge zurückzieht. Dieselbe Rückstellkraft wirkt in einem Pendel, zieht es an seinen Ausgangspunkt zurück. Das Hookesche Gesetz hilft zu beschreiben, wie diese beiden Kräfte stets gegeneinander wirken und dabei Schwingungen erzeugen.

ROBERT HOOKE

Der in bescheidenen Verhältnissen aufgewachsene Robert Hooke wurde von seinen Zeitgenossen häufig (und ungerechterweise) in den Schatten gestellt, insbesondere von Isaac Newton. Die beiden gerieten über ihre Beiträge zur Gravitationstheorie aneinander. In diesem Zusammenhang sagte Newton seinen berühmten Satz: „Wenn ich weiter geblickt habe, so deshalb, weil ich auf den Schultern von Riesen stehe.“ Historiker sind sich uneins, ob Newton damit Hookes Beitrag anerkannte oder sich über dessen kleinen Wuchs lustig machte.

NATURWISSENSCHAFTLICHE METHODE **S. 182** MIKROSKOP **S. 188** TELESKOP **S. 189**

Entdeckung von Mikroorganismen

1682

ANTONI VAN LEEUWENHOEK: *PART OF A LETTER FROM MR. ANTONY VAN LEEUWENHOEK, CONCERNING THE WORMS IN SHEEPS LIVERS, GANTS AND ANIMALCULA IN THE EXCREMENTS OF FROGS* • DELFT, NIEDERLANDE

Schlüsselwerk von Antoni van Leeuwenhoek
Observationes microscopicae Antonii Levvenhoeck, 1682

Zwar ist umstritten, wann genau das Mikroskop erfunden wurde, fest steht aber, dass sich dieses wissenschaftliche Instrument, das mithilfe zweier Linsen sehr kleine Objekte vergrößert, in den 1620er Jahren über Europa verbreitete und Aufmerksamkeit weckte. 1665 stellte der englische Naturforscher Robert Hooke eine großzügig illustrierte Darstellung seiner mikroskopischen Entdeckungen zusammen. Darin berichtete er, dass ein Scheibchen Kork aus kleinen Kammern bestand, sogenannten Zellen, die man damals bereits als Bausteine lebender Körper kannte.

In den 1670er Jahren bemühte sich der holländische Textilhändler Antonie van Leeuwenhoek (1632–1723), die Anzahl der Fäden – und damit die Qualität – seiner Stoffe zu bestimmen. Zu diesem Zweck baute er ein Handmikroskop, das um das 300-fache vergrößerte. Als er dann mit diesem Gerät die Natur beobachtete, stellte er fest, dass das scheinbar klare Brunnenwasser voll von mikroskopisch kleinen Lebewesen war. Diese Wesen nannte er „dierkens" (dt. Tierchen). Sie waren sogar in Regentropfen zu finden. Die Objekte, die van Leeuwenhoek studierte und in detaillierten Zeichnungen festhielt, sind heute als Bakterien und größere einzellige Organismen wie Amöben und Algen bekannt.

ANTONI VAN LEEUWENHOEK
Der in Delft geborene van Leeuwenhoek machte eine Lehre zum Tuchhändler und eröffnete mit 21 Jahren sein eigenes Textilgeschäft. Er fertigte mindestens 500 Vergrößerungsgläser und ging so als einer der führenden Wissenschaftler der frühen Moderne in die Geschichte ein. 1680 wurde er zum Mitglied der Royal Society of London gewählt, der damals ersten Akademie der Wissenschaften.

NATURWISSENSCHAFTLICHE REVOLUTION **S. 18** ENTSTEHUNG VON FORSCHUNGSEINRICHTUNGEN **S. 19** ←

Einige der „Tierchen“, die van Leeuwenhoek durch seine Vergrößerungsgläser beobachtete. Seine Entdeckungen wurden damals kritisch beäugt und erst Jahre später vollumfänglich anerkannt.

MIKROSKOP **S. 188** TELESKOP **S. 189** KLADISTIK UND TAXINOMIE **S. 209**

Farbspektrum

ISAAC NEWTON: *OPTICKS* • CAMBRIDGE, GROẞBRITANNIEN

1704

1704 veröffentlichte Isaac Newton, damals Vorsitzender der Royal Society, ein Buch mit dem Titel *Opticks*. Wie schon Newtons berühmteres Werk über die Gravitation, enthielt dieses Buch Ergebnisse aus 30 Jahren Forschung, dieses Mal zum Wesen von Farbe und Licht. Newton hatte seinen Raum an der Cambridge University so verdunkelt, dass nur ein einziger Sonnenstrahl eindringen konnte. Diesen lenkte er durch ein Glasprisma, wo das weiße Sonnenlicht in verschiedene Farben zerlegt wurde. Dies war eine relativ neue Technik. Der aus Licht produzierte Regenbogen war an sich bekannt, aber Newton war der Erste, der ihn als Farbspektrum beschrieb und festlegte, dass er sieben Farben enthielt: Rot, Orange, Gelb, Grün, Blau, Indigo und Violett. Newton war zwar einer der einflussreichsten Naturwissenschaftler überhaupt, aber auch sehr abergläubisch. Da er die magische Zahl Sieben auch im Farbspektrum wissen wollte, erfand er mehr oder minder eine neue Farbe: Indigo. Er benannte sie nach einem dunkelblauen Farbstoff, den die Briten kurz zuvor aus Indien mitgebracht hatten. Newtons Theorie zufolge setzte sich ein Lichtstrahl aus Teilchen oder Korpuskeln zusammen, die sich wie winzige Bälle verhielten und seinen Bewegungsgesetzen folgten; andere vermuteten, dass Licht eine Welle sei.

ISAAC NEWTON

Am besten bekannt ist Newton für seine Bewegungsgesetze, seine Gravitationstheorie und für die Infinitesimalrechnung, eine mathematische Technik zur Analyse von Phänomenen – darunter ganz natürliche –, die sich in stetem Wandel befinden. Er interessierte sich auch für Wärme und Licht und entwarf ein berühmt gewordenes neues Teleskop (das beste für Astronomie), das Spiegel anstelle von teuren Linsen verwendete. Newtons eigentliche Leidenschaft jedoch galt der Alchemie: Er versuchte sich mehrfach an der Herstellung von Gold, was ihm natürlich nie gelang.

NATURWISSENSCHAFTLICHE REVOLUTION **S. 18** ENTSTEHUNG VON FORSCHUNGSEINRICHTUNGEN **S. 19**

Newton zerlegt das weiße Sonnenlicht mithilfe eines Prismas in Spektralfarben. Holzstich, 19. Jahrhundert.

Schlüsselwerke von Isaac Newton

De analysi per aequationes numero terminorum infinitas, 1669
Philosophiae Naturalis Principia Mathematica, 1687
Scala graduum Caloris. Calorum Descriptiones & signa, 1701

BEWEGUNGSGESETZE **S. 157** GRAVITATIONSTHEORIE **S. 158** MASSENSPEKTROMETER **S. 202**

Schwebender Junge

STEPHEN GRAY: *A LETTER... CONTAINING SEVERAL EXPERIMENTS CONCERNING ELECTRICITY* • LONDON, GROẞBRITANNIEN

1730

Schlüsselwerk von Stephen Gray

The Manuscript Letters of Stephen Gray, FRS, 1666/1667–1736

Elektrizität wird seit mindestens dem 6. Jahrhundert v. Chr. erforscht. Damals beschrieb der Philosoph Thales von Milet, der häufig als erster Naturwissenschaftler bezeichnet wird, wie man durch Reiben von Bernstein Funken und geheimnisvolle Anziehungskräfte erzeugen konnte. (Das Wort „elektrisch" kommt von „elektra", dem griechischen Wort für Bernstein.) Effizientere Methoden zur Erzeugung von Elektrizität wurden im 17. Jahrhundert entwickelt, etwa die Reibungselektrisiermaschine, bei der eine rotierende hohle Glaskugel gegen ein Reibpolster gedrückt wurde, sodass sie sich mit Elektrizität füllte oder auflud. Dennoch blieb Elektrizität ein statisches Phänomen. 1730 dann zeigte der englische Naturwissenschaftler Stephen Gray (1666–1736), dass eine elektrische Ladung fließen und bestimmte Materialien durchdringen kann, während sie von anderen blockiert wird. Damals waren elektrische Phänomene sehr beliebt und wurden von sogenannten Elektrikern in Salons in ganz Europa vor ausgewählten Gästen vorgeführt. Bei einer solchen Gelegenheit demonstrierte auch Gray seine Entdeckung – auf spektakuläre Weise. Ein Junge, einer seiner Schüler, wurde mit dem Gesicht nach unten an Seidenschlingen aufgehängt, sodass er direkt über dem Boden schwebte. Unter seinen ausgestreckten Händen stand ein Teller mit Blattgold. Mithilfe eines Reibungsgenerators lud Gray dann die Füße des Jungen elektrisch auf, und plötzlich flog das Blattgold empor und blieb an den Händen des Jungen haften. Der Versuch bewies, dass die elektrische Ladung durch den Körper des Jungen geleitet worden war. Später fand Gray heraus, dass auch Metall und Elfenbein elektrische Ladung leiteten, während andere Materialien wie Seide ihren Weg blockierten. Heute kennen wir erstgenannte Materialien als Leiter, letztere als Nichtleiter.

STEPHEN GRAY

Der im englischen Canterbury geborene Gray machte eine Lehre in der Färbemittelfabrik seines Vaters. Dort kam er in Berührung mit elektrischen Phänomenen, da gewebte Materialien sich oft elektrisch aufladen. Später arbeitete Gray für den Astronomer Royal, den Hofastronomen des englischen Königshauses. Nachdem er in finanzielle Not geraten war, verschafften Freunde ihm eine Anstellung an der Charterhouse School, wo er seine elektrischen Experimente durchführte. 1732 erhielt Gray die erste je verliehene Copley-Medaille, die höchste von der Royal Society verliehene Auszeichnung.

ENTSTEHUNG VON FORSCHUNGSEINRICHTUNGEN **S. 19** ELEKTRIZITÄT **S. 24**

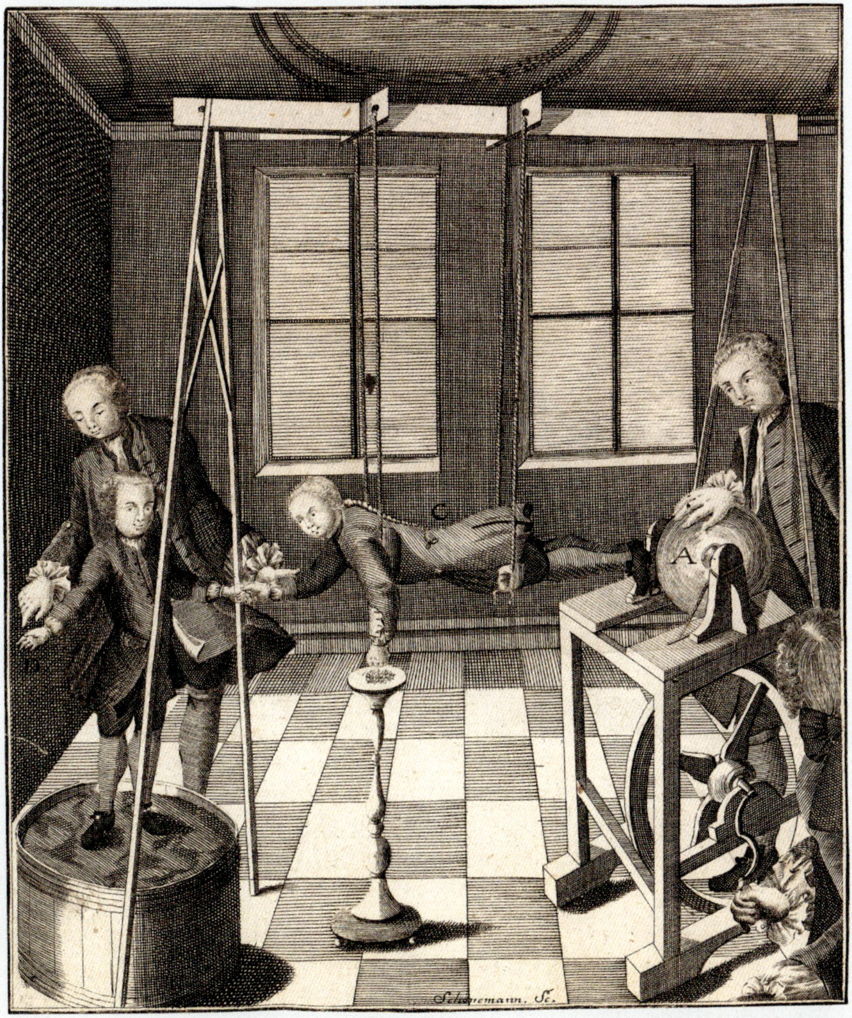

Stephen Grays Experiment mit dem schwebenden Jungen gab der Elektrizität in ihrer Entwicklung vom Partytrick hin zu einer der wichtigsten Annehmlichkeiten des menschlichen Lebens einen Schub

NATURWISSENSCHAFTLICHE METHODE **S. 182** KATHODENSTRAHLRÖHRE **S. 193**

Entdeckung der Photosynthese

1770er Jahre

JAN INGENHOUSZ: *EXPERIMENTS UPON VEGETABLES, DISCOVERING THEIR GREAT POWER OF PURIFYING THE COMMON AIR IN THE SUN-SHINE AND OF INJURING IT IN THE SHADE AND AT NIGHT* • THORNHILL, YORKSHIRE, GROßBRITANNIEN

Mitte des 17. Jahrhunderts bemerkte der belgische Alchemist Jan Baptist van Helmont (1580–1644), dass das Gewicht der Erde in einem großen Topf, in den er einen Baum gepflanzt hatte, gleich blieb, obwohl der Baum stetig größer wurde. Daraus schloss er, dass das Wasser, das er in den Topf goss, dieses Wachstum bewirken und das zusätzliche Gewicht erzeugen musste. Das würde auch erklären, warum der Baum welkte, wenn er kein Wasser bekam. Mehr als ein Jahrhundert später fand der holländische Forscher Jan Ingenhousz (1730–1799) heraus, dass Pflanzen tagsüber Sauerstoff abgeben und nachts Kohlendioxid aufnehmen. Diese bahnbrechende Entdeckung machte Ingenhousz, als er seinen Freund Joseph Priestley besuchte, der kurz zuvor den Sauerstoff entdeckt hatte. Ingenhousz nahm an, dass Pflanzen Kohlendioxid aus der Luft aufnahmen oder „fixierten" und beim Wachsen als Rohmaterial zur Ausbildung von Holz und Blättern benutzten. Es dauerte ein weiteres Jahrhundert, bis dieses Phänomen einen Namen erhielt: Photosynthese, vom griechischen „phos" (Licht) und „synthesis" (Zusammensetzung). Ein grünes Pigment namens Chlorophyll absorbiert die roten und blauen Wellenlängen des Sonnenlichts und macht so Energie verfügbar. Mit deren Hilfe können Kohlendioxid und Wasser reagieren, um Glukose, einen einfachen Zucker, zu produzieren. Diese Glukose bildet die Grundlage fast aller Nahrungsketten auf der Erde.

NATURGESCHICHTE UND BIOLOGIE **S. 22**

JAN INGENHOUSZ

Ingenhousz kam im niederländischen Breda zur Welt. Nach dem Abschluss seines Medizinstudiums ging er nach London, wo er als Experte für Variolation, eine Impfung gegen Pocken durch Übertragung des Pustelinhalts, ein kleines Vermögen machte. Seine Dienste waren auch an europäischen Königshäusern gefragt. Neben der Photosynthese erforschte er Elektrizität und Wärme und stand in häufigem Briefwechsel mit Benjamin Franklin und anderen bedeutenden Forschern seiner Zeit.

Jan Ingenhousz und sein Gehilfe Dominique demonstrieren die zuvor unbekannte Fähigkeit von Gemüse, mithilfe von Licht Energie zu erzeugen

Schlüsselwerke von Jan Ingenhousz

To Benjamin Franklin from Jan Ingenhousz, 15. November 1776

Easy Methods of Measuring the Diminution of Bulk, Taking Place in the Mixture of Common Air a nd Nitrous Air..., 1776

RADIOKOHLENSTOFFDATIERUNG **S. 197**

Sauerstoff

JOSEPH PRIESTLEY: *EXPERIMENTS AND OBSERVATIONS ON DIFFERENT KINDS OF AIR* • BOWOOD, WILTSHIRE, GROẞBRITANNIEN

1774

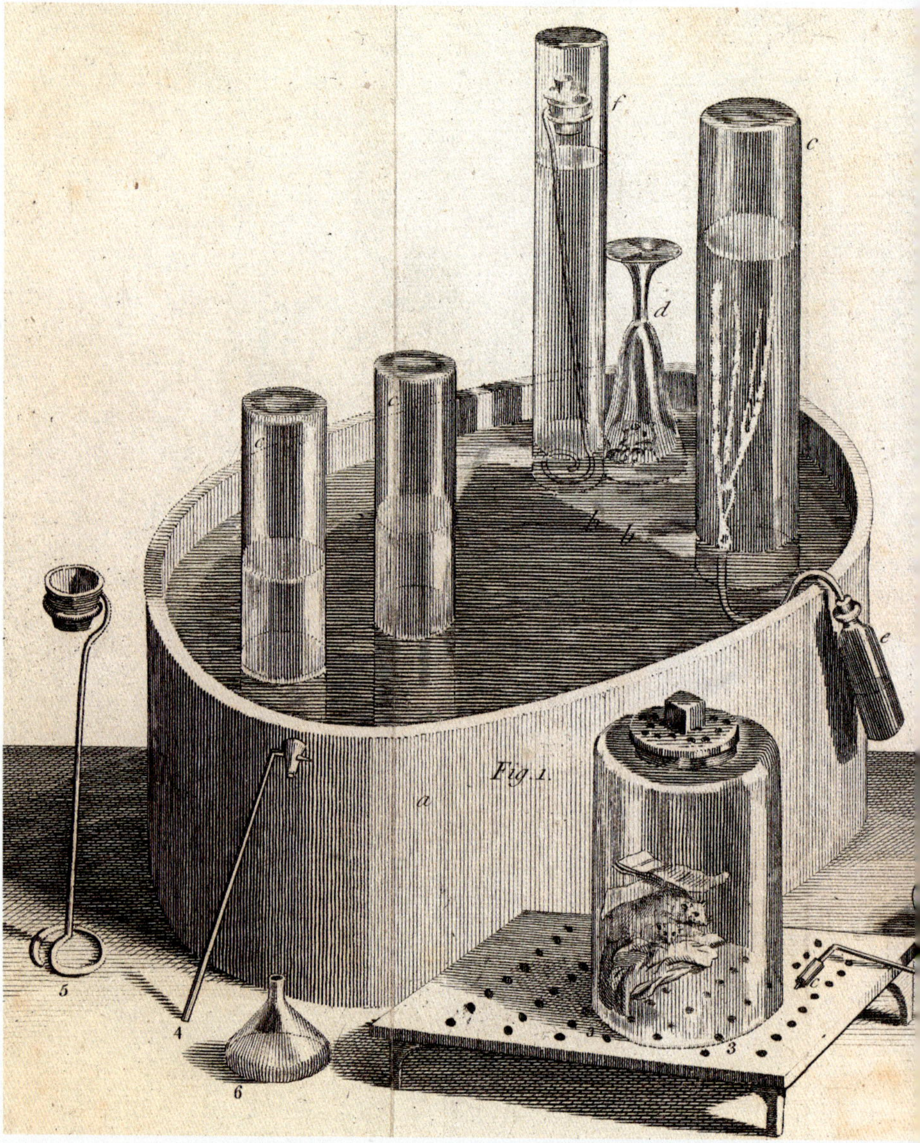

GEBURT DER CHEMIE **S. 20**

Priestleys Experimentiergeräte, Illustration aus seinem sechsbändigen Werk *Experiments and Observations on Different Kinds of Air* (1774–1786)

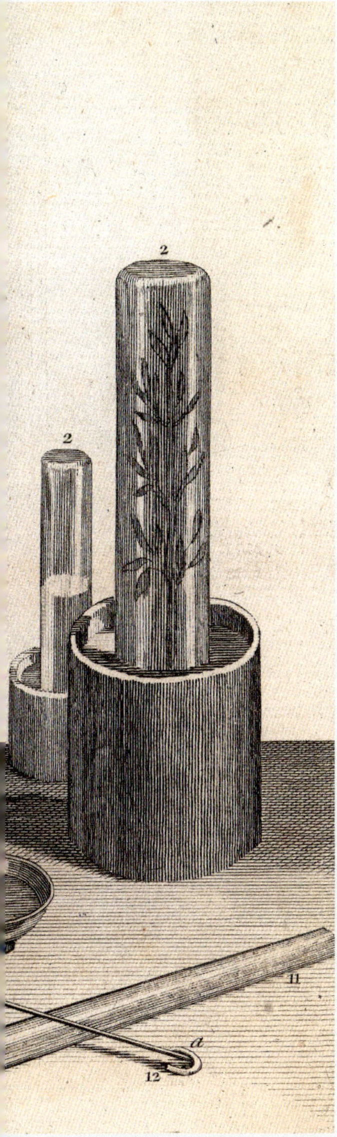

1756 entdeckte der Schotte Joseph Black „fixe Luft", die von alkalischen Substanzen aufgenommen oder fixiert zu werden schien (heute bekannt als Kohlendioxid). Fixe Luft vermochte es, Flammen – und das Leben selbst – auszulöschen, war also eine „schlechte" Luft. Auf ähnliche Weise zeigte der Engländer Daniel Rutherford 1772, dass ein Großteil der Luft „schlecht" war, als er das entdeckte, was später Stickstoff genannt wurde. Sehr viel schwieriger war es jedoch, den „guten" Anteil der Luft zu isolieren, den Teil, der Flammen nährte und Leben erhielt. Dieser wurde schließlich 1774 durch Zufall von einem weiteren Engländer entdeckt, Joseph Priestley. Mithilfe von Linsen bündelte er das Sonnenlicht und erhitzte damit eine Probe eines roten Quecksilberminerals. Das Mineral zerfiel in reines Quecksilber und setzte ein farb- und geruchloses Gas frei, das Flammen nicht erstickte, sondern im Gegenteil glühende Kohle aufflammen ließ. Später führte Antoine Lavoisier (1743–1794), der naturwissenschaftliche Superstar jener Zeit, die Erforschung dieser neuen Luft fort. Der Franzose zeigte, dass Sauerstoff beim Verbrennen eine Rolle spielte, dabei Asche, Wasser und Kohlendioxid produzierte und dass Tiere – und Menschen – Sauerstoff aus der Luft aufnahmen und Kohlendioxid ausatmeten. Er fand auch heraus, dass Wasser ein Gemisch aus Sauerstoff und Wasserstoff ist und gab beiden Gasen ihre Namen (engl. „oxygen" und „hydrogen").

JOSEPH PRIESTLEY

Der im englischen Yorkshire geborene Priestley war ein nonkonformistischer Pfarrer und Amateurwissenschaftler. 1772 zeigte er, wie man durch Beimengen von Kohlendioxid kohlensäurehaltiges Wasser herstellen kann. Dieses bahnbrechende Getränk brachte ihm so viel Anerkennung ein, dass er zum naturwissenschaftlichen Berater des Earl of Shelburne ernannt wurde, in dessen Haus er den Sauerstoff entdeckte. Unbeliebt machte er sich mit seiner Kritik an der Unterdrückung politisch Andersdenkender. In der Folge wurde er Opfer verschiedener Repressalien und emigrierte daher 1794 in die USA, wo er den Rest seines Lebens in Pennsylvania verbrachte.

Schlüsselwerke von Joseph Priestley

The History and Present State of Electricity, 1767
A New Chart of History, 1769
Institutes of Natural and Revealed Religion, 1772–1774
Disquisitions relating to Matter and Spirit, 1777
The Doctrine of Philosophical Necessity Illustrated, 1777
Letters to a Philosophical Unbeliever, 1780

→ ATOMTHEORIE **S. 159** VALENZBINDUNGSTHEORIE **S. 168**

Gewicht der Erde

HENRY CAVENDISH: *EXPERIMENTS TO DETERMINE THE DENSITY OF THE EARTH* • LONDON, GROẞBRITANNIEN

1789

Schlüsselwerke von Henry Cavendish

Scientific Papers 1, 1921

Scientific Papers 2, 1921

The Electrical Researches of the Honourable Henry Cavendish, 1879

Einer der größten Durchbrüche beim Gravitationsgesetz war das reziproke Quadratgesetz oder Abstandsgesetz, demzufolge die Gravitationskraft zwischen zwei Objekten umgekehrt proportional zum Quadrat ihres Abstands ist. Anders gesagt, verdoppelt sich die Entfernung zwischen zwei Objekten, nimmt die Gravitationskraft um den Faktor vier ab. Das Gesetz führte die universelle Gravitationskonstante G ein, um die Stärke der Anziehungskraft zwischen zwei Massen zu berechnen. 1789 wollte Henry Cavendish die Dichte und das Gewicht des Planeten Erde bestimmen. Dafür suchte er nach einer Möglichkeit, G genauer zu bestimmen als je zuvor. Er konstruierte eine Drehwaage, die sich, je nach Gravitationskraft, zwischen den beiden an einer Hantelstange aufgehängten großen und kleinen Bleigewichten leicht drehen konnte. Cavendish isolierte das Instrument in einem Gebäude hinter seinem Londoner Haus und beobachtete jede Bewegung durch ein Fernrohr, damit nichts störend auf die Kräfte einwirken konnte. Er kannte die jeweilige Masse der Gewichte und war in der Lage, die Anziehungskraft zwischen ihnen daraus zu errechnen, wie viel sie sich bewegten. Er kam auf einen Wert für G, der dem heutigen von $6{,}67428 \times 10^{-11}$ sehr nahekommt (was tatsächlich eine sehr kleine Zahl ist). Damit berechnete Cavendish die Masse der Erde selbst, basierend auf der bekannten Beschleunigung durch die Gravitation. So erkannte er, dass die Dichte des Planeten etwa fünf Mal größer ist als die von Wasser.

HENRY CAVENDISH

Dem als dritter Sohn des Duke of Devonshire geborenen Cavendish standen nahezu unbegrenzte Mittel zur Verfügung, um seine naturwissenschaftlichen Interessen zu verfolgen. Allerdings war er mindestens bis ins frühe Erwachsenenalter sehr schüchtern und ließ sich in seinem Haus sogar eine separate Treppe einbauen, über die er sein Labor erreichen konnte, ohne einem Bediensteten zu begegnen. Mit seiner Entdeckung brennbarer Luft, die später als Wasserstoff bekannt wurde, stieg Cavendish 1766 zu einem führenden Vertreter der englischen Naturwissenschaften auf.

GEOLOGIE UND GEOWISSENSCHAFT **S. 23**

Henry Cavendish, Zeichnung, 19. Jahrhundert

GRAVITATIONSTHEORIE **S. 158** STANDARDMAßE **S. 185**

Erhaltung der Masse

ANTOINE LAVOISIER: *TRAITÉ ÉLÉMENTAIRE DE CHIMIE* • PARIS, FRANKREICH

1789

ANTOINE LAVOISIER

Der gebürtige Pariser Lavoisier studierte Jura, war aber stets mehr an Physik und Chemie interessiert. 1768 wurde er an der renommierten französischen Académie des sciences aufgenommen. Die 1789 beginnende Französische Revolution verstand er als Möglichkeit, den Staat neu und auf gerechtere Art zu gestalten. Doch nach und nach wandte sich der Zorn der Revolutionäre gegen Menschen wie ihn, die vor dem sozialen Umbruch reich gewesen waren. Lavoisier, der aus einer bürgerlichen Familie stammte, wurde 1794 mit der Guillotine hingerichtet.

Die intuitive Vorstellung, dass die Erde aus einer Reihe einfacher Substanzen oder Elemente gebildet sei, erwies sich als korrekt. Und wie sich zeigte, gab es noch sehr viel mehr als die vier klassischen Substanzen Erde, Luft, Feuer und Wasser. Der „Vater der Chemie“, Antoine Lavoisier, erstellte 1789 eine der ersten Listen der Elemente. Zwar lag er noch mit einigem falsch, aber es gelang ihm, die althergebrachte Vorstellung zu erschüttern, dass Materialien sich langsam von einer Form in die andere umwandeln. Er widerlegte zum Beispiel die Annahme, dass Wasser sich in Erde umwandle: Dafür ließ er 1,36 Kilogramm Wasser in einem verschlossenen Behälter 100 Tage lang kochen und demonstrierte dann, dass sich das Gewicht des Wassers nicht verändert hatte. Diese Entdeckung begründete das Prinzip, dass Materie nicht zerstört oder erzeugt werden kann, sondern sich stetig zu immer neuen Substanzgemischen verbindet. In seiner bedeutendsten Entdeckung zeigte Lavoisier, dass beim Verbrennen von Wasserstoff (oder brennbarer Luft) mit Sauerstoff Wasser entstand – und sich dieses auch wieder in diese Bestandteile aufspalten ließ. Als wohlhabender französischer Aristokrat hatte Lavoisier Zugang zu teuren Präzisionsgeräten, mithilfe derer er beweisen konnte, dass die Materialien vor einer chemischen Reaktion genau so viel wogen wie die Produkte, die dabei erzeugt wurden, einschließlich möglicher freigesetzter Gase.

Schlüsselwerke von Antoine Lavoisier

Réflexions sur le phlogistique, 1783
Mémoire sur la chaleur, 1780

GEBURT DER CHEMIE **S. 20**

Lavoisier und seine Frau Marie-Anne
Pierrette Paulze, Gemälde, 1788,
von Jacques-Louis David (1748–1825)

PERIODENSYSTEM **S. 162** VALENZBINDUNGSTHEORIE **S. 168** DESTILLATION **S. 204**

Tierische Elektrizität

LUIGI GALVANI: *DE VIRIBUS ELECTRICITATIS IN MOTU MUSCULARI COMMENTARIUS* • BOLOGNA, ITALIEN

1791

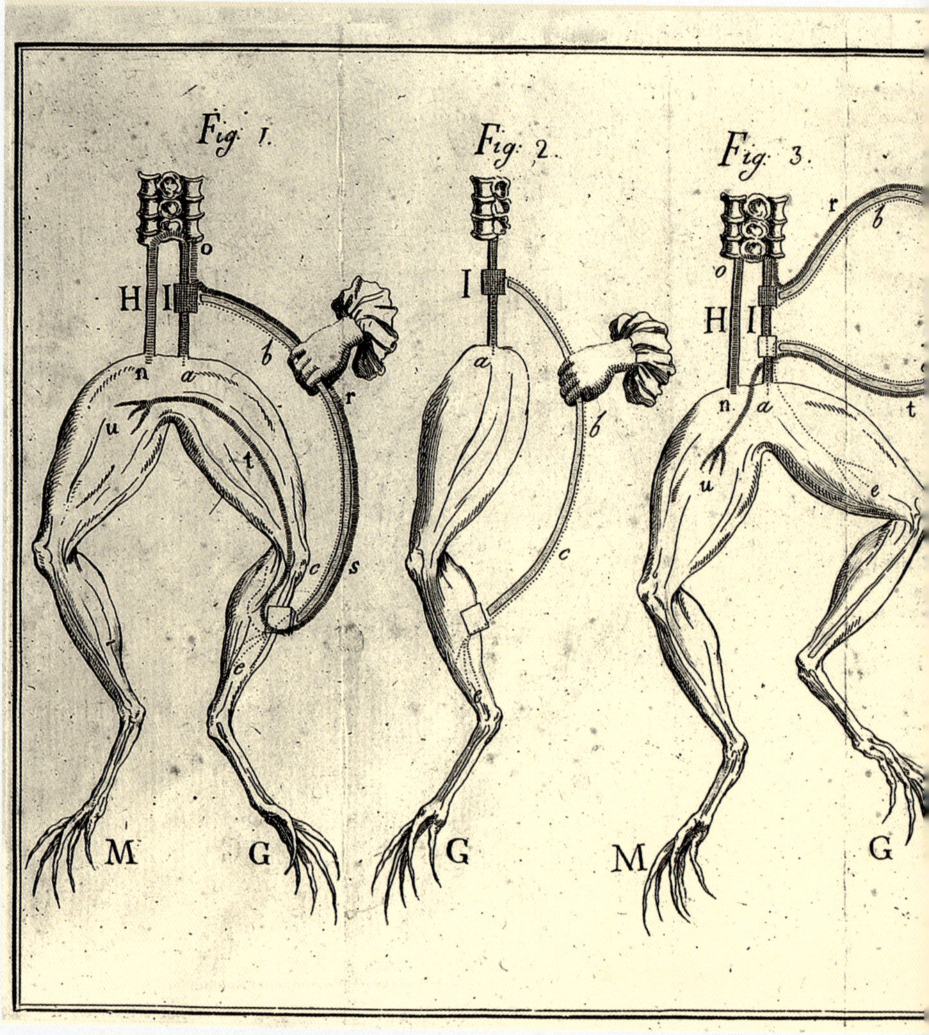

Bei diesem Experiment, das Galvani am zerlegten Körper eines Frosches durchführte, wurde das Metall auf dem Hüftnerv der Amphibie positioniert. Schaubild, 1793.

NATURWISSENSCHAFT UND INDUSTRIELLE REVOLUTION **S. 21** ELEKTRIZITÄT **S. 24**

Schlüsselwerk

Giovanni Aldini: *Theoretisch-praktischer Versuch über den Galvanismus*, 1804

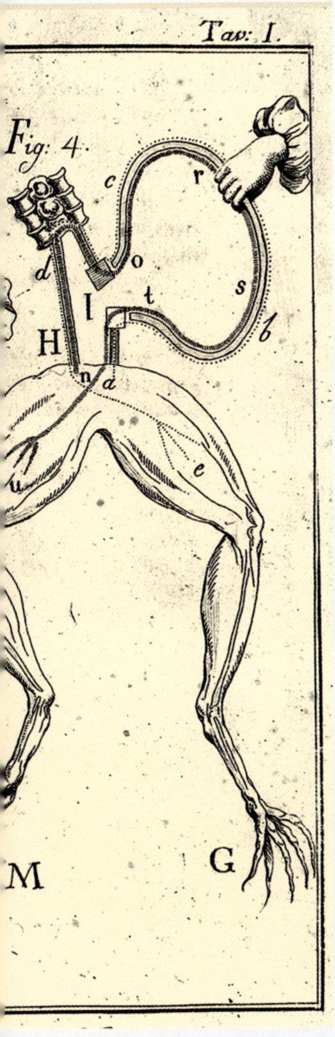

Der erste Beweis, dass Elektrizität kreisförmig fließen und zweckdienlich eingesetzt werden konnte, wurde an einem unerwarteten Objekt erbracht: Froschschenkel. Luigi Galvani (1737–1798) – ein Experte der Anatomie, nicht der Physik – machte diese Entdeckung zufällig, als er ein Paar abgetrennte Froschschenkel mit einem Kupferhaken an einem Eisengeländer aufhängte. Wie von Geisterhand begannen die Beine zu zucken, als wären sie lebendig. (In einer anderen Version der Geschichte heißt es, er habe diesen Effekt beobachtet, als er die zum Sezieren mit Metallstiften fixierten Froschbeine mit einem Metallmesser berührte.) So oder so, Galvani erkannte die Bedeutung der zwei verschiedenen Metalle und baute ein bogenförmiges Verbindungsteil, mit einem Ende aus Kupfer und dem anderen aus Eisen. Als er mit diesen Enden – Punkte, die wir heute als Elektroden kennen – die Froschschenkel berührte, sah er Funken und das charakteristische Zucken. Diesen Effekt konnte er mit allen Arten von zerlegten Gliedmaßen wiederholen. Galvanis Neffe, Giovanni Aldini (1762–1834), reiste mit dieser Technik um die Welt, und wandte sie auf die Körper kürzlich hingerichteter Mörder an, die daraufhin Grimassen schnitten – Berichte von derartigen Vorführungen sollen Mary Shelley zu ihrem *Frankenstein* inspiriert haben. Galvani nahm an, er habe eine vitale elektrische Kraft entdeckt, die Tiere mit Energie versorgte. Es stimmt zwar, dass Muskeln und Nerven elektrische Impulse nutzen, aber was dort in Wirklichkeit geschah, war etwas anderes: Die beiden Metalle und die salzige Körperflüssigkeit des Tieres bildeten eine erste primitive Batterie.

LUIGI GALVANI

Galvani verbrachte sein gesamtes Leben im italienischen Bologna. Er wollte zunächst Geistlicher werden, entschied sich dann aber für ein Medizinstudium und besuchte zusätzliche Kurse in Chirurgie. Schließlich wurde er Professor für Anatomie an der Universität von Bologna. (Dabei war es durchaus hilfreich, dass der vorherige Inhaber dieses Postens sein Schwiegervater war.)

VIER GRUNDKRÄFTE **S. 165**

Impfung

1796

EDWARD JENNER: *AN INQUIRY INTO THE CAUSES AND EFFECTS OF THE VARIOLÆ VACCINÆ, A DISEASE DISCOVERED IN SOME OF THE WESTERN COUNTIES OF ENGLAND, PARTICULARLY GLOUCESTERSHIRE, AND KNOWN BY THE NAME OF THE COW POX* • LONDON, GROẞBRITANNIEN

In dieser satirischen Darstellung entwickeln die von Edward Jenner geimpften Patienten kuhförmige Auswüchse am Körper. Radierung, 1802, von James Gillray.

GEBURT DER MEDIZIN **S. 14**

EDWARD JENNER

Als Sohn eines Vikars in Gloucestershire wurde Jenner als Kind selbst durch Variolation geimpft, eine Erfahrung, die ihm lebenslange Probleme bescherte. Mit 14 ging er bei einem Chirurgen in die Lehre und vollendete seine medizinische Ausbildung in London. Danach ging er zurück nach Gloucestershire, um dort als Arzt zu arbeiten. Für seine Forschung zu Schutzimpfungen erhielt er viel Lob und wurde 1821 ein Leibarzt von König George IV.

1796 nahm der englische Arzt Edward Jenner (1749–1823) die erste Impfung vor, um einen achtjährigen Jungen namens James Phipps gegen die Pocken, eine lebensbedrohliche, entstellende Krankheit, zu immunisieren. Bei dem Verfahren wurde dem Patienten ein Serum injiziert, das Kuhpocken enthielt. Diese Krankheit, die viele Molkereiarbeiter heimsuchte, ähnelte den Pocken, verlief aber weit seltener tödlich. Jenner prägte den Ausdruck „vaccination“ (dt. Impfung), der sich vom lateinischen „vacca“ ableitet, was übersetzt Kuh bedeutet. Jenners Durchbruch kam nicht aus heiterem Himmel. In den 1720er Jahren war die Technik der Variolation nach Großbritannien gekommen. Dabei wurde aus den Beulen eines an Pocken Erkrankten Eiter entnommen und auf einen kleinen Schnitt in der Haut des Impflings aufgetragen. Dieses althergebrachte Verfahren war dafür bekannt, Immunität zu verleihen – sofern es den Patienten nicht vorher umbrachte, was eine realistische Möglichkeit war. In den 1770er Jahren hatten mehrere Forscher festgestellt, dass Menschen, die mit Kuhpocken infiziert gewesen waren, nie Pocken zu bekommen schienen. Von einem Bauern aus Dorset namens Benjamin Jesty wird berichtet, er habe seiner Familie Kuhpocken injiziert, um sie während eines Pockenausbruchs 1774 zu schützen. Jenner, der für eine andere landwirtschaftliche Gemeinde in Gloucestershire arbeitete, studierte dieses Verfahren 20 Jahre lang, bevor er sicher war, dass es keine Gefahren barg. Wenige Tage nachdem er James mit einem Kuhpockenserum behandelt hatte, injizierte Jenner ihm eine Probe der echten Pocken, und der Junge erkrankte nicht daran.

Schlüsselwerke von Edward Jenner

Further Observations on the Variolæ Vaccinæ, or Cow-Pox, 1799

A Continuation of Facts and Observations relative to the Variolæ Vaccinæ, or Cow Pox, 1800

The Origin of the Vaccine Inoculation, 1801

→ KLINISCHE VERSUCHE S. 208

Beweise für das Aussterben

1796

GEORGES CUVIER: *ESSAY ON THE THEORY OF THE EARTH* •
PARIS, FRANKREICH

Weitere Schriften von Georges Cuvier

Essais sur la géographie minéralogique des environs de Paris, 1811

Le Règne Animal, 1817

Théorie de la terre, 1821

NATURGESCHICHTE UND BIOLOGIE **S. 22** GEOLOGIE UND GEOWISSENSCHAFT **S. 23**

Fossilien sind im Lauf der Geschichte auf unterschiedliche Arten interpretiert worden. Die alten Chinesen hielten sie für Drachenknochen; spiralförmige Ammoniten galten als Schlangensteine, die aus dem Körper einer zusammengewickelten Schlange entstanden waren. Manche vermuteten, dass Gott Fossilien in Felsgestein platziert habe, um den Glauben an seine Schöpfung zu prüfen. Andere hielten sie schlicht für die Überreste eines lang erloschenen Lebens und glaubten, sie gehörten zu der gleichen Art Tiere, die die Erde zu ihrer Zeit bevölkerten.

1796 entdeckte der französische Zoologe Georges Cuvier (1769–1832), dass die fossilen Überreste amerikanischer Elefanten sich deutlich von den asiatischen und afrikanischen Elefanten seiner Zeit unterschieden. So offenbarte er die erstaunliche Tatsache, dass die Tiere vergangener Zeiten – wie der fossile Fund belegte – anderen Spezies angehörten als die seiner Zeit. Die Vorstellung, dass Tierarten aussterben können, entwickelte sich schnell zu einem Standardmerkmal von Evolutionstheorien. Fossile Funde stützten auch maßgeblich die Glaubwürdigkeit der Auffassung, dass die Erde Millionen Jahre älter war, als die üblichen religiösen Lehren jener Zeit glauben machen wollten.

GEORGES CUVIER

Cuvier ist zwar als Begründer der Paläontologie bekannt. Fossilien wollte er aber nicht als ausgestorbene Vorfahren unserer heutigen Tierwelt anerkennen und stemmte sich vehement gegen Evolutionstheorien. Seiner Ansicht nach war das Aussterben von Tierarten auf mehrere große Flutkatastrophen zurückzuführen, unter anderem jene, in der die Arche Noah eine Rolle spielte.

Georges Cuvier bei einer Vorlesung über Paläontologie am Pariser Naturkundemuseum

→ EVOLUTION DURCH NATÜRLICHE AUSLESE **S. 161** ENDOSYMBIOSE **S. 173** RADIOKOHLENSTOFFDATIERUNG **S. 197**

Elektrolyse

HUMPHRY DAVY: *THE COLLECTED WORKS OF SIR HUMPHRY DAVY* •
LONDON, GROßBRITANNIEN

ca. 1800

ELEKTRIZITÄT **S. 24**

Schlüsselwerke von Humphry Davy

Researches, Chemical and Philosophical; Chiefly Concerning Nitrous Oxide, or Dephlogisticated Nitrous Air, and Its Respiration, 1800

Elements of Chemical Philosophy, 1812

The Papers of Sir H. Davy, 1816

Im Jahr 1800 wurde die elektrische Batterie erfunden, und Naturwissenschaftler begannen sofort, diese neue Stromquelle zur Erforschung der Natur zu nutzen. Am erfolgreichsten war dabei Humphry Davy (1778–1829), ein Chemiker aus Cornwall, der als Erfinder einer Sicherheitslampe für Bergarbeiter und als Entdecker des Lachgases zu Ruhm gekommen war. Davy war damals einer der führenden Forscher an der Royal Institution in London, in deren Keller die vermutlich größte Batterie der Welt gebaut wurde. Er wusste, dass elektrischer Strom Wasser in Wasserstoff und Sauerstoff aufspalten konnte, ein Verfahren, das später als Elektrolyse bekannt wurde. Mithilfe der riesigen Batterie der Royal Institution versuchte er herauszufinden, was geschieht, wenn mineralische Lösungen elektrisch aufgeladen werden. Die ersten beiden Substanzen, mit denen er das ausprobierte, waren Kaliumkarbonat und Natriumkarbonat (Pottasche und Soda); beide hielt man damals für Elemente. Die Elektrolyse offenbarte jedoch, dass es sich bei ihnen um Gemische aus zwei unbekannten Metallen handelte, die Davy „potassium" (dt. Kalium) und „sodium" (dt. Natrium) nannte. Dieselbe Technik ermöglichte Davy später, die Entdeckung von Magnesium, Kalzium, Bor, Strontium und Barium für sich zu beanspruchen. Außerdem bewies er, dass Chlor und Jod Elemente waren. Die Elektrolyse gab deutliche Hinweise darauf, dass die Atome der einzelnen Elemente innerhalb dieser Gemische durch eine Art elektrische Kraft zusammengehalten wurden.

HUMPHRY DAVY

Humphry Davy war der Sohn eines Holzschnitzers aus Penzance in Cornwall. Für seine Ausbildung kam sein Patenonkel, John Tonkin, auf, der ihm eine Lehrstelle in einer Apotheke verschaffte. Doch schon bald beklagten sich Davys Arbeitgeber über die gefährlichen chemischen Experimente des Teenagers. Daraufhin ging Davy nach Bristol, um am Pneumatischen Institut zu arbeiten, einem Gasforschungszentrum. Dort trug er zur Entdeckung des Lachgases bei. Damit stand seiner Karriere nichts mehr im Wege. Er wurde wissenschaftlicher Leiter des Instituts und dort Mentor von Michael Faraday. In den 1820er Jahren entzweiten sich die beiden über Faradays geheime Forschung zu elektrischen Motoren.

Diese gigantische Batterie wurde im Keller der Royal Institution im Londoner Mayfair District aufgebaut. Kupferstich, 19. Jahrhundert.

PERIODENSYSTEM **S. 162**

Doppelspaltexperiment

THOMAS YOUNG: *EXPERIMENTS AND CALCULATIONS RELATIVE TO PHYSICAL OPTICS* • LONDON, GROẞBRITANNIEN

1804

Bis ins 19. Jahrhundert gab es zwei konkurrierende, einander ausschließende Theorien zum Licht. Newton war der Auffassung, dass Licht aus kleinsten Teilchen bestehe, die von der Lichtquelle ausgesandt würden. Huygens dagegen verfocht die Theorie, dass Lichtstrahlen aus Wellen bestehen. Indem er es als Welle behandelte, konnte er das Verhalten von Licht besser beschreiben. Zum Beispiel wird Licht abgelenkt (in alle Richtungen zerstreut), wenn es auf einen kleinen Spalt trifft. Das gleiche passiert mit kleinen Wellen, die sich über einen Teich ausbreiten und dabei einen Halbkreis aus Wellenfronten bilden, nachdem sie einen Spalt passiert haben. Wie Lichtteilchen dies tun können, war schwieriger zu erkennen, dennoch hatte Newtons Theorie weiterhin viele Anhänger. 1804 beschloss Thomas Young (1773–1829), Licht mit Wasserwellen zu vergleichen, insbesondere im Hinblick auf das Phänomen der Interferenz, bei dem Wellen sich verbinden. Wenn die Wellen miteinander im Gleichklang sind, ist die neue Welle doppelt so groß wie die ursprüngliche. Sind sie nicht synchron, heben sie sich gegenseitig auf. Young demonstrierte dies, indem er kleine Wellen zwei Spalte passieren ließ. Die Wellenfronten, die sich daraufhin auf der anderen Seite bildeten, überlagerten einander und erzeugten ein klar erkennbares Muster aus stillem Wasser und höheren Wellen. Dann ließ Young ein Licht durch zwei kleine Spalte scheinen, und der Strahl erzeugte dort, wo sich die Lichtwellen verbunden und gegenseitig aufgehoben hatten, ein Muster aus hellen und dunklen Streifen – genau wie bei den Wasserwellen. Damit war der Beweis erbracht: Licht ist eine Welle, kein Teilchenstrom.

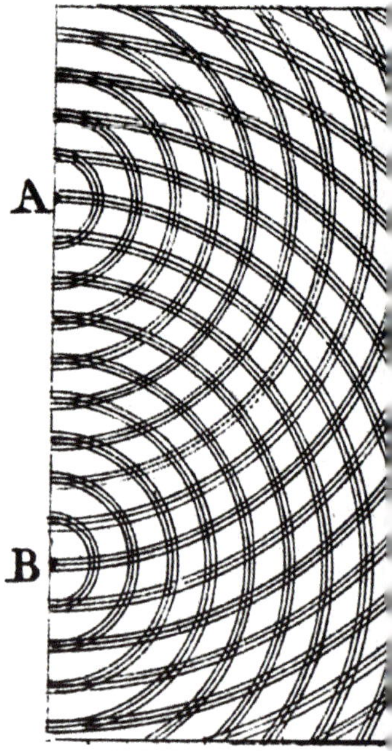

THOMAS YOUNG

Young, der aus einer wohlhabenden englischen Quäkerfamilie in Somersetshire stammte, war in London als Arzt tätig, bis er 1801 eine wissenschaftliche Laufbahn einschlug. Er ist nicht nur für seine Lichtstudien bekannt, sondern auch für das Youngsche Modul, mit dem sich die lineare Elastizität von Materialien messen lässt.

MODERNE PHYSIK **S. 27**

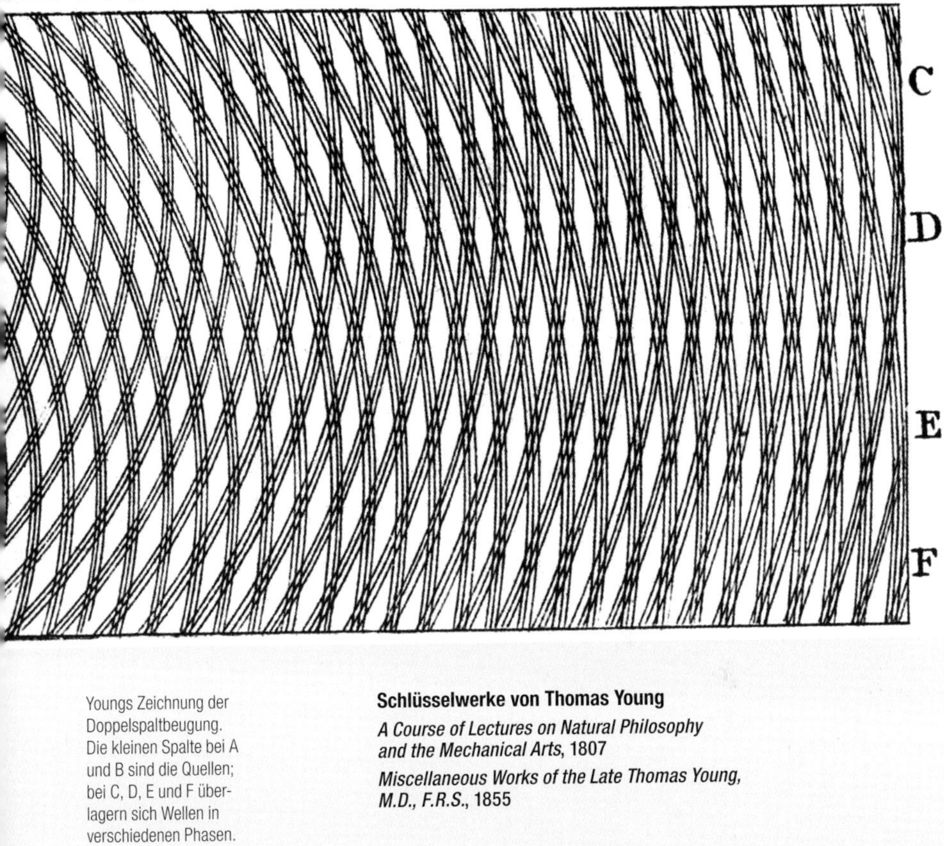

Youngs Zeichnung der Doppelspaltbeugung. Die kleinen Spalte bei A und B sind die Quellen; bei C, D, E und F überlagern sich Wellen in verschiedenen Phasen.

Schlüsselwerke von Thomas Young

A Course of Lectures on Natural Philosophy and the Mechanical Arts, 1807

Miscellaneous Works of the Late Thomas Young, M.D., F.R.S., 1855

QUANTENPHYSIK **S. 167** LASER **S. 195**

Elektromagnetische Wechselwirkung

1820

HANS CHRISTIAN ØRSTED: *EXPERIMENTA CIRCA EFFECTUM CONFLICTUS ELECTRICI IN ACUM MAGNETICAM* • KOPENHAGEN, DÄNEMARK

Schlüsselwerk von Hans Christian Ørsted
Aanden i Naturen, 1850

ANDRÉ-MARIE AMPÈRE
Die Tatsache, dass ein elektrischer Strom ein Magnetfeld erzeugt, heißt nach ihrem Entdecker Oerstedt'sches Gesetz. Doch der Erste, der den Zusammenhang zwischen Elektrizität und Magnetismus entdeckte, war der französische Naturforscher André-Marie Ampère (1775–1836). Nach ihm ist die Stromeinheit Ampere (A) benannt.

Die Kräfte des Magnetismus, durch die Eisen und andere Metalle einander anziehen und abstoßen, sind seit mindestens 600 v. Chr. bekannt, seit griechische Naturphilosophen erstmals darüber schrieben. 500 Jahre später begannen chinesische Geomanten bei ihren Ritualen Kompasse zu benutzen, und in den darauffolgenden Jahrhunderten wurde der Kompass zu einem Navigationsinstrument, das die Welt veränderte. Magnetismus und Elektrizität wurden getrennt voneinander behandelt, obwohl beide anziehende und abstoßende Kräfte erzeugten, eine gemeinsame Eigenschaft, die in dem Satz „Gegensätze ziehen sich an, Gleiches stößt sich ab" zusammengefasst wurde. 1820 veränderte sich all dies durch eine wissenschaftliche Vorführung des dänischen Professors Hans Christian Ørsted (1777–1851), der beide Phänomene in einem elektromagnetischen Feld verknüpfte und damit die Grundlagen für die moderne Technologie legte. Ørsted hatte mit seinem Vortrag in Kopenhagen eigentlich zeigen wollen, dass Elektrizität einen Draht zum Glühen bringen und Wärme freisetzen konnte. Doch neben dem Draht lag für eine spätere Demonstration ein Kompass auf dem Tisch. Ørsted bemerkte, dass, wenn der Draht elektrisch geladen war, die Kompassnadel in dessen Richtung schwang und, sobald der Strom abgestellt wurde, wieder nach Norden zeigte. Die logische Schlussfolgerung lag auf der Hand: Elektrisch geladene Objekte erzeugen ein Magnetfeld. In den nachfolgenden Jahrzehnten richteten Erfinder ihren Fokus darauf, wie dieser Effekt eingesetzt werden könnte, angefangen bei elektrischen Motoren bis hin zur Telekommunikation.

Ørsted entdeckte, dass eine drehbar gelagerte Kompassnadel sich rechtwinklig zu einem Leiter bewegt, durch den Strom fließt. Stich, 19. Jahrhundert.

ELEKTRIZITÄT **S. 24**

Carnot-Kreisprozess

1824

SADI CARNOT: *BETRACHTUNGEN ÜBER DIE BEWEGENDE KRAFT DES FEUERS UND DIE ZUR ENTWICKLUNG DIESER KRAFT GEEIGNETEN MASCHINEN* • PARIS, FRANKREICH

Schlüsselwerk von Sadi Carnot
Reflections on the Motive Power of Heat, 1890

Der Beginn des 19. Jahrhunderts war die Hochzeit des Dampfzeitalters. Etliche leistungsstarke dampfbetriebene Maschinen in Fabriken in ganz Europa waren Beweis genug, dass diese Technik funktionierte. Aber wie genau, hatte man noch nicht vollständig verstanden. Der junge französische Soldat Sadi Carnot (1796–1832) beschloss herauszufinden, wie ein dampfbetriebener Motor Wärme in Bewegung umwandelte. Er stellte fest, dass sich die Wärme bei allen Maschinen, die damit arbeiteten, von einer Quelle (dem Brennstoff) in ein kaltes Becken außerhalb des Motors bewegte. Die vom Motor geleistete Arbeit entsprach dem Temperaturunterschied zwischen der Quelle und dem Becken, und der Energietransfer verlief in vier Phasen, die heute als Carnot-Kreisprozess bekannt sind. In der ersten Phase sorgt die Wärme dafür, dass sich der Dampf (oder irgendein Gas) ausdehnt, ohne seine Temperatur zu verändern. In der zweiten Phase setzt sich die Ausdehnung fort, aber das Gas kühlt ab, wenn seine Wärme in eine Bewegung verwandelt wird, die gegen den Kolben der Maschine drückt. In Phase drei wird das Gas durch den fallenden Kolben zusammengedrückt, erwärmt sich aber nicht. Stattdessen entweicht Wärmeenergie in das Becken. In der vierten Phase wird das Gas durch weitere Verdichtung erwärmt und kehrt zu seinem ursprünglichen Zustand zurück.

Sadi Carnot im Alter von 17 Jahren in der damaligen traditionellen Uniform eines Studenten der École Polytechnique, Gemälde, 1813, von Louis-Léopold Boilly (1761–1845)

SADI CARNOT

Carnots ungewöhnlicher Vorname Sadi (vollständig: Nicolas Léonard Sadi Carnot) war von einem persischen Dichter entlehnt, den sein Vater Lazare bewunderte. Carnot Senior war ein Revolutionsführer, der 1814, als die französische Monarchie wiederhergestellt wurde, ins Exil geschickt wurde. Sein ebenfalls republikanisch gesinnter Soldatensohn beendete seine Militärlaufbahn und widmete sich daraufhin vermehrt den Dampfmaschinen. Sadi starb 1832 an Cholera.

NATURWISSENSCHAFT UND INDUSTRIELLE REVOLUTION **S. 21**

Brownsche Bewegung

ROBERT BROWN: *A BRIEF ACCOUNT OF MICROSCOPICAL OBSERVATIONS MADE ON THE PARTICLES CONTAINED IN THE POLLEN OF PLANTS* • LONDON, GROẞBRITANNIEN

1827

In den 1820er Jahren herrschte weitgehend Einigkeit darüber, dass alle Substanzen aus winzigen Teilchen bestehen, den Atomen, die häufig in Gruppen oder Molekülen angeordnet waren. Wenige Jahre später versuchte man anhand der konstanten Schwingung oder Bewegung dieser kleinen physikalischen Einheiten zu verstehen, wie sich Wärme und andere Energieformen durch und zwischen Materialien bewegten. Ganz gleich wie solide diese Theorien waren – sie sind bis heute unbestritten –, stützten sie sich doch alle auf einen abstrahierten Beweis. Dann machte Albert Einstein 1905 darauf aufmerksam, dass der visuelle Beweis seit 1827 in Form einer Studie über Blütenpollen vorlag, die ein schottischer Botaniker namens Robert Brown (1773–1858) durchgeführt hatte. Brown hatte den Pollen der Kuckucks-Lichtnelke, einer rosa blühenden Pflanze, die er im nordwestlichen Pazifik gepflückt hatte, in einem Wassertropfen unter dem Mikroskop untersucht und dabei beobachtet, wie sich die winzigen Teilchen ruckartig bewegten. Diese Teilchen, von denen man heute weiß, dass es sich um Stärkekörner und Öltröpfchen handelte, tanzten scheinbar regellos vor seinen Augen. Brown stellte den Effekt mit unbelebtem Staub nach, wusste danach aber ebensowenig, was er da gesehen hatte. Erst Einstein konnte die Frage klären: Die unregelmäßige Teilchenbewegung, die als „Brownsche Bewegung" bekannt geworden ist, entsteht durch Kollisionen zwischen sichtbaren und unsichtbaren Molekülen im Wasser. Damit war bewiesen, dass die Atomtheorien richtig waren.

ROBERT BROWN

Der im schottischen Montrose geborene und aufgewachsene Brown verließ die Medizinhochschule in Edinburgh, um zur Armee zu gehen. Während seiner Zeit als Militärarzt in Irland sammelte er zahlreiche botanische Proben. Besonders interessierte es ihn, Pflanzen unter dem Mikroskop zu studieren. In den 1800er Jahren nahm Brown als Naturwissenschaftler an einer Australienreise teil, infolge derer er eine Vollzeitbeschäftigung als Botaniker erhielt.

Schlüsselwerke von Robert Brown

Prodromus florae Novae Hollandiae et Insulae van Diemen, 1810

On the natural order of plants called Proteaceae, 1810

List of new and rare plants, collected during the years 1805 and 1810, arranged according to the Linnaean system, 1814

MODERNE PHYSIK **S. 27** GRÖẞE DES UNIVERSUMS **S. 28**

Robert Brown im Alter von 82 Jahren

Vitalismus

FRIEDRICH WÖHLER: *ÜBER KÜNSTLICHE BILDUNG DES HARNSTOFFS* •
BERLIN, DEUTSCHLAND

1828

Schlüsselwerke von Friedrich Wöhler

Lehrbuch der Chemie, 1825

Grundriss der Anorganischen Chemie, 1830

Grundriss der Organischen Chemie, 1840

Jahrhundertelang gingen Biologen davon aus, dass Lebewesen sich von unbelebten Materialien dadurch unterschieden, dass sie von einer „vitalen Kraft" durchströmt wurden – eine Art nicht wahrnehmbarer Stoff, der die Bedingungen für die Existenz von Lebewesen schuf. Diese speziellen Bedingungen wurden für die Bildung komplexer „organischer" Stoffe des Lebens benötigt, die eben nicht bei alltäglichen chemischen Vorgängen im Labor untersucht oder in der Natur beobachtet werden konnten. Den Beweis dafür sah man darin, dass jede nicht-vitale physikalische oder chemische Veränderung die biochemischen Stoffe unwiderruflich zu Materialien „denaturierte", denen es an vitaler Kraft fehlte und die daher nicht in der Lage waren, Leben zu erhalten.

Diese althergebrachte Theorie wurde durch eine einzige zufällige Entdeckung widerlegt. 1828 versuchte der deutsche Chemiker Friedrich Wöhler (1800–1882) in seinem Labor Ammoniumcyanat herzustellen, entdeckte aber, dass er stattdessen Harnstoff produziert hatte. Harnstoff war eine relativ einfache, wohlbekannte organische Substanz, die sich im Urin fand. Der Vitalismustheorie zufolge konnte Harnstoff nur aus der Niere eines Tieres hergestellt werden. Wöhlers Entdeckung bewies, dass die Chemie des Lebens auf genau die gleiche Art funktionierte wie die anorganische Chemie. Sein Experiment wurde zur Grundlage der organischen Chemie, die alle kohlenstoffbasierten Gemische untersucht. Später wurde das Studium der am Leben beteiligten chemischen Stoffe als Biochemie ausgegründet.

FRIEDRICH WÖHLER

Als Sohn eines Tierarztes entschied Wöhler sich für eine humanmedizinische Laufbahn und machte 1823 seinen Abschluss. Bald darauf wurde er Vollzeitchemiker und begann mit Jöns Jacob Berzelius (1779–1848) zusammenzuarbeiten, einem einflussreichen schwedischen Chemiker, der Wöhlers Negation des Vitalismus später maßgeblich unterstützte. In seinem späteren Leben war Wöhler der Erste, der die Metalle Beryllium und Yttrium isolierte.

ZELLTHEORIE **S. 25**

Friedrich Wöhler, Porträt, 1896, von Konrad von Kardorff
(1877–1945)

ZENTRALES DOGMA DER MOLEKULARBIOLOGIE **S. 172** RADIOKOHLENSTOFFDATIERUNG **S. 197**

Doppler-Effekt

CHRISTIAN DOPPLER: *ÜBER DAS FARBIGE LICHT DER DOPPELSTERNE UND EINIGER ANDERER GESTIRNE DES HIMMELS* • PRAG, TSCHECHIEN

1842

Schlüsselwerk von Christian Doppler
Über das farbige Licht der Doppelsterne und einiger anderer Gestirne des Himmels, 1842

1842 beschäftigte sich der österreichische Physiker Christian Doppler (1803–1853) mit einer Frage zu Wellen, wie sie im Schall oder im Licht vorkommen. Jede Welle hat eine Wellenlänge, die den Abstand zwischen der Spitze einer Welle und der Spitze der nächsten Welle beschreibt. Die Wellenlänge ist eng verknüpft mit der Wellenfrequenz, die beschreibt, wie viele Wellenlängen pro Sekunde abgeschlossen werden. Eine kurze Wellenlänge geht mit einer hohen Frequenz einher. Die Frequenz eines Klangs nehmen wir als Tonhöhe wahr; hohe Töne haben hohe Frequenzen. Ähnlich verhält es sich mit der Wahrnehmung von Licht. Hochfrequentes Licht ist blau, niedrigfrequentes Licht ist rot. Dazwischen liegen Gelb- und Grüntöne. Doppler fragte sich, was mit Frequenzen passiere, wenn die Quelle der Welle sich relativ zum Beobachter bewegte. Er stellte sich ein Boot vor, das in die Wellen hineinfährt. Die Wellenkämme würden dadurch häufiger gegen den Bug schlagen, als wenn das Schiff sich nicht bewegte – so, als wären die Wellenlängen verkürzt worden. Doppler vermutete, dass das Gleiche auf Sternenlicht zutraf: Wenn sich ein Stern auf den Betrachter zubewegt, werden die Wellenlängen seines Lichts gestaucht, und dadurch wechseln seine Farben im Spektrum in Richtung Blau. Ein sich wegbewegender Stern dagegen verfärbt sich rötlich. Noch deutlicher tritt der sogenannte Doppler-Effekt beim Martinshorn eines schnell fahrenden Krankenwagens zutage. Kommt der Wagen näher, wird der Klang zu einem hohen Ton komprimiert. Fährt er vorbei und bewegt sich weg, wird er zu einem tieferen Ton in die Länge gezogen.

CHRISTIAN DOPPLER

Der in Salzburg geborene Doppler studierte an der Wiener Universität Philosophie und Mathematik und wurde dort im Alter von 26 Jahren Assistenzprofessor. 1835 ging er nach Prag, wo er die Erkenntnisse vorstellte, mit denen er sich einen Namen machte. Danach wandte er sich einer Reihe weiterer mathematischer und physikalischer Probleme zu. 1848 ging er zurück nach Wien und wurde Leiter des Instituts für Experimentelle Physik, starb aber bald darauf an einer Lungenkrankheit.

GRÖẞE DES UNIVERSUMS **S. 28**

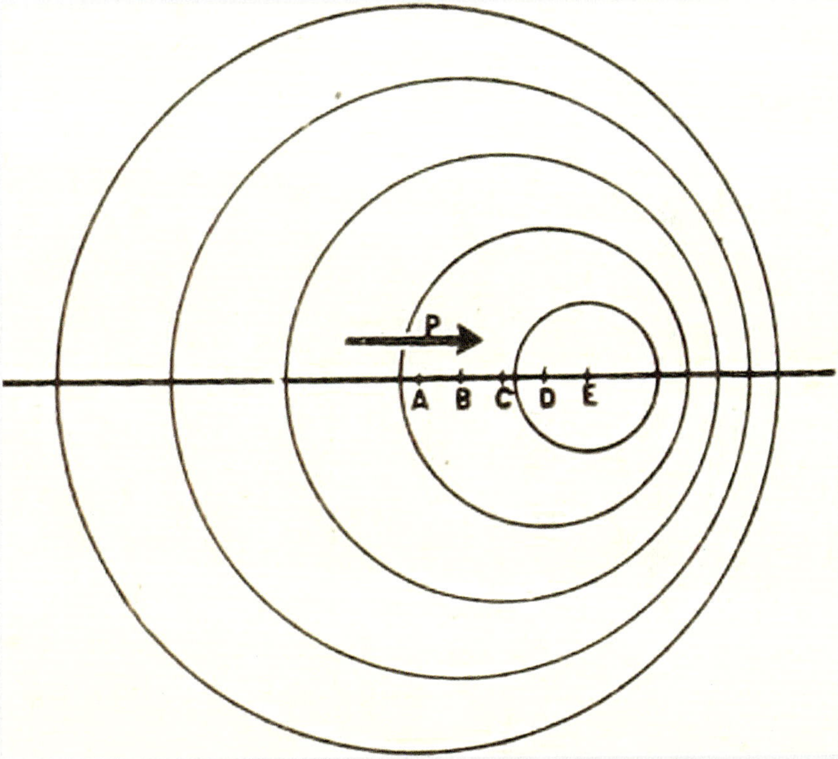

Das Schaubild zeigt, wie sich ein Signal in unserer Wahrnehmung verändert, wenn seine Quelle sich über die Bahn P zum Zuhörer hin, an ihm vorbei und von ihm weg bewegt

URKNALL **S. 169** TELESKOP **S. 189**

Mechanisches Wärmeäquivalent

1843

JAMES PRESCOTT JOULE: *DAS MECHANISCHE WÄRMEÄQUIVALENT* •
SALFORD, GROẞBRITANNIEN

In den 1840er Jahren nahm das Hintergrundwissen um das, was zum ersten Hauptsatz der Thermodynamik werden sollte – Energie kann nicht erzeugt oder zerstört werden; sie kann nur in verschiedene Formen verwandelt werden –, Gestalt an. Der Elektromotor und der elektrische Generator zeigten, dass elektrische Energie in Bewegung übersetzt werden konnte und umgekehrt. Der deutsche Naturwissenschaftler Julius Robert von Mayer (1814–1878) vermutete eine Verbindung zwischen Wärme und Bewegung, denn er hatte bemerkt, dass aufgewühlte Meere wärmer waren als ruhige. 1843 begann sich der englische Bierbrauer James Prescott Joule (1818–1889) für die Verbindung zwischen Energie und Wärme zu interessieren, während er die Wirksamkeit elektrischer Wärmesysteme untersuchte, die er zum Bierbrauen benutzte. Um das mechanische Equivalent von Wärme zu bestimmen, baute er einen Apparat mit einem Seilwindensystem. Ließ er dort ein 0,45 Kilogramm schweres Gewicht hineinfallen, setzte sich in einem verschlossenen Wasserbehälter ein Drehmechanismus in Bewegung. Joule wollte wissen, wie weit das Gewicht fallen musste, um in 0,45 Kilogramm Wasser einen Temperaturanstieg um 1 Grad Fahrenheit zu bewirken. Nachdem er das Experiment mehrere Stunden lang wiederholt hatte, fand er die Antwort: Das Gewicht musste 255 Meter tief fallen, um die gewünschte Erwärmung zu erzielen. Das bewies, dass eine kleine Menge der Bewegungsenergie des Gewichts und des Drehmechanismus' in Wärmeenergie umgewandelt wurde. Von Joule wird berichtet, er habe versucht, diesen Effekt während seiner Flitterwochen an einem Schweizer Wasserfall zu überprüfen, indem er die Temperatur des Wassers vor und nach dessen Sturz maß. Doch das Einzige, was er erreichte, war, komplett nass zu werden. Joule und andere erklärten später, dass Wärmeenergie eigentlich die Bewegung von Atomen und Molekülen innerhalb eines Stoffes war.

BENJAMIN THOMPSON, COUNT RUMFORD

Vor Joules berühmtem Experiment hatte Thompson (1753–1814) 1798 das gleiche Phänomen vorgeführt. Der amerikanische Loyalist, der im Revolutionskrieg gekämpft hatte, heiratete die Witwe Antoine Lavoisiers und gründete die Royal Institution in London. Während er als Militäringenieur in Bayern arbeitete, zeigte Thompson, dass sich durch einen stumpfen Bohrer, der in eine Kanonenkugel getrieben wurde, die in einem Wasserbottich lag, das Wasser erwärmte – und nach zweieinhalb Stunden zu kochen begann. Doch Thompsons Experiment fehlte die Empirie von Joules Versuch, daher wurde es in naturwissenschaftlichen Kreisen nicht anerkannt.

NATURWISSENSCHAFT UND INDUSTRIELLE REVOLUTION **S. 21**

Schlüsselwerke von James Prescott Joule

On the Heat evolved by Metallic Conductors of Electricity, and in the Cells of a Battery during Electrolysis, 1841

On the Changes of Temperature Produced by the Rarefaction and Condensation of Air, 1844

Joule bei seinen Forschungen
am mechanischen Wärmeäquivalent,
Holzschnitt, 19. Jahrhundert

Lichtgeschwindigkeit

HIPPOLYTE FIZEAU: *SUR L'EXPÉRIENCE RELATIVE À LA VITESSE COMPARATIVE DE LA LUMIÈRE DANS L'AIR ET DANS L'EAU* • PARIS, FRANKREICH

1849

Jede noch so flüchtige Untersuchung zeigt, dass Licht sich sehr schnell bewegt, zu schnell, um es mit einer Uhr zu messen. Manche vermuteten, dass die Lichtgeschwindigkeit unendlich sei und die Sonne das gesamte Universum in einem Augenblick ausleuchte. Doch 1676 demonstrierte der dänische Astronom Ole Rømer (1644–1710), dass Licht aus dem Weltraum auf verschiedenen Erdteilen zu unterschiedlichen Zeiten sichtbar wird. Damit bewies er, dass sich Licht mit endlicher Geschwindigkeit bewegt.

Den ersten Apparat, mit dem sich die Lichtgeschwindigkeit genau messen ließ, entwickelte 1849 der Franzose Hippolyte Fizeau (1819–1896); verbessert wurde das Gerät danach von Léon Foucault (1819–1868). Mithilfe einer Teleskoplinse bündelte es einen Lichtstrahl in einem zweiten, 8 Kilometer entfernten Teleskop, das den Strahl umgehend reflektierte, sodass er einen 16 Kilometer langen Rundweg zurücklegte. Zu Beginn seiner Reise traf der Strahl auf ein sich drehendes Zahnrad und drang durch die Lücken zwischen den Zähnen. Das Flackern des Strahls ließ sich dadurch genau regeln. Die Wissenschaftler passten die Geschwindigkeit des Zahnrads so lange an, bis der Strahl auf seinem Rückweg vom nächsten Zacken blockiert und so verhindert wurde, dass das Licht zu seinem Ausgangspunkt zurückkehrte. Anfangs errechnete Fizeau mit dieser Methode eine Lichtgeschwindigkeit von 315.000 Kilometern pro Sekunde, was ein wenig zu schnell war. 1862 entwickelte Foucault das Experiment weiter und kam auf 298.000 Kilometer pro Sekunde, was von dem heutigen Wert (299.792 Kilometer pro Sekunde) nur um 0,6 Prozent abweicht.

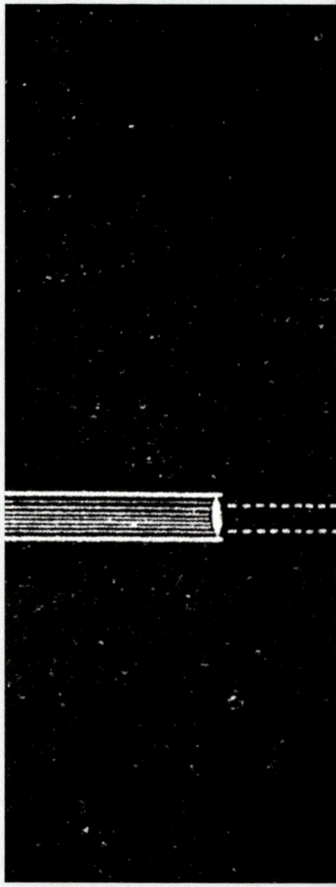

OLE RØMER

Während Rømer 1676 am Pariser Observatorium arbeitete, verfolgte er die Bahn des Jupitermondes Io, der regelmäßig und für unterschiedlich lange Phasen auftauchte und dann wieder hinter dem Riesenplaneten verschwand. Die Phasen variierten je nach Nähe des Jupiters zum jeweiligen Beobachter auf der Erde. Die Zeit, die zwischen den Mondfinsternissen von Io verstreicht, verkürzt sich, je näher die Erde dem Jupiter kommt, und verlängert sich, je weiter sich Erde und Jupiter voneinander entfernen. Daraus errechnete Rømer eine Lichtgeschwindigkeit von 212.000 km/s.

GEBURT DER CHEMIE **S. 20**

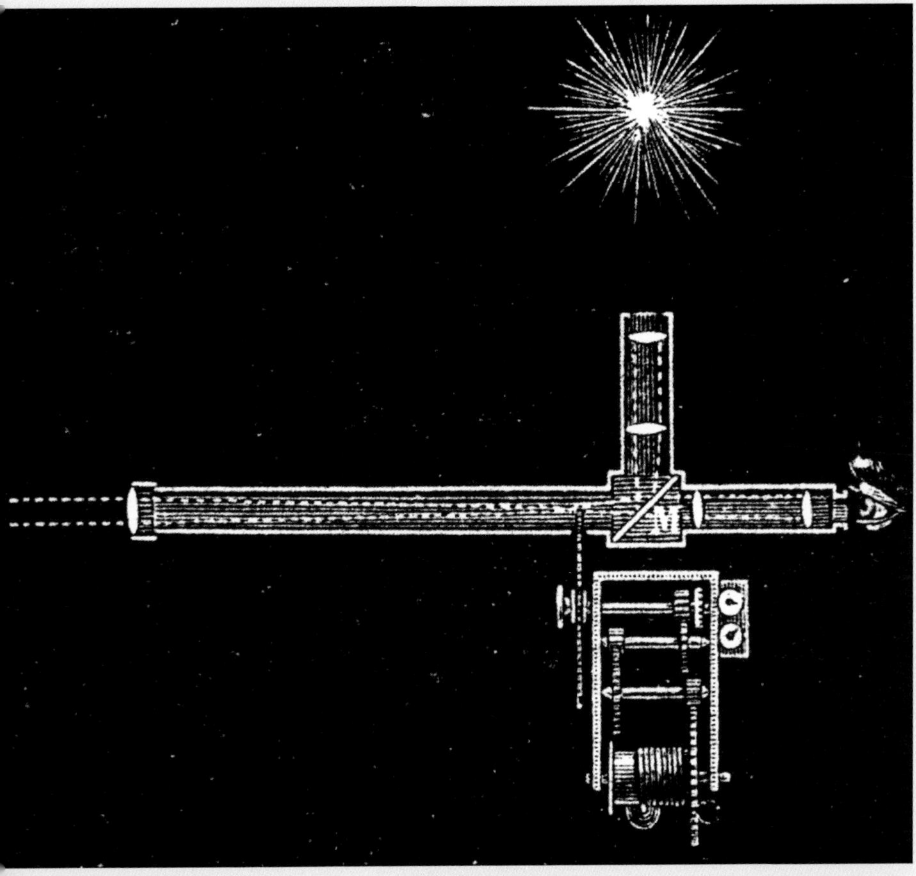

Mit diesem Apparat
bestimmte Hippolyte Fizeau
die Lichtgeschwindigkeit

RELATIVITÄT **S. 163** ZEITMESSUNG **S. 186** TEILCHENBESCHLEUNIGER **S. 199**

Erdrotation

LÉON FOUCAULT: *RECUEIL DES TRAVAUX SCIENTIFIQUES* •
PARIS, FRANKREICH

1851

Schlüsselwerk von Léon Foucault

Recueil des travaux scientifiques de Léon Foucault, 1878

Auf seinem Sterbebett verkündete Nikolaus Kopernikus 1543 seine – damals unglaublich ketzerische – Entdeckung, dass die Erde sich um die Sonne bewegte und die scheinbare Bewegung der Sonne über den Himmel dadurch entstand, dass die Erde sich einmal pro Tag um die eigene Achse drehte. Es brauchte ein weiteres Jahrhundert, bis Astronomen und ganz allgemein die Naturwissenschaften diese Auffassung anerkannten – und mehrere Jahrhunderte, bis andere Autoritäten dies taten. Aber es gab keinen direkten Beweis für die Erdrotation, bis Léon Foucault 1851 im Pariser Pantheon ein 67 Meter langes Pendel anbrachte. Wie Galileo lange zuvor erklärt hatte, schwingt ein Pendel in stets gleichbleibender Bewegung vor und zurück. Als Foucault sein riesiges Pendel in Schwingung versetzte, schien es genau dies zu tun. Unter dem Pendel hatte Foucault eine Schicht feinen Sand verteilt. Das Pendel war so angebracht, dass der äußerste Punkt des Senkbleis den Sand gerade so berührte und darin beim Schwingen Rillen zeichnete. Im Laufe der Stunden schienen sich die Spuren des Pendels im Uhrzeigersinn weiterzubewegen. Schließlich hatte es sich um 360 Grad gedreht und schwang wieder in seiner ursprünglichen Position. Doch weder war Galileos Pendelgesetz falsch, noch hatte das schwingende Pendel seine Richtung verändert. Stattdessen hatte sich die ganze Welt unter ihm einmal gedreht.

LÉON FOUCAULT

Als Kind wurde Foucault vorwiegend bei sich zu Hause in Paris von einem Privatlehrer unterrichtet. Er schien für ein Medizinstudium bestimmt zu sein, wechselte aber später wegen einer Blutphobie zur Physik. Er interessierte sich für das Licht, forschte an Möglichkeiten, dessen Dichte zu messen und untersuchte unsichtbare Infrarot-Wärmestrahlen. Obwohl das Rotationsexperiment bereits in den 1600er Jahren ersonnen wurde, ist die Vorrichtung heute als Foucaultsches Pendel bekannt.

FRÜHE ASTRONOMEN **S. 12**

Das Foucaultsche Pendel hängt noch immer im Pariser Pantheon

BEWEGUNGSGESETZE **S. 157**

Spektroskopie

GUSTAV KIRCHHOFF: *ABHANDLUNGEN ÜBER EMISSION UND ABSORPTION* • HEIDELBERG, DEUTSCHLAND

1859

Spektroskop von Bunsen und Kirchhoff, 1869

GRÖSSE DES UNIVERSUMS **S. 28**

Schlüsselwerke von Gustav Kirchhoff
Vorlesungen über mathematische Physik, 1876–1894
Gesammelte Abhandlungen, 1882

Das Vorhandensein bestimmter, insbesondere metallischer, Elemente kann durch Entzünden einer Probe und Beobachten der Farbe seiner Flamme festgestellt werden.

Alchemisten hatten diese Feuerprobe bereits jahrhundertelang genutzt, bevor zwei deutsche Naturwissenschaftler, Robert Bunsen (1811–1899) und Gustav Kirchhoff (1824–1887), 1859 das Verfahren zu einem effektiven Instrument weiterentwickelten, mit dem sich Elemente identifizieren ließen. Bunsen ist für seinen Laborgasbrenner berühmt geworden, dessen saubere Wärmequelle keinen Einfluss auf die chemischen Reaktionen des Verbrennens nimmt. Mit einem Spektroskop (einem Instrument, dass mithilfe eines Prismas das Licht der Flammen in seine Spektralfarben zerlegt) formulierte Kirchhoff die drei Strahlungsgesetze: 1. Heiße Objekte produzieren ein vollständiges Farbspektrum (genau wie die Sonne). 2. Ein heißes Gas, wie man es im Innern einer Flamme findet, emittiert nur eine kleine Menge spezifischer Farben, und jedes Element hat sein eigenes, einzigartiges Emissionsspektrum. 3. Ein kaltes Gas absorbiert Farben aus dem vollständigen Spektrum und erzeugt so ein einzigartiges Absorptionsspektrum, das wir als dunkle Spalte wahrnehmen.

Bunsen und Kirchhoff hielten die Spektren aller bekannten Elemente fest und entdeckten außerdem zwei neue Metalle: Rubidium und Cäsium. Mithilfe dieser Spektren bestimmen heutige Astronomen die chemische Zusammensetzung von Sternen, Nebeln und anderen Objekten im Weltraum.

JOSEPH VON FRAUNHOFER

Die dunklen Linien von Absorptionsspektren, die im Sternenlicht zu sehen sind, wurden zu Ehren von Joseph von Fraunhofer (1787–1826) Fraunhoferlinien genannt. Der deutsche Optiker erfand eine Möglichkeit, Linsen herzustellen, die Farben nicht verzerren. Fraunhofer, der in ärmlichen Verhältnissen aufwuchs und mit elf Waise wurde, kam 1801 beinahe ums Leben, als die Werkstatt, in der er als Lehrling eines Glasbläsers arbeitete, einstürzte. Bei seiner Rettung kam er in Kontakt mit dem bayerischen Kurfürsten Maximilian Joseph, der dem Jungen mit einem Geldgeschenk auf die Beine half. 1814 erfand Fraunhofer das Spektroskop.

→ QUANTENPHYSIK **S. 167** URKNALL **S. 169** TELESKOP **S. 189** MASSENSPEKTROMETER **S. 202**

Keimtheorie

LOUIS PASTEUR: *LES MICROBES ORGANISÉS, LEUR RÔLE DANS LA FERMENTATION, LA PUTRÉFACTION ET LA CONTAGION* • PARIS, FRANKREICH

1861

Schlüsselwerke von Louis Pasteur
Études sur le vin, 1866
Traitement de la Rage, 1886

In einem berühmt gewordenen Experiment bewies der Franzose Louis Pasteur (1822–1895) 1861, dass Krankheit und Verfall von Mikroorganismen in der Luft verursacht werden. Diese Keimtheorie widersprach der damals vorherrschenden Ansicht, dass Keime spontan aus verrottendem Material entstehen, aber nicht die Ursache von Verfall sind. Pasteur war in den 1850er Jahren damit beauftragt worden, herauszufinden, warum Wein verdarb. Als Schuldigen identifizierte er einen mikroskopisch kleinen Hefepilz, der das Getränk chemisch veränderte.

Pasteur wusste, dass Bakterien in offenen Behältern mit Fleischbrühe wuchsen. Er wusste auch, dass sich in der Brühe keine Bakterien entwickelten, wenn sie eine Stunde lang in einem verschlossenen Topf gekocht wurde, und außerdem, dass Bakterien im Staub der Luft vorkamen. Auf der Grundlage dieses Wissens füllte Pasteur mehrere verschließbare Behälter mit Brühe und kochte den Inhalt dann auf, um sämtliche Bakterien darin abzutöten. Nachdem die Brühe sterilisiert war, öffnete Pasteur einige der Behälter, andere ließ er verschlossen. In der Brühe der verschlossenen Behälter entwickelten sich keine Bakterien; im Inhalt der offenen Behälter dagegen entstand mikrobielles Leben.

Diese Keimtheorie wurde in den 1870er Jahren weiter untermauert, als sich herausstellte, dass spezifische Bakterien bestimmte Krankheiten verursachten.

LOUIS PASTEUR

Louis Pasteur war Chemiker, kein Mediziner. Bevor er mit der Keimtheorie seinen Durchbruch schaffte, hatte er bereits mit seiner Entdeckung der Chiralität, der Vorstellung, dass komplexe Moleküle in zwei Formen, jeweils als Spiegelbild voneinander, existieren können, Geschichte geschrieben. In seiner späteren Laufbahn widmete er sich der Entwicklung von Impfstoffen gegen Krankheiten wie Milzbrand und Tollwut sowie natürlich der nach ihm benannten Pasteurisierung: Bei dieser kurzzeitigen Erhitzung werden Keime in der Milch abgetötet, ohne dass sich deren Geschmack verändert.

ZELLTHEORIE **S. 25** GESUNDHEITSWESEN **S. 26**
NATURWISSENSCHAFTEN UND DAS INTERESSE DER ALLGEMEINHEIT **S. 29**

Louis Pasteur in seinem Labor. Man beachte die Schwanenhalsflasche, die bei seinen Experimenten mit Bakterien eine wesentliche Rolle spielte. Gemälde, 1885, des finnischen Künstlers Albert Edelfelt (1854–1905).

MIKROSKOP **S. 188** KLINISCHE VERSUCHE **S. 208**

Entdeckung der Gene

GREGOR MENDEL: *VERSUCHE ÜBER PFLANZENHYBRIDEN* •
BRÜNN, TSCHECHIEN

1865

Schlüsselwerk von Gregor Mendel
Versuche über Pflanzenhybriden, 1866

Die Erkenntnis, dass sich Merkmale der Eltern an die Nachkommen vererben, haben Tier- und Pflanzenzüchtern jahrtausendelang genutzt, um Rassen und Varietäten zu züchten, die die wünschenswertesten Merkmale ihrer Vorfahren in sich vereinen.

Doch bei der Vererbung vermischen sich nicht einfach die Merkmale beider Elternteile. Zwar war die Vererbung 1859 zentraler Bestandteil von Darwins Theorie der Evolution durch natürliche Auslese, aber weder ihr Verfechter noch irgendjemand anders hatte wirklich verstanden, wie genau sie funktionierte. Ein österreichischer Mönch namens Gregor Mendel (1822–1884) forschte damals bereits intensiv daran, wie verschiedene Attribute von Erbsenpflanzen von Generation zu Generation weitergegeben werden. In seinen Versuchen, die sich über sieben Jahre erstreckten, kontrollierte Mendel sorgfältig, welche Pflanze mit welcher anderen gekreuzt wurde. 1865 stellte er seine Ergebnisse vor. Eines davon lautete: Alle Pflanzen (und somit alle sich sexuell fortpflanzenden Organismen) besitzen zwei Exemplare jedes Gens, aber nur eines davon wird an die Nachkommen weitergegeben und die Weitergabe eines Gens findet unabhängig von der anderer Gene statt. Am Ende formulierte Mendel ein Gesetz der Dominanz, demzufolge sich bestimmte, dominante Merkmale, wie die Größe einer Pflanze, bei den direkten Nachkommen und auch beim weiteren Vererben immer durchsetzen. Rezessive Merkmale, wie ein kleiner Wuchs, bleiben verborgen, es sei denn, der Organismus erbt zwei Versionen dieses Gens.

GREGOR MENDEL

Der im heutigen Tschechien geborene Mendel wuchs in unsicheren Verhältnissen auf; seine Familie musste immer sehr darum ringen, dass die selbst angebaute Nahrung für alle reichte. Um seine Interessen ohne derartige Sorgen verfolgen zu können, wurde er Mönch. Bei seinen genetischen Forschungen konzentrierte er sich zunächst auf die Zucht von Honigbienen, doch die Art, die er züchtete, war so aggressiv, dass sie vernichtet werden musste. In der Folge wandte er sich den Erbsenpflanzen zu. Sein bahnbrechendes Werk blieb bis zum Beginn des 20. Jahrhundert unbeachtet.

ZELLTHEORIE **S. 25** GENETIK **S. 31**

1. Emily Henderson. 2. Blanche Burpee. 3. Purple Invincible, F_1. 4—11. The various F_2 types obtained by self-fertilising F_1. 4. Purple Invincible. 5. Duke of Westminster. 6. Painted Lady. 7—9. Corresponding dark winged types. 7. Purple, with purple wings. 8. Duke of Sutherland. 9. Miss Hunt. 10 and 11. F_2 whites. Notice that there is no *hooded* red.

Diverse Unterschiede bei mehreren Generationen von Zuckererbsen (*Lathyrus odoratus*), Tafel V aus *Mendel's Principles of Heredity*, 1909, von William Bateson

Nichtexistenz des Äthers

ALBERT MICHELSON UND EDWARD MORLEY: *ON THE RELATIVE MOTION OF THE EARTH AND THE LUMINIFEROUS ETHER* • CLEVELAND, OHIO, USA

1887

Schlüsselwerke von Albert Michelson

The Rigidity of the Earth, 1919

The Ranges and Phasedisplacements of the Earth and Ocean Tides, 1930

Schlüsselwerk von Edward Morley

On the Densities of Hydrogen and Oxygen and on the Ratio of Their Atomic Weights, 1895

ALBERT MICHELSON

Der in Polen geborene Amerikaner Michelson lehrte an der US Naval Academy in Annapolis, Maryland. Dort führten er und Morley auch ihre Experimente durch. Michelson war der erste US-Nobelpreisträger, der die Auszeichnung 1907 auf dem Gebiet der Physik erhielt.

In den 1860er Jahren stellte James Clerk Maxwell (1831–1879) die Hypothese auf, dass Licht eine Welle ist, die in einem elektromagnetischen Feld hin- und herschwingt. Zudem wurde vermutet, dass Lichtwellen, genau wie Schall- und Wasserwellen, ein Medium brauchten, in dem sie sich ausbreiten. Das war jedoch insofern kompliziert, als Licht (anders als andere Wellen) ein Vakuum durchdringt. Dies bedeutete nach Ansicht von Physikern, dass der gesamte Weltraum von einem subtilen, obskuren Material durchsetzt war, das sie „Lichtäther“ nannten – ein Name, der auf Aristoteles' Erklärung des Universums zurückgeht. Um diesen aufzuspüren, überlegten sich Albert Michelson (1852–1931) und Edward Morley (1838–1923) ein Experiment, mit dem sie den „Ätherwind“ messen wollten. Ihre Hypothese lautete, dass die Erde bei ihrer Reise um die Sonne den Äther mit sich ziehe. Daher müsse die Geschwindigkeit von Lichtstrahlen, die sich in unterschiedliche Richtungen bewegten, in Abhängigkeit von ihrer Position zu dieser Bewegung leicht variieren. Die beiden Wissenschaftler versuchten dies zu überprüfen, indem sie einen Lichtstrahl in zwei Teile aufspalteten und jeden Strahl in verschiedenen Winkeln reflektierten, bevor sie beide wieder zusammenführten. Jeder Unterschied in der Geschwindigkeit würde den neu zusammengesetzten Strahl zum Flackern bringen. Das Experiment offenbarte kein derartiges Ergebnis. Die Lichtgeschwindigkeit blieb konstant – eine Erkenntnis, die Albert Einstein 1905 nutzte, um die Existenz des Äthers zu widerlegen.

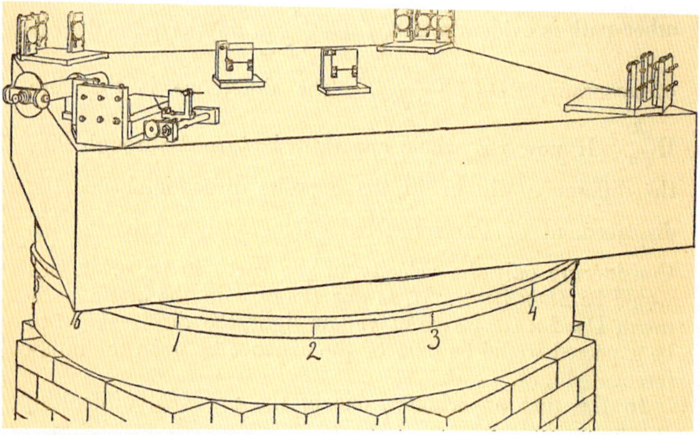

Diagramm eines Interferometers und von vier Spiegeln, die auf einem in Quecksilber schwimmenden Stein montiert sind. Indem er elektromagnetische Wellen durch diese Vorrichtung schickte, demonstrierte Einstein, dass diese Energieform kein Trägermedium brauchte, um sich auszubreiten. Damit widerlegte er die Existenz des Lichtäthers.

MODERNE PHYSIK **S. 27** GRÖSSE DES UNIVERSUMS **S. 28**

Funktion von Chromosomen

THEODOR BOVERI: *ERGEBNISSE ÜBER DIE KONSTITUTION DER CHROMATISCHEN SUBSTANZ DES ZELLKERNS* • MÜNCHEN, DEUTSCHLAND

1890er Jahre

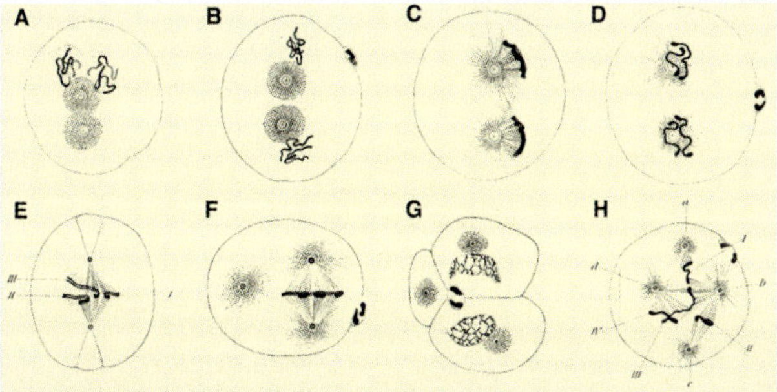

Abnormale Zellteilung bei Ascaris, Spulwürmern, die im menschlichen Darm als Parasiten vorkommen können. Zeichnung von Boveri.

Schlüsselwerk von Theodor Boveri

Ergebnisse über die Konstitution der chromatischen Substanz des Zellkerns, 1904

THEODOR BOVERI

Boveri studierte in München Medizin und begann am zoologischen Institut zellbiologische Forschungen zu betreiben. Neben seiner Arbeit zu Chromosomen fand er den ersten Beleg für Meiose, jene Form der Kernteilung, bei der sich eine Körperzelle in Geschlechtszellen (Spermium und Eizelle) aufspaltet. Zudem lieferte er die ersten Beschreibungen von Krebszellen.

Bei unserem Verständnis von Vererbung spielen zwei Forschungszweige eine Rolle. Am Anfang des einen steht Gregor Mendel, der untersuchte, wie ererbte Merkmale von Generation zu Generation weitergegeben werden. Der andere Zweig befasst sich mit dem Studium der Zellteilung, die die Grundlage aller Fortpflanzung ist. Der deutsche Biologe Walther Flemming (1843–1905) beobachtete unter dem Mikroskop, dass, kurz bevor eine Zelle sich teilte, im Zellkern fadenförmige Objekte auftauchten. Diese wurden Chromosomen genannt. Flemming vermutete, dass sich die Chromosomen teilten, wenn sich die Zelle teilte, und jeweils gleich viele von ihnen in eine neue Zelle übergingen. In den späten 1890er Jahren entdeckte Theodor Boveri (1862–1915) Chromosomen, die sich zwischen den Embryozellen von Spulwürmern bewegten. Er fand heraus, dass die Spermien und Eizellen eines Wurms nur jeweils zwei Chromosomen haben, die sich zu einem Satz von vier Chromosomen verbinden, wenn die Eizelle von einem Spermium befruchtet wird. Als nächstes zeigte Boveri, dieses Mal an Seeigeln, dass sich Embryos ohne Chromosomen gar nicht entwickelten. Das war der erste Beweis dafür, dass die Erbinformation, die von den Eltern auf die Nachkommen überging, in den Chromosomen enthalten war.

GENETIK S. 31 GENTECHNISCHE VERÄNDERUNGEN S. 38

Entdeckung elektromagnetischer Wellen

Um 1887

HEINRICH HERTZ: *UNTERSUCHUNGEN ÜBER DIE AUSBREITUNG DER ELEKTRISCHEN KRAFT* • KARLSRUHE, DEUTSCHLAND

Schlüsselwerk von Heinrich Hertz
Untersuchungen über die Ausbreitung der elektrischen Kraft, 1892

In den 1860er Jahren verfasste James Clerk Maxwell eine mathematische Beschreibung des elektromagnetischen Felds, das die Kräfte des Magnetismus mit jenen verknüpfte, die elektrischen Strom erzeugen. Sein Werk offenbarte, dass Licht eine Schwingung in dem Feld war, das wir heute als elektromagnetische Strahlung kennen. Licht war bereits ein bekanntes Phänomen, und man hatte bewiesen, dass es sich wie eine schwingende Welle verhielt. Ebenfalls entdeckt worden waren die unsichtbaren Strahlen von Wärme oder infrarotem und ultraviolettem Licht, aber Maxwell war der Meinung, dass es da noch weitere Wellen mit sehr viel weniger und sehr viel mehr Energie geben müsse.

Um 1887 entdeckte Heinrich Hertz (1857–1894), was wir heute als Radiowellen kennen. Sein Apparat erzeugte diese Wellen, indem er einen starken Funken durch einen Spalt zwischen zwei Messingbällen schickte. Zur Durchführung dieses Versuchs verdunkelte Hertz seine Fenster und verbrachte Wochen in einem stockfinsteren Raum auf der Suche nach einem Funken, und sei er auch noch so schwach, der sich bildete, wenn „elektrische Wellen" durch den Raum flossen. Wie Maxwell vorhergesagt hatte, bewegten sich diese Hertz'schen Wellen in Lichtgeschwindigkeit. Hertz starb, bevor er auf seiner Entdeckung aufbauen konnte, aber viele andere Forscher, unter ihnen Guglielmo Marconi (1874–1937), fanden schon bald heraus, wie sich diese Wellen für drahtlose Kommunikation nutzen ließen.

MODERNE PHYSIK **S. 27**

HEINRICH HERTZ

Aufgrund der nach ihm benannten Frequenzeinheit Hertz (Hz), die häufig zur Beschreibung der Merkmale der von ihm entdeckten Radiowellen verwendet wird, zählt Heinrich Hertz zu den bekanntesten Physikern. Schon in jungen Jahren erwies er sich als brillanter Kopf und wurde zum Professor für Physik an der Universität in Bonn ernannt. Doch seine Laufbahn endete früh: Er starb im Alter von 36 Jahren an einer seltenen Gefäßerkrankung.

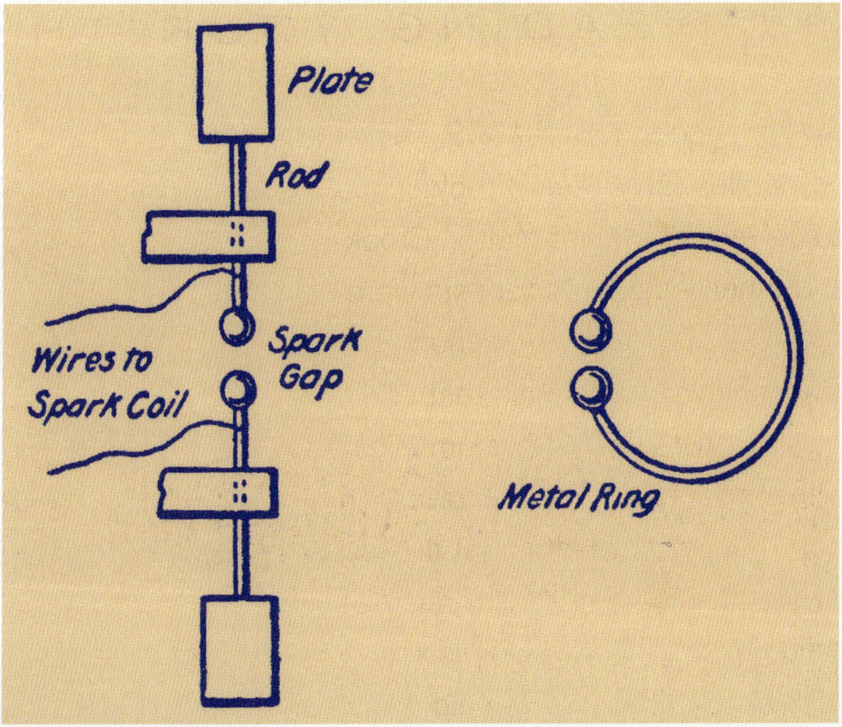

Diesen Apparat entwarf Hertz 1887 zum Erzeugen und Aufspüren von Radiowellen: Ein Funkensender (links), bestehend aus einer Dipolantenne mit einem Funkenspalt, der von einer Rühmkorff-Spule Hochspannungsimpulse erhält, und einem Empfänger (rechts) in Form einer Ringantenne.

VIER GRUNDKRÄFTE **S. 165** RÖNTGENBILDGEBUNG **S. 194**

Entdeckung der Radioaktivität

1896

HENRI BECQUEREL: *ÉMISSION DE RADIATIONS NOUVELLES PAR L'URANIUM MÉTALLIQUE* • PARIS, FRANKREICH

Schlüsselwerk von Henri Becquerel

Recherches sur une Propriété Nouvelle de la Matière, 1903

Der französische Physiker Henri Becquerel (1852–1908) interessierte sich für phosphoreszierende Mineralien, die auf geheimnisvolle Weise leuchteten. Nach der Entdeckung der Röntgenstrahlen 1895 begann Becquerel sich zu fragen, ob diese Gesteine ähnliche unsichtbare Strahlen freisetzten. Er stellte die Entdeckung der Röntgenstrahlen soweit es ging nach. Röntgenstrahlen drangen durch Materialien, die kein sichtbares Licht durchließen. Also ummantelte Becquerel eine Fotoplatte mit schwarzem Papier. Dann verteilte er darauf Gesteinsproben und künstliche Gemische, die ebenfalls phosphoreszierten. Wenn eine beliebige Probe Röntgenstrahlen freisetzte, würde sich das auf der versteckten Platte abzeichnen. 1896 erzielte Becquerel erste Resultate mit Uranyl, einem Uranoxid. Daraufhin widmete er sich anderen Urangemischen, auch solchen, die nicht im Dunkeln leuchteten. Die Versuchsreihe zeigte, dass die Emissionen ganz klar mit dem Uran und nicht mit der Phosphoreszenz zusammenhingen. (Nach heutigem Verständnis sind Phosphoreszenz und Fluoreszenz Licht, das von Atomen absorbiert und dann wieder freigesetzt wird.) Physiker weltweit begannen daraufhin, die „Becquerel-Strahlen", wie das Phänomen genannt wurde, zu studieren. Bald fand man heraus, dass auch Thorium solche Strahlen abgab, und Marie Curie (1867–1934) entdeckte weitere Elemente, die diese Eigenschaft besaßen. Curie beschrieb schließlich auch das Phänomen, das als Radioaktivität bekannt wurde – die aktive Freisetzung von Strahlung.

HENRI BECQUEREL

Die Becquerels waren im 19. Jahrhundert eine französische Naturwissenschaftlerdynastie. Henris Großvater erfand eine frühe Form der Batterie. Sein Vater entdeckte den Photovoltaik-Effekt, bei dem Licht, dass auf eine Oberfläche scheint, Elektrizität erzeugt. Henri selbst legte außerdem den Zusammenhang zwischen den magnetischen und den optischen Eigenschaften von Kristallen offen. Alle drei Männer wie auch Henris Sohn Jean hielten den Lehrstuhl für Physik am Pariser Naturkundemuseum. Nach Henri Becquerel ist die Einheit für Radioaktivität benannt. Den Nobelpreis für seine Entdeckung teilte er sich 1903 mit Marie und Pierre Curie (1859–1906).

MODERNE PHYSIK **S. 27** NATURWISSENSCHAFTEN UND DAS INTERESSE DER ALLGEMEINHEIT **S. 29**

Marie Curie und ihre Tochter Irène, 1925. Marie war 1903 die erste Frau, die den Nobelpreis erhielt und 1911 die erste Person, die auf zwei verschiedenen Feldern damit ausgezeichnet wurde (erst für Physik, dann für Chemie). 1935 wurde Irène gemeinsam mit ihrem Ehemann Frédéric Joliot-Curie mit dem Nobelpreis für Chemie geehrt.

VIER GRUNDKRÄFTE **S. 165** RÖNTGENBILDGEBUNG **S. 194** GEIGER-MÜLLER-ZÄHLROHR **S. 191**
RADIOKOHLENSTOFFDATIERUNG **S. 197** SCHRÖDINGERS KATZE UND ANDERE GEDANKENEXPERIMENTE **S. 210**

Entdeckung des Elektrons

J.J. THOMSON: *ON THE MASSES OF THE IONS IN GASES AT LOW PRESSURES* • CAMBRIDGE, GROßBRITANNIEN

1897

Schlüsselwerke von J.J. Thomson
Electricity and Matter, 1903
James Clerk Maxwell, 1931

Ende des 19. Jahrhunderts erwies sich das, was wir heute als Kathodenstrahlröhre kennen, als höchst bedeutsamer Apparat. Die Grundform war ein Glaskolben mit einer Anode und einer Kathode darin (einer positiven und einer negativen Elektrode). Dem Kolben wurde die Luft entzogen, um ein Beinahe-Vakuum zu erzeugen. Sobald das Gerät unter Strom gesetzt wurde, produzierte es einen Kathodenstrahl, einen geheimnisvollen Strahl, der aus der Kathode kam und im Dunkeln leuchtete. Ein weiterentwickelter Kolben hatte bereits die Existenz von Röntgenstrahlen offenbart, und 1897 erforschte J.J. Thomson (1856–1940) mit einer abermals verbesserten Version eben diese Strahlen. Sein fortschrittlicher Versuchsaufbau zeigte, dass sich der Strahl in Richtung einer positiven elektrischen Ladung bewegte, wodurch bewiesen war, dass er negativ aufgeladen sein musste. Da Licht keine Ladung hat, nahm Thomson an, dass es sich um einen Teilchenstrahl handelte. Dann berechnete er die Masse der einzelnen Teilchen und fand heraus, dass sie 1800 Mal leichter waren als ein Wasserstoffatom. Es musste sich also um subatomare Teilchen handeln, die kleiner waren als Atome. Das hatte man für unmöglich gehalten, aber die Teilchen, die Thomson „Elektronen“ nannte, erwiesen sich als jenes Bindeglied, das zum Verständnis des Stroms noch gefehlt hatte. Schon bald gab es eine wachsende Familie anderer subatomarer Teilchen, die die Struktur und die Eigenschaften des Atoms offenbarten.

JOSEPH JOHN „J.J.“ THOMSON

1906 wurde Joseph John „J.J.“ Thomson für seine Entdeckung mit dem Nobelpreis geehrt. Als junger Mathematiker und Physiker hatte er so viel Eindruck gemacht, dass er noch vor seinem 40. Lebensjahr zum Cavendish Professor in Cambridge ernannt wurde. Nach seinem Durchbruch mit den subatomaren Teilchen ruhte er sich nicht auf seinen Lorbeeren aus. 1912 war er an der Entdeckung von Isotopen (chemisch identische Elemente mit unterschiedlicher Masse) beteiligt. All dieses Wissen nutzte er, um das erste Massenspektrometer zu bauen, ein Gerät, mit dem Atome und Moleküle anhand ihrer Größe analysiert werden können.

ELEKTRIZITÄT **S. 24** MODERNE PHYSIK **S. 27**

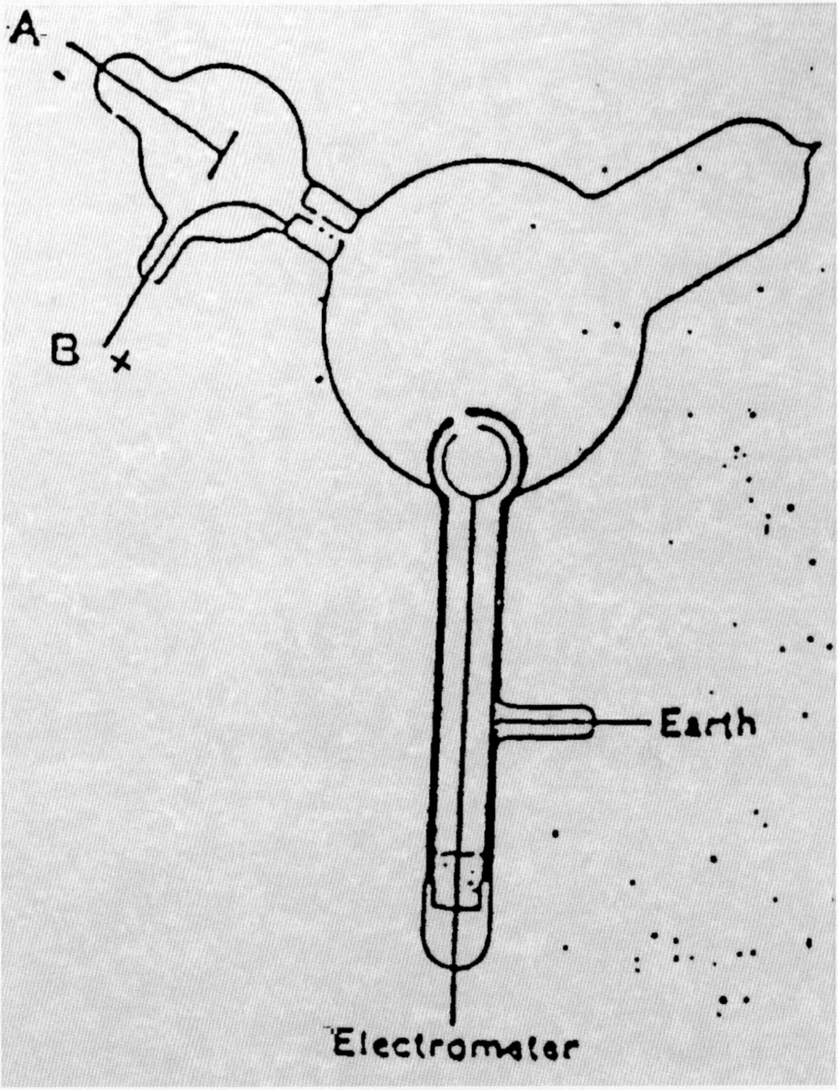

Thomsons Kathodenstrahlröhre in einer Ausgabe des *Philosophical Magazine* von 1897. Strahlen aus der Kathode (A) werden durch einen Schlitz in einem Metallstopfen im Hals der Röhre in den Kolben geleitet; der Stopfen ist mit der Anode verbunden (B).

QUANTENPHYSIK **S. 167** VALENZBINDUNGSTHEORIE **S. 168** STANDARDMODELL **S. 174**
KATHODENSTRAHLRÖHRE **S. 193** MASSENSPEKTROMETER **S. 202**

Erlernte Reaktionen

1898 – 1930

IWAN PAWLOW: *EXPERIMENTELLE PSYCHOLOGIE UND PSYCHOPATHOLOGIE AN TIEREN* • SANKT PETERSBURG, RUSSLAND

Iwan Pawlow (Mitte, mit grauem Bart) mit Assistenten und Studenten an der Kaiserlichen Militärmedizinischen Akademie in Sankt Petersburg vor der Vorführung seines Versuchs mit einem Hund (ca. 1912–1914)

NATURGESCHICHTE UND BIOLOGIE **S. 22** NEUROWISSENSCHAFT UND PSYCHOLOGIE **S. 34**

Der Name Iwan Pawlow (1849–1936) ist zu einem Synonym für das Lernverhalten von Tieren geworden. Wenn das Verhalten eines Tiers durch eine Nervenstimulation verändert wird, spricht man von einem Pawlowschen Reflex. Berühmt wurde Pawlow damit, dass er durch das Läuten eines Glöckchens bei Hunden Speichelfluss auslösen konnte, obwohl noch kein Futter in Sicht war. Zu diesem Forschungsfeld war er durch Zufall gelangt. Pawlow war damals bereits ein weltbekannter Mediziner und Verdauungsexperte und untersuchte die neuronale Verbindung zwischen Hirn und Magen. Insbesondere interessierte ihn, wie dadurch die Produktion von Magensäften angekurbelt wurde. Also startete er einen Versuch, bei dem er den Speichel auffing, der von den Lefzen einiger Zwingerhunde tropfte. Er bemerkte, dass die Hunde mehr Speichel produzierten, wenn sein Assistent das Futter hereinbrachte – daran war nichts Ungewöhnliches. Entscheidend aber war, dass der Speichelfluss auch dann ausgelöst wurde, wenn der Assistent mit leeren Händen hineinkam. Die Hunde hatten gelernt, dass es eine Verbindung zwischen ihrem Futter und dem Assistenten gab, und reagierten auf Letzteren auf die gleiche Weise wie auf das Futter. Pawlow bildete diesen Effekt nach, indem er zur Fütterungszeit ein Glöckchen läutete, und bald darauf speichelten die Hunde beim Klang des Glöckchens. Daraus schloss Pawlow, dass die Speichelproduktion beim Anblick von Futter eine instinktive oder reflexhafte Reaktion war; die erlernte Reaktion nannte er deshalb „konditionierten Reflex“. Diese einfache Form des Lernens durch Assoziieren von Reizen mit Belohnungen oder Bestrafungen ist heute als Konditionierung bekannt.

Schlüsselwerke von Iwan Pawlow

Die Arbeit der Verdauungsdrüsen, 1898

Vorlesungen über die Arbeit der Großhirnsphären, 1932

Die bedingten Reflexe, 1972

IWAN PAWLOW

Der als Sohn eines Priesters in einer Provinzstadt südlich von Moskau aufgewachsene Pawlow besuchte nach der Schule ein theologisches Seminar, wechselte aber bald zu den Naturwissenschaften. 1890 wurde er Leiter der Physiologie am Institut für experimentelle Medizin in Sankt Petersburg, wo er den Rest seines beruflichen Lebens verbrachte. 1904, noch bevor er an der Konditionierung zu forschen begann, für die er heute berühmt ist, erhielt er den Nobelpreis für Medizin.

MASCHINELLES LERNEN **S. 213**

Geschlechtschromosomen

NETTIE STEVENS: *STUDIES IN SPERMATOGENESIS PART II, A COMPARATIVE STUDY OF THE HETEROCHROMOSOMES IN CERTAIN SPECIES OF COLEOPTERA, HEMIPTERA, AND LEPIDOPTERA, WITH ESPECIAL REFERENCE TO SEX DETERMINATION* • WASHINGTON, D.C., USA

1905

Schlüsselwerk von Thomas Hunt Morgan
Sex Limited Inheritance in Drosophila, 1910

Chromosomen kommen in Paaren vor: Das eine wird von der Mutter vererbt, das andere vom Vater. Jeder Körper ist daher mit einem doppelten Chromosomensatz ausgestattet. Nur in den Geschlechtszellen (Spermien und Eizellen) ist die Anzahl der Chromosomen halbiert: Jedes Spermium und jede Eizelle besitzen nur einen einfachen Chromosomensatz. Bei der Zeugung verschmelzen die halben Chromosomensätze dieser Geschlechtszellen zu einem neuen vollständigen Chromosomensatz.

In jeder Körperzelle eines Menschen finden sich 46 Chromosomen oder 23 Chromosomenpaare. 22 dieser Paare werden aus zusammenpassenden gleichlangen Chromosomen gebildet. Beim 23. Paar ist das nicht immer der Fall. Frauen haben zwei lange sogenannte X-Chromosomen, Männer haben ein X- und ein sehr viel kleineres Y-Chromosom. Das bedeutet, dass Eizellen (weibliche Ge-schlechtszellen) immer ein X-Chromosom enthalten, während ein Spermium (männliche Geschlechtszelle) entweder ein X- oder ein Y-Chromosom enthält. Bei der Befruchtung dringt das Spermium mit einem X- oder Y-Chromosom in die Eizelle ein und bestimmt damit das Geschlecht des Nachkommens. Dieses System entdeckte 1905 die amerikanische Zellbiologin Nettie Stevens (1861–1912). Sie fand heraus, dass das Sperma von Mehlwürmern – Käferlarven – entweder ein großes oder ein kleines Chromosom hatte. Das XY-System ist bei Säugetieren, Insekten und vielen Reptilien weit verbreitet. Vögel haben ein ZW-System, das umgekehrt funktioniert: Hier haben die Weibchen ein gemischtes Chromosomenpaar.

THOMAS HUNT MORGAN

Fünf Jahre nach der Entdeckung der Geschlechtschromosomen bewies Thomas Hunt Morgan (1866–1945), dass bestimmte ererbte Merkmale mit dem Geschlecht verknüpft waren. Das bedeutet, dass Gene, die über das X-Chromosom vererbt werden, nicht auf dem kleineren Y-Chromosom vorkommen. Daher finden sich solche Merkmale häufiger bei Männern und seltener bei Frauen, die im Allgemeinen eine dominante Alternativversion ihres zweiten X-Chromosoms erben. Zu den geschlechtsgebundenen Merkmalen beim Menschen zählen Bluterkrankheit und Farbenblindheit.

ZELLTHEORIE **S. 25** GENETIK **S. 31** GENTECHNISCHE VERÄNDERUNGEN **S. 38**

Die amerikanische Genetikerin Nettie Stevens 1909 bei der Arbeit in der Zoologischen Station im italienischen Neapel. 1905 entdeckte sie die Geschlechtschromosomen.

PANSPERMIE **S. 156** DNA-PROFIL **S. 205**

Bestimmen der Ladung

ROBERT MILLIKAN: *ON THE ELEMENTARY ELECTRICAL CHARGE AND THE AVOGADRO CONSTANT* • CHICAGO, ILLINOIS, USA

1909

1909 überlegten sich zwei amerikanische Physiker einen Versuch, mit dem sie zeigen wollten, dass Elektrizität, entgegen der damals vorherrschenden Ansicht, kein Strom aus geladenen Teilchen war, sondern eine Welle.

Dazu machte sich Robert Millikan (1868–1953) mit Unterstützung von Harvey Fletcher (1884–1981) daran, die elektrische Ladung zu bestimmen. Die beiden prophezeiten, dass die Ladung kein fester Wert sein, sondern zwischen zwei Extremen schwanken werde. Dazu nutzten sie die heute berühmte Tröpfchenmethode, bei der feinste Öltröpfchen in ein starkes elektrisches Feld zwischen zwei horizontal übereinander montierte Platten gesprüht werden. Die Wissenschaftler beobachteten durch ein Mikroskop, wie die Tröpfchen durch das Einwirken der Gravitationskraft auf die untere Platte fielen. Einige der Tröpfchen nahmen durch die Reibung beim Sprühvorgang Ladung auf und wurden dadurch von dem elektrischen Feld wieder nach oben gedrückt. Indem die Forscher berechneten, wie schnell ein Tröpfchen einer bestimmten Größe und eines bestimmten Gewichts sich bewegte, konnten sie vergleichen, wie stark die elektromagnetische Kraft der Gravitationskraft entgegenwirkte und dann herausfinden, wieviel Ladung ein Tröpfchen aufnahm. Viele Wiederholungen später erkannten sie, dass jedes Ergebnis das Vielfache von $1,5 \times 10^{-19}$ war. Also lag Millikan mit seiner Hypothese falsch: Ladung schwankt nicht. Und noch wichtiger: Elektrische Ladung wird tatsächlich von Teilchen wie zum Beispiel Elektronen getragen und kommt stets als Vielfaches einer festen Größe (eines Quantums) vor. Diese Tatsache gab dem aufblühenden Feld der Quantenphysik Nahrung.

Robert Millikan bei der Arbeit, ca. 1930

MODERNE PHYSIK **S. 27** GRÖßE DES UNIVERSUMS **S. 28**

Schlüsselwerke von Robert Millikan

The Electron: Its Isolation and Measurement and the Determination of Some of its Properties, 1917

The Autobiography of Robert Millikan, 1950

ROBERT MILLIKAN

Millikan wuchs im Mittleren Westen der Vereinigten Staaten auf. Er war der Erste, der am neu gegründeten Physikalischen Institut der Columbia University in New York promovierte. Millikan begann seine berufliche akademische Laufbahn in Chicago und führte dort das Tröpfchenexperiment durch. Später untersuchte er den photoelektrischen Effekt, bei dem durch Bestrahlung metallischer Oberflächen mit Licht Strom erzeugt wird.

ATOMTHEORIE **S. 159** QUANTENPHYSIK **S. 167** VALENZBINDUNGSTHEORIE **S. 168** BLASENKAMMER **S. 198**

Hertzsprung-Russell-Diagramm

1911

EJNAR HERTZSPRUNG: *ZUR STRAHLUNG DER STERNE* •
KOPENHAGEN, DÄNEMARK

Im frühen 20. Jahrhundert wurden umfangreiche Himmelsstudien veröffentlicht. Dabei handelte es sich nicht nur um Verbesserungen der Sternkarten, die seit der Antike angefertigt worden waren und die die jeweilige Position der Sterne und anderer Himmelkörper zeigten. Die neuen Studien enthielten auch genaue Angaben zur Helligkeit (oder Magnitude) von Sternen sowie zur Farbe oder den Farben des Lichts, das sie abstrahlten. Neue Techniken zur Berechnung interstellarer Entfernungen ermöglichten es Astronomen zudem, die absolute Größe von Sternen auf Grundlage ihrer Helligkeit zu bestimmen, die man von der Erde aus wahrnehmen konnte.

1913 versuchten zwei unabhängig voneinander arbeitende Astronomen, der Däne Ejnar Hertzsprung (1873–1967) und der Amerikaner Henry Norris Russell (1877–1957), diese Informationen in einen sinnvollen Zusammenhang zu bringen. Sie wussten, dass die Farbe eines Sterns auf seine Temperatur hinweist – blaue und weiße Sterne sind heißer als gelbe und orangefarbene; rote Sterne sind die kühlsten –, und sie fanden heraus, dass die Sterne des Universums nicht willkürlich über das Diagramm, das sie erstellten, verteilt waren. Die meisten Sterne bildeten die „Hauptreihe“, eine Zone, die diagonal über das Diagramm verlief, von heiß und groß zu kalt und klein. Unsere Sonne befindet sich in einer durchschnittlichen, mittleren Position. An anderer Stelle gab es tendenziell kühlere Riesen- und Superriesenhaufen, während die kleinsten Sterne, die weißen Zwerge, sehr heiß waren. Das Hertzsprung-Russell-Diagramm gibt Einblick in den Lebenszyklus von Sternen. Ein Großteil der Sterne verbringt Milliarden Jahre in der Hauptreihe. Wenn ihnen dann der Brennstoff für die Kernfusion ausgeht, die ihre Hitze und ihr Licht erzeugt, schwellen sie zu größeren, aber kühleren roten Riesen an. Am Ende zerfällt der Riesenstern und hinterlässt einen winzigen, heißen Kern, den wir als weißen Zwerg kennen.

EJNAR HERTZSPRUNG

Der in Kopenhagen geborene Hertzsprung verbrachte einen Großteil seines Berufslebens in Deutschland und den Niederlanden. Er ist ein vergleichsweise unbekannter Astronom, obwohl er maßgeblich zu den damaligen Fortschritten der Wissenschaft beitrug. Er half, das Verfahren zur Berechnung von interstellaren Entfernungen zu perfektionieren, was Hubble in die Lage versetzte, die Expansion des Universums zu entdecken. Hertzsprung war der Schwiegersohn von Jacobus Kapteyn (1851–1922), der den Beweis für die Rotation der Milchstraße erbrachte. Ein Schüler von Hertzsprung war Gerard Kuiper (1905–1973), ein Gründungsvater der Planetenwissenschaft, nach dem der Kuipergürtel benannt ist, eine Region mit Eisbrocken hinter dem Neptun.

FRÜHE ASTRONOMEN **S. 12** GRÖSSE DES UNIVERSUMS **S. 28** FEHLENDE MATERIE IM UNIVERSUM **S. 37**

Schlüsselwerk von Ejnar Hertzsprung

„Über die Verwendung photographischer effektiver Wellenlängen zur Bestimmung von Farbenäquivalenten" in: Publikationen des Astrophysikalischen Observatoriums zu Potsdam, 1911

Schlüsselwerke von Henry Norris Russell

New Regularities in the Spectra of the Alkaline Earths, 1925

On the Composition of the Sun's Atmosphere, 1929

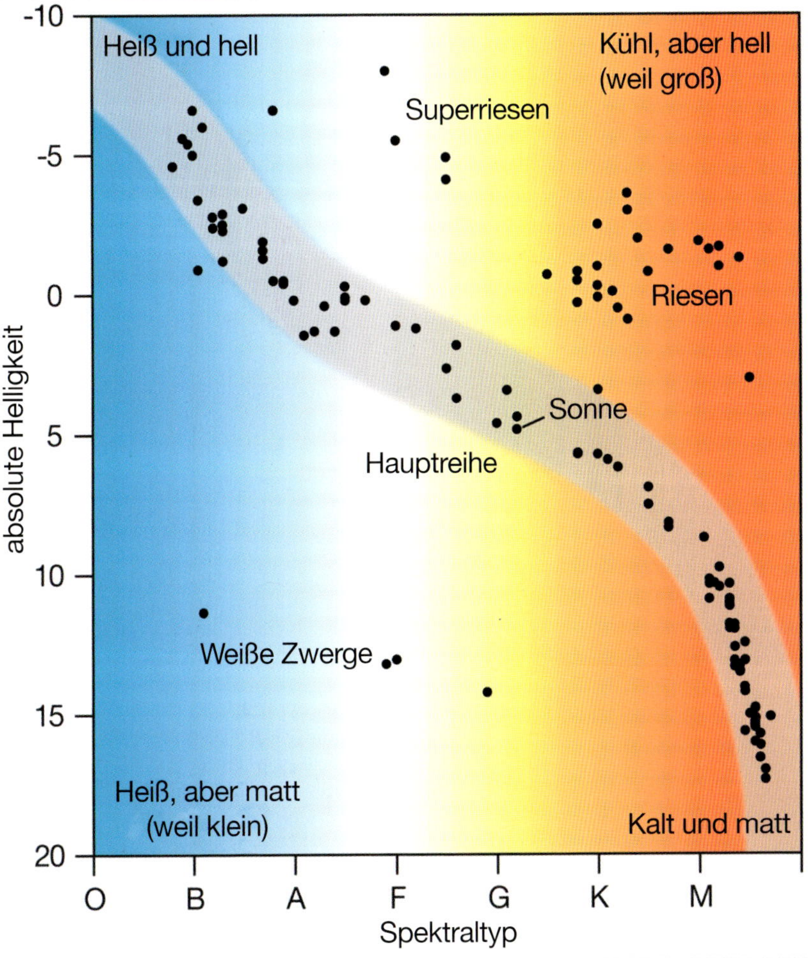

Das Hertzsprung-Russell-Diagramm. Auf der horizontalen Achse lässt sich der Spektraltyp (ein Maß zur Temperatur des Sterns) ablesen, auf der vertikalen Achse die absolute Helligkeit (die immanente Leuchtkraft eines Sterns).

URKNALL **S. 169** STELLARE NUKLEOSYNTHESE **S. 170** TELESKOP **S. 189**

Kosmische Strahlung

VICTOR HESS: *ÜBER BEOBACHTUNGEN DER DURCHDRINGENDEN STRAHLUNG BEI SIEBEN FREIBALLONFAHRTEN* • PIESKOW, DEUTSCHLAND

1911

Um 1910 experimentierten Physiker mit immer empfindlicheren Elektroskopen (Instrumenten zum Messen elektrischer Ladung). Mithilfe eines bemerkenswerten Experiments, das auf der Spitze des Eiffelturms in Paris durchgeführt wurde, fanden sie heraus, dass die elektrische Ladung mit steigender Höhe zunahm. Um die elektrischen Eigenschaften der Atmosphäre zu untersuchen, startete Victor Hess (1883–1964) 1911 eine Reihe von Ballonfahrten. Vor dem Abflug lud er Elektroskope auf und stellte fest, dass diese sich beim Aufsteigen des Ballons überraschend schnell entluden.

Daraus folgerte Hess, dass Höhenluft besser leitete als die Luft auf Meereshöhe; offenbar enthielt sie eine größere Anzahl hochenergetischer Teilchen, die dem Elektroskop Ladung entziehen konnten. Hess vermutete, dass die Moleküle in der Luft durch Kollisionen mit Hochgeschwindigkeitsteilchen, die aus dem Weltraum in die Atmosphäre vordrangen, elektrisch aufgeladen, also ionisiert wurden. Diese Teilchenströme sind verwirrenderweise als kosmische Strahlung bekannt geworden. Die in Größe und Ladung variierenden Teilchen entstehen in der Sonne oder außerhalb des Sonnensystems und erreichen die Erde mitunter annähernd in Lichtgeschwindigkeit.

Hess und andere erkannten, dass sich durch das Beobachten von Kollisionen mit kosmischer Strahlung herausfinden ließ, wie Atome aufgebaut waren und sich verhielten. Das erste exotische subatomare Teilchen, das Myon, wurde zuerst bei solchen Höhenkollisionen entdeckt. Das gab den Ausschlag für die Konstruktion von Teilchenbeschleunigern, mit denen sich solche Effekte auf kontrollierte Art nachbilden lassen.

VICTOR HESS

Der in der Steiermark geborene Hess unternahm seine Erkundungsflüge, während er an der Wiener Akademie der Wissenschaften lehrte. 1921 ging er in die Vereinigten Staaten, wo er als Bergbauberater für das Innenministerium tätig war, kehrte aber 1923 nach Europa zurück, um eine Laufbahn als Physikprofessor zu starten. Die Besetzung Österreichs durch die Nazis bewog ihn, abermals in die USA zu gehen. Sein restliches Berufsleben verbrachte er an der Fordham University in New York.

Schlüsselwerk von Victor Hess

Die elektrische Leitfähigkeit der Atmosphäre und ihre Ursachen, 1928

ELEKTRIZITÄT **S. 24** STRINGTHEORIE **S. 39**

Victor Hess bei der Rückkehr von einer
seiner Ballonfahrten, August 1912

BLASENKAMMER **S. 198** TEILCHENBESCHLEUNIGER **S. 199** ATLAS (CERN) **S. 200**

Atomkern

ERNEST RUTHERFORD: *THE SCATTERING OF α AND β PARTICLES BY MATTER AND THE STRUCTURE OF THE ATOM* • MANCHESTER, GROẞBRITANNIEN

1917

Schlüsselwerke von Ernest Rutherford

Radio-activity, 1904
Radioactive Transformations, 1906
Radioactive Substances and their Radiations, 1913
The Electrical Structure of Matter, 1926
The Artificial Transmutation of the Elements, 1933

MODERNE PHYSIK **S. 27** STRINGTHEORIE **S. 39**

Die Entdeckung des Elektrons, des ersten subatomaren Teilchens, im Jahr 1897 warf die Frage auf, woraus das Atom sonst noch bestand. Elektronen haben eine negative Ladung, während das Atom als solches keinerlei Ladung hat. Daraus entstand anfänglich die Vorstellung des Plumpudding- oder Rosinenkuchenmodells, demzufolge ein Atom aus gleichmäßig verteilter, positiv geladener Masse besteht, in der sich negativ geladene Elektronen gleichmäßig verteilen, wie die Rosinen in einem Kuchen. 1909 hatten Forschungen zur Radioaktivität offenbart, dass Atome positiv geladene „Alphateilchen“ abgeben können. Ernest Rutherford (1871–1937) sah darin einen Widerspruch zum Plumpudding-Modell und überlegte sich zusammen mit seinen Studenten Hans Geiger (1882–1945) und Ernest Marsden (1889–1970) ein Experiment, das als Rutherfordscher Streuversuch bekannt wurde: Sie schossen Alphateilchen auf eine dünne Goldfolie und stellten dahinter einen Fotografieschirm auf, an dem sich die Teilchen als helle Flecken abzeichneten. Die meisten Teilchen durchdrangen die Folie, einige wenige wurden nach links oder rechts abgelenkt. Daraufhin versetzten die Forscher die Detektoren hinter die Quelle der Alphateilchen. Es zeigte sich, dass einige wenige Teilchen direkt reflektiert wurden. Die positiv geladenen Teilchen wurden also von der positiven Komponente des Atoms abgestoßen. Rutherford analysierte die Bahn aller Teilchen, um zu zeigen, dass sich die ganze positive Ladung des Atoms in einem winzigen Kern konzentrierte, den er Nukleus, oder Atomkern, nannte. 1917 entdeckte er, dass die positive Ladung in subatomaren Teilchen enthalten war, die sich im Atomkern befanden. Diese nannte er Protonen.

ERNEST RUTHERFORD

Der gebürtige Neuseeländer Rutherford begann seine Forscherkarriere im kanadischen Montreal, wo er die Strahlung radioaktiver Elemente in zwei Formen differenzierte: Alpha-Strahlung, die positiv war und aus schweren Teilchen bestand (heute bekannt als Helium-4-Atomkern), und Beta-Strahlung, die eine negative Ladung hatte und leichter war (heute weiß man, dass sie vor allem aus Elektronen besteht). Später ging er nach Manchester, England, wo er den Streuversuch durchführte; später wurde er Leiter des Cavendish Laboratory in Cambridge. Er entdeckte nicht nur den Atomkern und das Proton, sondern trug auch maßgeblich zur Entdeckung des Neutrons bei. Rutherford liegt in der Nähe von Isaac Newton in der Westminster Abbey in London begraben.

Hans Geiger (links) und Ernest Rutherford bei der Arbeit in einem Labor der McGill University in Montreal, 1937

→ ATOMTHEORIE **S. 159** STANDARDMODELL **S. 174** ATLAS (CERN) **S. 200**

Wellen-Teilchen-Dualismus

GEORGE THOMSON: *DIFFRACTION OF CATHODE RAYS BY A THIN FILM* •
ABERDEEN, GROẞBRITANNIEN

1927

Schlüsselwerke von George Thomson

The free path of slow protons in helium, 1926

Electron optics, 1932

The growth of crystals, 1948

Nur wenige Kinder von Nobelpreisträgern haben ähnliche Erfolge erzielt wie ihren Eltern. Einer, dem dies gelang, war George Thomson (1892–1975), Sohn von J.J. Thomson. Er wurde 1937 für seine Forschungen geehrt, die er auf dem gleichen Gebiet durchführte wie sein Vater: J.J. entdeckte die Elektronen; George zeigte, dass sie Wellencharakter haben. Das fand er durch eine Abwandlung des Doppelspaltexperiments von 1804 heraus, mit dem Thomas Young bewiesen hatte, dass Licht eine Welle ist. Dafür schoss Thomson einen Elektronenstrahl auf eine dünne Metallfolie. Teilchen hätten die Folie durchdrungen und wären willkürlich verteilt auf dem dahinterliegenden Detektor sichtbar geworden. Thomson beobachtete aber, dass der Elektronenstrom auf dem Detektor ein Interferenzmuster erzeugte, so, als verhielten sich die Elektronen wie Wellen. Dieses scheinbar bizarre Ergebnis hatten die Begründer der Quantenphysik in den 1920er Jahren vorausgesagt. Sie fanden eine Möglichkeit, das Verhalten von Elektronen und anderen subatomaren Objekten zu beschreiben, indem sie sie als wellengleiche Gebilde betrachteten, deren Eigenschaften zwischen zwei Zuständen hin und her schwankten oder oszillierten. Das Phänomen, dass Elektronen sich gleichermaßen wie Teilchen und Wellen verhalten können, bezeichnen wir heute als Wellen-Teilchen-Dualismus.

GEORGE THOMSON

Um Verwechslungen mit anderen in den Naturwissenschaften und anderen Bereichen tätigen George Thomsons zu vermeiden, nennt man diesen Teilchenphysiker üblicherweise George Paget Thomson. Im Ersten Weltkrieg beschäftigte er sich im Auftrag des Royal Flying Corps, dem Vorläufer der Royal Air Force, mit Aerodynamik. Nach dem Krieg ging er an die University of Aberdeen, wo er seine Forschungen an Elektronen fortführte. Im Zweiten Weltkrieg leitete Thomson die britische Atomwaffenforschung. Die Arbeit wurde in die Vereinigten Staaten verlagert und bildete die entscheidende Grundlage des Manhattan-Projekts, das letztlich 1945 zur Produktion von Atomwaffen führte.

MODERNE PHYSIK **S. 27** NATURWISSENSCHAFTEN UND DAS INTERESSE DER ALLGEMEINHEIT **S. 29**
STRINGTHEORIE **S. 39**

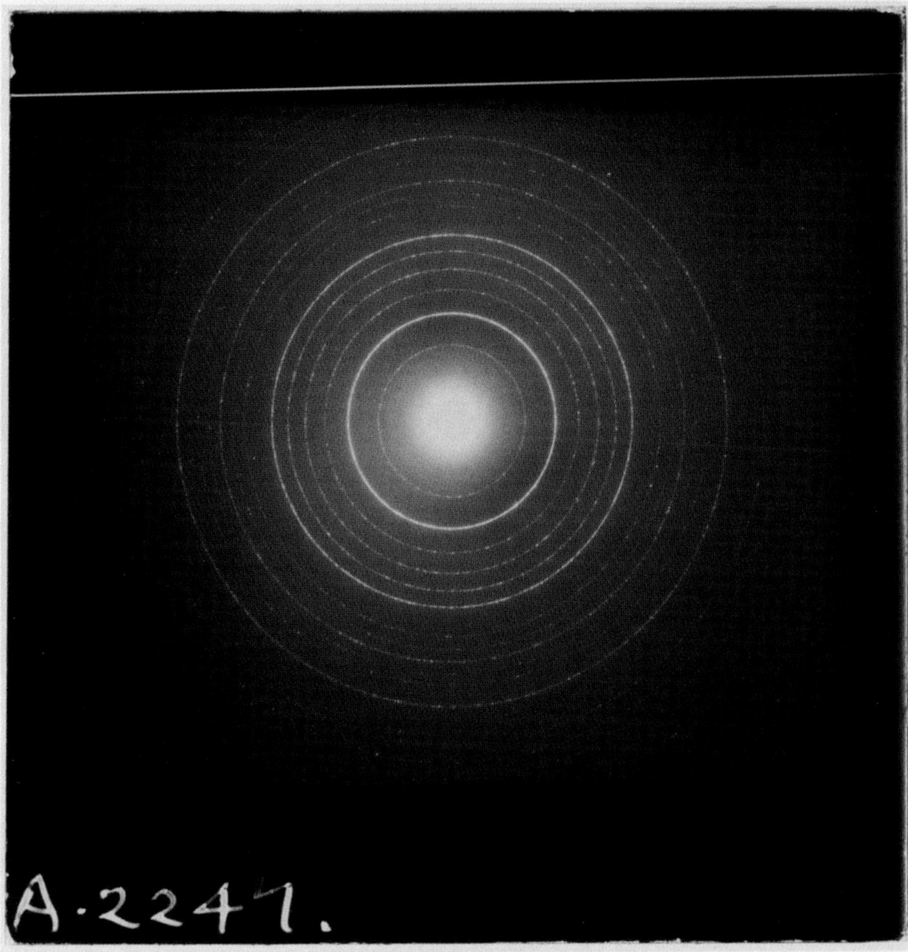

Im Mittelpunkt dieses Fotos von Thomson
ist eine Elektronenbeugung zu sehen

QUANTENPHYSIK **S. 167** TEILCHENBESCHLEUNIGER **S. 199**

Antibiotikum

ALEXANDER FLEMING: *ON THE ANTIBACTERIAL ACTION OF CULTURES OF A PENICILLIUM, WITH SPECIAL REFERENCE TO THEIR USE IN THE ISOLATION OF B. INFLUENZAE* • LONDON, GROẞBRITANNIEN

1928

Schlüsselwerke von Alexander Fleming

The Physiological and Antiseptic Action of Flavine, 1917

On a remarkable bacteriolytic element found in tissues and secretions, 1922

In den 1880er Jahren war der Zusammenhang zwischen Bakterien und Infektionen erwiesen, und es entstand die Idee eines Wunderheilmittels. Mehrere Chemikalien waren für ihre antiseptische Wirkung bekannt, töteten also Keime ab, schadeten allerdings auch dem gesunden Gewebe. Ein Wunderheilmittel würde die Keime abtöten, ohne dem Körper Schaden zuzufügen. Man hatte es mit mehreren chemischen Substanzen probiert, doch die erste wirklich effektive Form dieser Medizin, heute bekannt als Antibiotikum, entdeckte 1928 der schottische Bakteriologe Alexander Fleming (1881–1955) durch einen Zufall. Als Fleming nach einer Sommerpause in sein Labor zurückkehrte, stellte er fest, dass sich auf seinen Bakterienproben blaugrüne Schimmelpilze gebildet hatten, der Bereich um den Schimmel herum aber frei von Bakterien war. Er führte mehrere Versuche durch, um die Bestätigung zu erlangen, dass der Pilz eine antibiotische Chemikalie produzierte. Diese extrahierte er dann und nannte sie Penicillin. Fleming fand heraus, dass Penicillin für Menschen nicht giftig war und erkannte sogleich, dass es als Wundermittel gegen Infektionen helfen könnte. Das demonstrierte er sogar, indem er die Augeninfektion eines Kollegen mit Pilzstaub behandelte. Doch nur wenige andere Naturwissenschaftler ließen sich davon überzeugen, und die damalige Biotechnologie war nicht in der Lage, den Wirkstoff massenhaft zu produzieren. 1940 entwickelte Howard Florey (1898–1968) eine Möglichkeit, Penicillin mithilfe einer Lösung auf Maisbasis herzustellen, und führte einen klinischen Versuch durch, um zu beweisen, dass das Antibiotikum sicher war. Penicillin und andere Antibiotika haben seither schätzungsweise 200 Millionen Leben gerettet.

ALEXANDER FLEMING

Fleming studierte Medizin und diente dann im Ersten Weltkrieg. Für seinen Beitrag zur Entwicklung des Penicillins erhielt er 1945 gemeinsam mit Howard Florey und Ernst Chain (1906–1979) den Nobelpreis.

GEBURT DER MEDIZIN **S. 14** GESUNDHEITSWESEN **S. 26**

Alexander Fleming, Professor der Bakteriologie an der London University, in seinem Labor im St Mary's Hospital, 1943

KLINISCHE VERSUCHE **S. 208**

Expansion des Universums

EDWIN HUBBLE: *A RELATION BETWEEN DISTANCE AND RADIAL VELOCITY AMONG EXTRA-GALACTIC NEBULAE* • MOUNT WILSON, KALIFORNIEN, USA

1929

EDWIN HUBBLE
Trotz seines Interesses an Mathematik und Naturwissenschaften fügte sich Hubble dem Wunsch seines Vaters und studierte Jura. Er war ein sehr guter Student und erhielt ein Rhodes-Stipendium für Oxford. Nach dem Tod seines Vaters 1913 wurde Hubble Lehrer und studierte dann Astronomie. Im Ersten Weltkrieg diente er ein Jahr lang in der U.S. Army und ging danach ans Mount Wilson Observatory, wo er bis zu seinem Tod arbeitete.

Edwin Hubble (1889–1953) ist durch zwei große Entdeckungen berühmt geworden. Mit der ersten von 1924 bewies er, dass unsere Galaxie, die Milchstraße, nicht das gesamte Universum umfasst, sondern nur eine von vielen anderen Galaxien ist (heute werden sie auf zwei Billionen geschätzt), die durch die weite Leere des intergalaktischen Raums getrennt sind. Diese Entdeckung machte Hubble, als er vom Mount Wilson Observatory in Kalifornien aus mit dem damals weltgrößten Teleskop den Himmel beobachtete. Seine Entdeckung stützte sich auf die Arbeit von Henrietta Swan Leavitt (1868–1921), die herausgefunden hatte, wie sich die Entfernung zu einem bestimmten Sternentyp, dessen Helligkeit schwankte, berechnen ließ. Anhand der Geschwindigkeit, mit der sein Licht schwächer und stärker wurde, konnte man errechnen, wie groß er war. War die Größe einmal bekannt, konnte der Beobachter auf der Erde aus der sichtbaren Helligkeit des Sterns seine Entfernung von unserem Planeten ableiten. Mithilfe dieses Verfahrens zeigte Hubble, dass sich einige Sterne hinter der Milchstraße befanden. Somit erwiesen sich viele unscharfe, nebulöse Objekte als Galaxien, die getrennt von unserer Galaxie existieren. Es war bereits bekannt, dass alle diese Himmelskörper sich von uns wegbewegen, und 1929 zeigten weitere Beobachtungen Hubbles, dass jene, die weiter entfernt lagen, sich schneller bewegten. In der Astronomie gelten weiter entfernte Objekte als älter. Die Entfernungen zwischen uns und älteren Objekten nehmen daher schneller zu als die Entfernungen zwischen uns und jüngeren Objekten. Anders gesagt: Der gesamte Weltraum dehnt sich fortwährend aus.

Schlüsselwerke von Edwin Hubble
The Color of the Nebulous Stars, 1920
Extragalactic Nebulae, 1926
Redshifts in the Spectra of Nebulae, 1934

FRÜHE ASTRONOMEN **S. 12** GRÖßE DES UNIVERSUMS **S. 28** FEHLENDE MATERIE IM UNIVERSUM **S. 37**

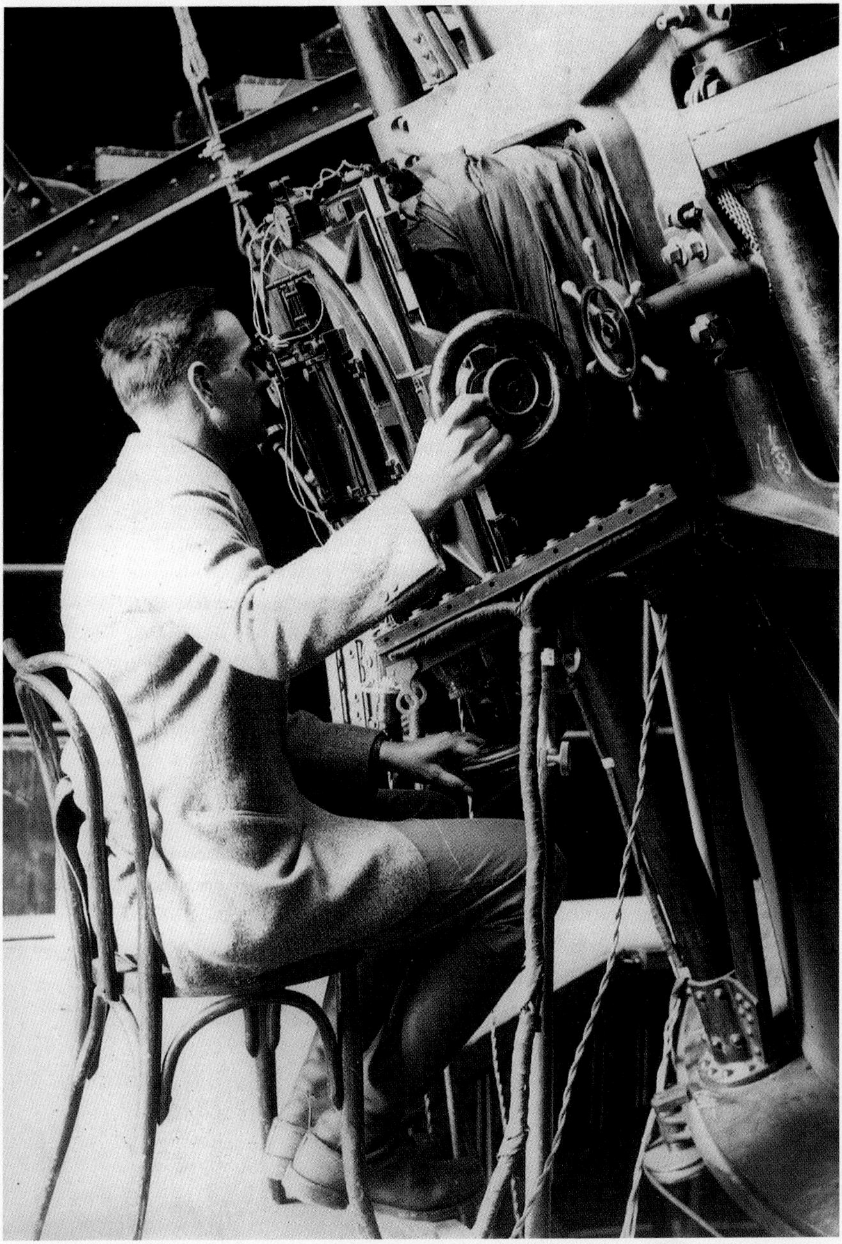

Edwin Hubble mit dem 254-Zentimeter-Hooker-Teleskop im Mount Wilson Observatory, Pasadena, Kalifornien

URKNALL **S. 169** DUNKLE MATERIE **S. 175** KOSMISCHE INFLATION **S. 176**

Rekombination

BARBARA MCCLINTOCK: *THE ORIGIN AND BEHAVIOR OF MUTABLE LOCI IN MAIZE* • ITHACA, NEW YORK, USA

1931

Schlüsselwerk von Barbara McClintock
The Barbara McClintock Papers, 1927–1991

Im Jahr 1931 erforschte die amerikanische Genetikerin Barbara McClintock (1902–1992) die Chromosomen von Mais und fand heraus, dass in einigen Stämmen der Pflanze ein Chromosom am Ende einen Knubbel hatte, während das dazu passende Chromosom diesen nicht aufwies. (Chromosomen kommen stets in homologen Paaren vor. Dabei stammt ein Chromosom von der Mutter und eins vom Vater. Somit enthalten sie verschiedene Versionen eines ganz bestimmten Gensatzes). McClintock entdeckte, dass der Knubbel mit der Färbung und der Steifheit der Maissaat in Verbindung stand, und nutzte ihn, um Chromosomen beim Vorgang der Meiose zu beobachten. (Die Meiose bezeichnet eine ungewöhnliche Zellteilung, bei der homologe Paare aufgespalten und Geschlechtszellen mit halbierter Chromosomenzahl erzeugt werden. Die Geschlechtszellen beider Elternteile vereinen während der Befruchtung ihre Chromosomen, sodass ein neuer vollständiger Chromosomensatz entsteht).

Zu ihrem Erstaunen fand McClintock heraus, dass sich die Knubbelstruktur während der Meiose zwischen Chromosomenpaaren hin und her bewegte – der erste Beweis für einen Prozess, den wir heute als Rekombination kennen. Rekombination meint, dass sich Chromosomenpaare während der Meiose nebeneinander anordnen und ihre DNA-Stränge überkreuzen, sodass Abschnitte ausgetauscht werden können. Daraus folgt, dass sich die von den Eltern ererbten Chromosomen beim Nachkommen vermischen und mit jeder Generation ein einzigartiger neuer Chromosomensatz entsteht. McClintocks Erkenntnisse wurden jahrelang ignoriert, vor allem, weil sie ihrer Zeit weit voraus waren. 1983 – 52 Jahre später – wurde Barbara McClintock für ihre Entdeckung der „springenden Gene“ mit dem Nobelpreis geehrt.

BARBARA MCCLINTOCK

McClintock begann ihre Berufslaufbahn 1927 als Botanikerin und wandte sich später dem neuen Feld der Zytogenetik zu – der Wissenschaft der Zellmechanismen hinter der Genetik. Auf ihren Durchbruch in den 1930er Jahren folgten weitere 20 Jahre Forschung. Angesichts der Gleichgültigkeit ihrer Kollegen beschloss sie 1953, ihre Forschungsergebnisse nicht weiter zu veröffentlichen. Erst in den 1970er Jahren wurde die Bedeutung ihrer Entdeckungen erkannt.

ZELLTHEORIE **S. 25** GENETIK **S. 31** GENTECHNISCHE VERÄNDERUNGEN **S. 38**

Barbara McClintock bei der Arbeit in ihrem Labor im Institut für Genetik, Carnegie Institution, Cold Spring Harbor, New York

PANSPERMIE **S. 156** DNA-PROFIL **S. 205** CRISPR-METHODE **S. 206**

Kernspaltung

ENRICO FERMI: *NUOVI RADIOELEMENTI PRODOTTI CON BOMBARDAMENTO DI NEUTRONI* • ROM, ITALIEN

1934

Angeregt von Ernest Rutherford, der mithilfe von Alphateilchen die Geheimnisse des Atomkerns entschlüsselt hatte, kam Enrico Fermi (1901–1954) die Idee, Atome mit den erst kürzlich entdeckten Neutronen zu beschießen und zu beobachten, was geschehen würde. Neutronen haben, anders als Alphateilchen, keine Ladung, werden also von positiv oder negativ geladenen Elektronen und Protonen in den Zielatomen nicht abgelenkt. 1934 verkündete Fermis Team, dass es durch Beschießen von Uran ein neues Element erschaffen habe. Fermi nannte es Hesperium, heute ist es als Plutonium bekannt. Der deutsche Naturwissenschaftler Otto Hahn (1879–1968) wiederholte Fermis Versuch und fand heraus, dass er Barium hergestellt hatte. Hahns Kollegin Lise Meitner (1878–1968) zeigte, dass das Barium von dem zusätzlichen Neutron erzeugt wurde, das den Urankern instabil machte und in zwei kleinere Atome aufspaltete. Das war eine Kernspaltung. Der Ungar Leo Szilard (1898–1964) machte eine weitere Entdeckung: Wenn ein Atom während der Kernspaltung freie Neutronen freisetzte, konnten diese in einer Kettenreaktion weitere Spaltungen hervorrufen. Gemessen an seiner Größe setzt ein sich aufspaltendes Atom eine riesige Menge Energie frei. Szilard erkannte, dass eine unkontrollierte Kernreaktion als Bombe genutzt werden konnte. 1942 baute Fermi an der Universität von Chicago Pile 1, den weltweit ersten Atomreaktor. Mithilfe von Graphitblöcken wurden die Neutronen absorbiert und gebündelt, um so eine langsame Kettenreaktion zu erzeugen.

ENRICO FERMI

Der in Rom geborene Fermi, der einen Großteil seiner Kindheit in der italienischen Provinz verbrachte, bewies schon früh einen außergewöhnlichen Intellekt. Im Alter von 20 Jahren hatte er seine erste naturwissenschaftliche Entdeckung veröffentlicht; mit 24 wurde er Physikprofessor in Rom. Hier avancierte er zum führenden Atomphysiker weltweit. 1938 zwang ihn der Aufstieg der Faschisten, Europa zu verlassen. Er ging in die USA, wo er Pile 1 konstruierte. Eine Beteiligung an der Atomwaffenforschung im Rahmen des Manhattan-Projekts lehnte er ab. Da Fermi sich immer wieder radioaktiver Strahlung aussetzte, starb er schon jung an Krebs.

NATURGESCHICHTE UND BIOLOGIE **S. 22** MODERNE PHYSIK **S. 27**
NATURWISSENSCHAFTEN UND DAS INTERESSE DER ALLGEMEINHEIT **S. 29**

Der weltweit erste Atomreaktor, Pile 1, der 1942 unter einer stillgelegten Tribüne des Football-Stadions Stagg Field auf dem Campus der University of Chicago errichtet wurde

Schlüsselwerke von Enrico Fermi

Introduzione alla fisica atomica, 1928

Molecole e cristalli, 1934

Elementary particles, 1951

VIER GRUNDKRÄFTE **S. 165** GEIGER-MÜLLER-ZÄHLROHR **S. 191**

Turingmaschine

ALAN TURING: *ON COMPUTABLE NUMBERS, WITH AN APPLICATION TO THE ENTSCHEIDUNGSPROBLEM* • CAMBRIDGE, GROẞBRITANNIEN

1936

Schlüsselwerk von Alan Turing

Computing Machinery and Intelligence, 1950

Turings hypothetische Maschine als kunstvolles Schaubild

Die Grundfunktionen des modernen Computers entstanden als Nebenprodukte eines Gedankenexperiments, das der englische Mathematiker Alan Turing (1912–1954) 1936 durchführte. Turing wollte das Entscheidungsproblem lösen. Bei diesem mathematischen Rätsel ging es darum, herauszufinden, ob ein logisches Verfahren, oder Algorithmus, zu einem Ergebnis führen kann oder in einer unendlichen Schleife gefangen bleibt. Das Entscheidungsproblem stellte die Frage, ob es eine Möglichkeit gebe, den ersten Algorithmustyp ausgehend vom zweiten zu bestimmen, ohne den ganzen Prozess zu durchlaufen. Um das zu beantworten, stellte sich Turing eine „virtuelle Maschine" vor, auf der ein unendlich langes Speicherband mit Symbolen oder Zahlenwerten lief. Dieses Band bewegte sich links oder rechts unter einem Lese- und Schreibkopf hindurch, der die Daten lesen und überschreiben konnte. Das Verhalten des Kopfes und des Bandes wurde durch eine Liste von Regeln gesteuert. Diese Liste war der Algorithmus. Er reagierte auf die Daten auf dem Band und gab dann einen entsprechenden Befehl, etwa „beweg das Band", „überschreib die Daten", etc. Je nach genutztem Algorithmus würde die Turingmaschine entweder bei einer Antwort anhalten oder ewig weitermachen. Die Antwort auf das Entscheidungsproblem – das konnte Turing mit seinem Gedankenexperiment beweisen – lautete: Nein, es gibt keine Möglichkeit, einen Algorithmus, der zu einem Ende gelangt, von einem sich unendlich windenden zu unterscheiden.
Die Turingmaschine liefert das Modell dafür, wie heutige Computerhardware von Software-Algorithmen (die keine Endlosschleifen bilden!) strukturiert und gesteuert wird.

ALAN TURING

Nur wenige Menschen hatten so großen persönlichen Einfluss auf das moderne Leben wie Turing. Seine Forschung auf dem Feld der Computertechnik kumulierte in dem berühmten Turing-Test für künstliche Intelligenz. Zudem spielte er eine wichtige Rolle bei der Nutzung einfacher Computertechnik, mit der während des Zweiten Weltkriegs feindliche Codes entschlüsselt wurden. Damit trug er zur Verkürzung des Krieges bei und rettete schätzungsweise 14 Millionen Leben. Turing war schwul, was damals in Großbritannien als Straftat galt. 1952 wurde er verurteilt, woraufhin er sich von seinen Forschungen zurückzog. 1954 setzte er seinem Leben mit Gift ein Ende.

ELEKTRONIK UND COMPUTERTECHNIK **S. 30** INTERNET **S. 36**

Citratzyklus

HANS KREBS: *THE ROLE OF CITRIC ACID IN INTERMEDIATE METABOLISM IN ANIMAL TISSUES* • SHEFFIELD, GROSSBRITANNIEN

1937

Schlüsselwerke von Hans Krebs

Metabolism of ketonic acids in animal tissues, 1937

Energy Transformations in Living Matter: A Survey 1957

Reminiscences and Reflections, 1981

HANS KREBS

In seiner Heimat Deutschland versuchte Krebs, die Atmung zu erforschen, wurde aber von seinem Vorgesetzten häufig in seiner Arbeit behindert. Als Jude sah er sich 1933 gezwungen, seine Heimat zu verlassen. Schließlich ließ er sich in England nieder, wo er ungehindert seiner Forschung nachgehen konnte, die seinen Ruf begründete. Der Zyklus wird oft als Krebs-Zyklus bezeichnet.

Ende des 18. Jahrhunderts entdeckte man, dass Lebewesen Sauerstoff aufnehmen und ihn als Kohlendioxid wieder abgeben. Diese Umwandlung offenbarte, dass Organismen im Wesentlichen Nahrung verbrennen, um lebenserhaltende Energie freizusetzen. Der Vorgang ist heute als Atmung bekannt. Außerhalb des Körpers jedoch setzt diese einfache Verbrennungsreaktion Energie in einer Flamme frei.

1937 führte Hans Krebs (1900–1981), ein im englischen Sheffield arbeitender Deutscher, eine Versuchsreihe durch, mit der er zeigen wollte, dass die Atmung mit einem Stoffwechselzyklus einherging, bei dem auf kontrollierte Weise Schritt für Schritt Energie freigesetzt wurde. Diese Entdeckung machte deutlich, dass fast alle Lebensformen auf der Erde – von den Bakterien bis zu den Walen – auf diese Weise am Leben gehalten werden. Der Zyklus kann von Zuckern, Fetten oder Eiweißen genährt werden, die alle in eine einfache Substanz namens Acetyl-Coenzym A aufgespalten werden. Deren Moleküle verbinden sich zum Endprodukt des Vorgangs, Oxaloacetat, um so Citrat zu erzeugen (eine nicht säurehaltige Version von Zitronensäure). Das Citrat durchläuft dann einen Kreislauf, bei dem es in acht Schritten nach und nach Kohleatome abbaut, um das Abfallprodukt Kohlendioxid zu erzeugen. Bei jedem Zyklus werden zwei Kohlendioxidmoleküle produziert. Jedes nachfolgende Molekül in dem Zyklus gibt ein wenig Energie ab. Schließlich entsteht ein neues Oxalacetat, und der Zyklus beginnt vor vorne. Krebs entdeckte die einzelnen Schritte, indem er der Leber einer Taube über immer längere Zeiträume Sauerstoff zuführte und dann die vorliegenden chemischen Substanzen analysierte. Durch die längere Gabe von Sauerstoff nahmen die späteren Komponenten des Zyklus zu.

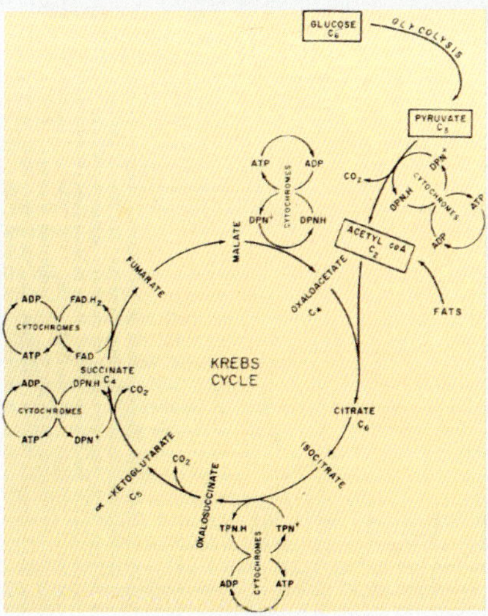

Das Diagramm zeigt den detaillierten Krebs-Zyklus, dessen Entdeckung für die Zellbiologie (die Wissenschaft von der Struktur und der Funktion einzelner Zellen) von großer Bedeutung war

Ursprung des Lebens

STANLEY MILLER: *A PRODUCTION OF AMINO ACIDS UNDER POSSIBLE PRIMITIVE EARTH CONDITIONS* • CHICAGO, ILLINOIS, USA

1953

Alles Leben nutzt den gleichen Satz biochemischer Stoffe, einschließlich Zucker, Fette und Proteine. Heute werden diese Substanzen durch den Stoffwechsel im Innern lebendiger Zellen hergestellt. Doch wie sind sie erstmalig entstanden? Die Antwort auf diese Frage ist noch immer ein Geheimnis, aber 1953 versuchten die Chemiker Harold Urey (1893–1981) und Stanley Miller (1930–2007) gemeinsam herauszufinden, ob diese Materialien spontan aus nicht-biologischen Prozessen entstanden sein könnten. Diese Idee gründete sich auf das Konzept der Ursuppe, demzufolge das Leben aus einem Meer voller chemischer Stoffe entstand. Miller und Urey bauten einen Apparat, der ihrer Ansicht nach die Bedingungen auf der frühen Erde nachahmte. Das Gerät mit dem Spitznamen Lollipop umfasste einen Behälter, der zur Hälfte mit Wasser gefüllt war. Dieses wurde langsam erwärmt, bis es verdampfte, und der entstehende Dampf zog in eine Gaskammer, die außerdem Methan, Wasserstoff und Ammoniak enthielt. Das Gasgemisch wurde regelmäßig elektrisch aufgeladen, um Blitze nachzubilden, und dann wieder abgekühlt, damit der Dampf sich verflüssigen und wieder dem Wasser im Behälter zugeführt werden konnte. Dieser Vorgang wurde immer wieder wiederholt, und innerhalb eines Tages hatte sich die klare Mixtur rosa gefärbt. Eine Woche später hatten sich zehn Prozent des Methans zu Aminosäuren und anderen komplexen chemischen Stoffen verbunden. Das sind die Grundbausteine von Proteinen. Miller zufolge wurden bei seinem Experiment elf von 20 Aminosäuren produziert, die für das heutige Leben gebraucht werden.

HAROLD UREY

Zum Thema Ursuppe fand Urey erst in seiner späten beruflichen Laufbahn. Damals war er bereits ein weltbekannter Chemiker und 1934 für seine Entdeckung des Deuteriums, einer schweren Form von Wasserstoff, mit dem Nobelpreis ausgezeichnet worden. (Mit Deuterium versetztes Wasser wird als „schweres Wasser" bezeichnet.) Urey spielte eine führende Rolle beim Manhattan-Projekt, bei dem die Atombombe entwickelt wurde. Nach dem Zweiten Weltkrieg sah er sich nach einem anderen Forschungsgebiet um und wandte sich der Kosmochemie zu, dem Studium der im Weltraum vorkommenden chemischen Stoffe. Durch seine Arbeit auf diesem Gebiet begann er sich zu fragen, welche chemischen Stoffe bei der Entstehung der Erde vorhanden waren.

NATURGESCHICHTE UND BIOLOGIE **S. 22** ZELLTHEORIE **S. 25** GENETIK **S. 31**

Stanley Miller mit dem Apparat, den er für sein bahnbrechendes Experiment benutzte, das er zusammen mit Harold Urey durchführte

Schlüsselwerk von Stanley Miller

The Origins of Life on the Earth, 1974

PANSPERMIE **S. 156** EVOLUTION DURCH NATÜRLICHE AUSLESE **S. 161** RADIOKOHLENSTOFFDATIERUNG **S. 197** STAMMZELLEN **S. 207** KLADISTIK UND TAXINOMIE **S. 209**

Doppelhelix

1953

JAMES WATSON UND FRANCIS CRICK: *MOLECULAR STRUCTURE OF NUCLEIC ACIDS: A STRUCTURE FOR DEOXYRIBOSE NUCLEIC ACID* • CAMBRIDGE, GROẞBRITANNIEN

ROSALIND FRANKLIN

Franklin ist eine der umstrittensten Figuren in der Geschichte der Naturwissenschaften. Als Tochter einer reichen Londoner Familie ging sie, gleich nachdem sie ihr Studium abgeschlossen hatte, in die Forschung, zunächst während des Zweiten Weltkriegs in Cambridge und London, anschließend in Paris und schließlich am King's College. Ihre Erkenntnisse zur DNA wurden in derselben Zeitschrift veröffentlicht wie die von Crick und Watson, aber die beiden Männer erfuhren mehr Anerkennung als sie und hoben nur selten Franklins Anteil an der Entdeckung hervor. 1962 erhielten Crick und Watson zusammen mit Maurice Wilkins (1916–2004), Franklins Chef am King's College, den Nobelpreis. Franklin war da bereits an Krebs gestorben.

Der chemische Stoff, den wir heute als DNA kennen, wurde 1869 entdeckt. Seine chemischen Bestandteile – Ribose (ein Zucker), Phosphate und organische Ringmoleküle, sogenannte Nukleinsäuren – wurden 1909 isoliert. „DNA" ist die Abkürzung des englischen Begriffs Desoxyribonucleic acid (dt. Desoxyribonukleinsäure). In der Folge erwies sich die DNA als das Material, das bei der Vererbung von Merkmalen von einer Generation zur nächsten eine wichtige Rolle spielt. Doch niemand wusste, auf welche Weise dies geschah. Dazu musste man zunächst herausfinden, wie ihre Bestandteile miteinander verbunden waren. Anfang der 1950er Jahre arbeiteten mehrere Forscherteams an dieser Frage und verfolgten dabei zwei Hauptansätze. In Cambridge versuchten Francis Crick (1916–2004) und James Watson (1928–) das Molekül auf Papier sowie mit Stäbchen und Kugeln nachzubilden. Am Londoner King's College machte Rosalind Franklin (1920–1958) mithilfe von Röntgenkristallographie Bilder von dem Molekül, um Hinweise auf seine Struktur zu finden. Ein Bild, das berühmte Foto 51, interpretierte sie als Beweis dafür, dass DNA eine schraubenförmig gedrehte oder helische Struktur hatte. Auf geheimem Wege gelangte diese Information zu Crick und Watson, die 1953 von ihr Gebrauch machten, um ein exaktes Modell des Moleküls zu bauen.
Es ähnelte einer Strickleiter: Das seitliche strukturgebende Rückgrat des Moleküls bildet die Ribose, die von Phosphaten zusammengehalten wird, während sich die Nukleinsäuren in Paaren zusammenfinden und Querverbindungen bilden, quasi die Leitersprossen. Der vererbte genetische Code ist in der Reihenfolge dieser Nukleinsäuren eingeschrieben.

GENETIK **S. 31** GENTECHNISCHE VERÄNDERUNGEN **S. 38**

Schlüsselwerke von Francis Crick

Of Molecules and Men, 1966

Was die Seele wirklich ist, 1997

Schlüsselwerk von James Watson

Die Doppelhelix, 1997

James Watson (links) und Francis Crick (rechts) mit ihrem DNA-Doppelhelixmodell, 1953

EVOLUTION DURCH NATÜRLICHE AUSLESE **S. 161** DNA-PROFIL **S. 205** CRISPR-METHODE **S. 206**

Milgram-Experiment

STANLEY MILGRAM: *BEHAVIORAL STUDY OF OBEDIENCE* •
NEW HAVEN, CONNECTICUT, USA

1961

Schlüsselwerke von Stanley Milgram

The Experience of Living in Cities, 1970

Television and Antisocial Behavior: Field Experiments, 1973

Obedience to Authority, 1974

Dieser 1961 von Stanley Milgram (1933–1984) durchgeführte Versuch gibt faszinierende Einblicke in die Autoritätshörigkeit von Menschen. Studenten der Yale University wurden als Freiwillige angeworben und im Voraus bezahlt. Es wurde immer nur ein Freiwilliger getestet. Die Studenten wussten lediglich, dass sie in der Rolle des Lehrers den Anweisungen eines Versuchsleiters folgen sollten, eines Wissenschaftlers, der in dem Raum die Autoritätsperson war. Die Aufgabe des Lehrers bestand darin, dem Schüler elektrische Schläge zu versetzen, wenn er einfache Aufgaben und Fragen falsch verstand. Der Versuchsleiter erklärte, dass die Elektroschocks schmerzhaft, aber harmlos seien. Der Schüler saß für den Lehrer nicht sichtbar in einem anderen Raum, und der Lehrer glaubte, dass auch der Schüler ein Freiwilliger sei. Doch in Wahrheit war der Schüler einer der Forscher, der Schmerzensschreie ausstieß, wenn der Lehrer ihm Stromschläge versetzte. Von Zeit zu Zeit gab er bewusst falsche Antworten, woraufhin der Versuchsleiter den Lehrer jedes Mal anwies, die Spannung zu erhöhen. Alle Freiwilligen folgten den Anweisungen, bis die Spannung auf 300 Volt eingestellt war. An diesem Punkt begann der Schüler Schmerzensschreie auszustoßen. Etwa ein Drittel der Freiwilligen brach daraufhin ab. Die übrigen zwei Drittel machten weiter, auch nachdem der Schüler sie angefleht hatte, damit aufzuhören, schwächer geworden war und schließlich, nachdem noch stärkere Stromschläge verabreicht worden waren, gar nicht mehr reagierte.

STANLEY MILGRAM

Als Sohn jüdischer Emigranten wuchs Milgram in New York City mit immer neuen Schreckensnachrichten von Familienmitgliedern auf, die in Europa dem Holocaust zum Opfer fielen. Er studierte Psychologie, um herauszufinden, wie sich Menschen so unmenschlich verhalten können. Das Gehorsamkeitsexperiment, mit dem er sich einen Namen machte, führte er nur zwei Jahre nach seinem Abschluss durch. Milgram suchte auch nach einer Verbindung zwischen Fernsehen und schlechtem Benehmen, fand aber keine. Er starb im Alter von 51 Jahren an einem Herzinfarkt.

NEUROWISSENSCHAFT UND PSYCHOLOGIE **S. 34**

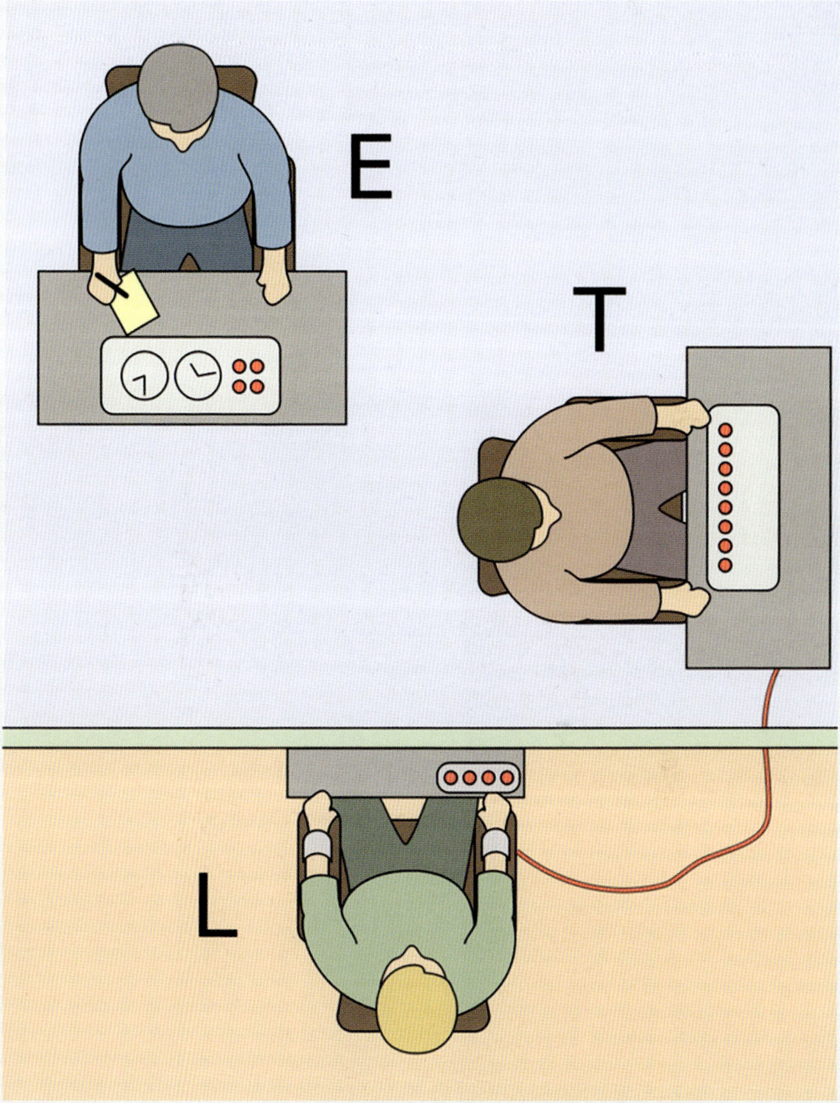

Der Versuchsleiter (E) weist ein Subjekt („Lehrer“, T) an, einem anderen Subjekt („Schüler“, L), der in Wirklichkeit nur ein Schauspieler ist, schmerzhafte Elektroschocks zu verabreichen

NATURWISSENSCHAFTLICHE METHODE **S. 182** KLINISCHE VERSUCHE **S. 208** MASCHINELLES LERNEN **S. 213**

Kosmische Hintergrundstrahlung

1965

GEORGE SMOOT ET AL: *WRINKLES IN TIME* • NEW YORK, USA

FEHLENDE MATERIE IM UNIVERSUM **S. 37**

Schlüsselwerk von George Smoot
Unity of Knowledge, 2002

Drei Jahrzehnte lang gab es keinen physikalischen Beweis für den Urknall, von dem man annahm, dass er vor 13,8 Milliarden Jahren das Universum hervorgebracht hatte. Doch dann wurde 1965 ein schwaches Leuchten von Mikrowellen entdeckt, das den gesamten Himmel ausfüllte. Das passte zur Urknalltheorie, derzufolge dies das erste je dagewesene Licht im Universum war: Es wurde durch die erstmalige Bildung von Atomen freigesetzt, als das Universum etwa 300.000 Jahre alt war. Dieses Leuchten, das als kosmische Hintergrundstrahlung bekannt wurde, entdeckten Wissenschaftler zufällig, als sie mit einem hochempfindlichen Radioempfänger die Satellitenkommunikation erforschten. Die ursprüngliche Lichtexplosion wurde durch die Expansion des Universums stetig zu längerwelligen Mikrowellen gedehnt, liefert aber eine Momentaufnahme der Beschaffenheit des frühen Universums, als Materie und Energie sehr viel dichter gepackt waren. 1989 erstellte der NASA-Satellit Cosmic Background Explorer (COBE) eine Temperaturkarte der kosmischen Hintergrundstrahlung. Diese ist überwiegend sehr „gleichmäßig" und durchgängig sehr kalt, nur 3,5 Grad Celsius über Null. Doch COBE fand winzige Unstimmigkeiten in der Temperatur, und nachfolgende Untersuchungen erbrachten noch detailliertere Ergebnisse. Die wärmeren Regionen zeigen, wo im Weltraum sich Galaxienhaufen bilden würden, wenn sich das Universum weiter ausdehnte, während die kälteren Regionen der kosmischen Hintergrundstrahlung heute große Löcher sind – enorme Ausdehnungen leeren Raums.

GEORGE F. SMOOT

Einer der führenden COBE-Forscher, George Smoot (1945–) wurde 2006 gemeinsam mit seinem Kollegen John C. Mather (1946–) mit dem Nobelpreis ausgezeichnet. Smoot soll sein Preisgeld dem Gemeinwohl gestiftet haben. Drei Jahre später trat er im US-amerikanischen Fernsehen in der Sendung *Are You Smarter than a 5th Grader?* auf und gewann eine Million Dollar. Bis heute erforscht er die kosmische Hintergrundstrahlung sowie Dunkle Energie und Infrarotastronomie.

Bevor Smoot und Mather ihre Arbeit aufnahmen, entdeckten die amerikanischen Astrophysiker Arno Penzias (links, 1933–) und Robert Woodrow Wilson (rechts, 1936–) in den 1960er Jahren durch Zufall die kosmische Hintergrundstrahlung durch die Hornantenne in den Bell Laboratories in Holmdel, New Jersey. 1978 wurden die beiden Männer mit dem Nobelpreis für Physik geehrt.

URKNALL **S. 169** DUNKLE MATERIE **S. 175** TELESKOP **S. 189**

Exoplaneten

NASA: KEPLER-MISSION

1995

Schlüsselwerk
Michael Perryman:
The Exoplanet Handbook, 2018

Es war nur schwer vorstellbar, dass unsere Sonne der einzige Stern im Universum sein sollte, der über ein Sonnensystem (eine Reihe sie umkreisender Planeten) verfügte. Doch es ist nicht leicht, extrasolare Planeten (Exoplaneten) aufzuspüren. Zum einen sind sie sehr klein und von der Erde aus schwer zu erkennen, zum anderen verliert sich ihr Licht vollständig im Schein ihres Sterns.

Der erste einen Stern umkreisende Exoplanet wurde 1995 mithilfe einer spektroskopischen Technik entdeckt, die farbliche Veränderungen im Licht eines Sterns aufspürt – Veränderungen, die darauf hinweisen, dass der Stern leicht ins Schwanken gerät, wenn er von der Gravitation des Planeten angezogen wird. 2009 wurde das Kepler-Weltraumteleskop der NASA in den Weltraum geschickt, um mit einer anderen Methode nach Exoplaneten zu suchen. Wenn Planeten vor ihrem Stern vorüberziehen – ein Prozess, der als Planetentransit bekannt ist –, blockieren sie einen Teil des Lichts und trüben so den Stern. Fernab der von der Atmosphäre hervorgerufenen Verzerrungen nahm das Kepler-Teleskop einen Ausschnitt des Himmels in den Blick und suchte dort nach Sternen, deren Licht abwechselnd schwächer und stärker wurde. Jene, die das taten, hatten möglicherweise ein Sonnensystem. Dann wurden die Spektroskope auf der Erde auf sie ausgerichtet, um die Existenz von Exoplaneten zu bestätigen. Mithilfe des Abschwächungseffekts und des Grads der Schwankung wurden dann die Größe und die Umlaufbahnen der Exoplaneten berechnet. Gab es welche, die der Erde glichen? Das Kepler-Teleskop war bis 2018 in Betrieb, scannte 530.506 Sterne und spürte 2662 Planeten auf (weitere müssen noch bestätigt werden). Einige von ihnen sind so klein und liegen in einer bewohnbaren Umlaufbahn, dass sie der Erde ähneln und außerirdisches Leben beherbergen könnten.

JOHANNES KEPLER

Das Teleskop zur Beobachtung von Exoplaneten wurde treffend nach dem deutschen Astronomen benannt. Johannes Kepler formulierte (mithilfe von Daten, die andere Astronomen gesammelt hatten) das Gesetz der Planetenbewegung, um zu beweisen, dass Planeten sich ellipsen- und nicht kreisförmig um ihre Sterne bewegen.

FRÜHE ASTRONOMEN **S. 12**

Das Kepler-Weltraumteleskop in einem klinisch sauberen Raum in der Ball Aerospace & Technologies Corporation, Boulder, Colorado (2008)

ENTSTEHUNG DES SONNENSYSTEMS **S. 179** TELESKOP **S. 189** PLANETARISCHER ROVER **S. 215**

Entdeckung Dunkler Energie

1998

ADAM RIESS, BRIAN SCHMIDT UND SAUL PERLMUTTER:
OBSERVATIONAL EVIDENCE FROM SUPERNOVAE FOR AN ACCELERATING UNIVERSE AND A COSMOLOGICAL CONSTANT • CERRO TOLOLO INTER-AMERICAN OBSERVATORY, CHILE; KECK OBSERVATORY, HAWAII, USA

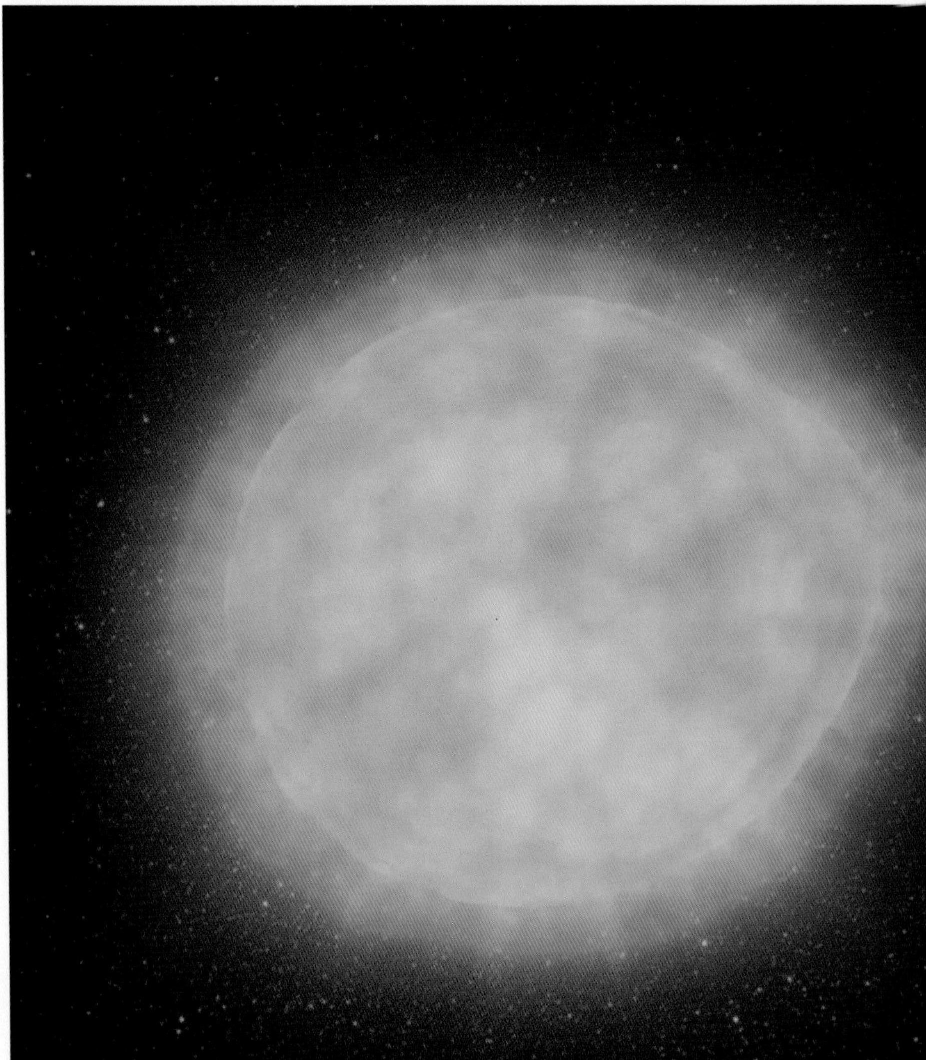

FRÜHE ASTRONOMEN **S. 12** GRÖẞE DES UNIVERSUMS **S. 28** FEHLENDE MATERIE IM UNIVERSUM **S. 37**

Schlüsselwerk von Adam Riess

Physics for the Curious: Why Study Physics, 2016

ADAM RIESS

Dunkle Energie wurde durch zwei ursprünglich voneinander unabhängige Studien entdeckt. Die eine führte der Australier Brian Schmidt (1967–) zusammen mit Adam Riess (1969–) durch, die andere Saul Perlmutter (1959–), der wie Riess Amerikaner ist. Alle drei Forscher wurden 2011 mit dcm Nobelpreis ausgezeichnet. Riess hatte zuvor bereits zahlreiche Preise erhalten, darunter 2008 einen MacArthur „Genie-Preis" in Höhe von einer Million Dollar.

Die Entdeckung im Jahr 1929, dass das Universums sich ausdehnt, brachte die Formulierung der Urknalltheorie auf den Weg, ließ aber eine große Frage unbeantwortet: Würde das Universum sich immer weiter ausdehnen oder durch die Anziehungskraft all seiner Sterne gebremst, die Expansion dadurch verlangsamt und der Vorgang vielleicht eines Tages sogar umgekehrt?

Die Antwort hängt gewissenmaßen von der Masse des Universums ab, zu der auch die Dunkle Materie zählt, die wir nicht sehen können. Studien der 1990er Jahre begannen daher mit Bezug auf Supernovae vom Typ Ia – Sterne, die explodieren, wenn ihre Größe genau das 1,44-fache der Sonne erreicht. Da Astronomen die Größe dieser Sterne kennen, können sie anhand ihrer jeweiligen Helligkeit herausfinden, wie weit entfernt sie sind – schwächer leuchtende liegen weiter entfernt. Die Expansion des Weltraums verleiht dem Licht der Sterne aufgrund des Doppler-Effekts zudem eine rötliche Färbung. Ein Vergleich der Expansionsgeschwindigkeit älterer Teile des Universums mit der von jüngeren würde zeigen – so die Vermutung –, dass sich der Prozess allmählich verlangsamte. Doch zur allgemeinen Verwunderung entdeckte man 1998, dass das Gegenteil der Fall war. Das liegt an einer rätselhaften Antigravitationskraft, der sogenannten Dunklen Energie, die vermutlich in einem Vakuum gespeichert wird – dem Nichts des Weltraums. Und je weiter sich das Universum ausdehnt, desto mehr Nichts entsteht, das wiederum für mehr Ausdehnung sorgt.

Wenn ein weißer Zwerg eine Masse erreicht, die dem 1,44-fachen der Erdsonne entspricht, kann er sein eigenes Gewicht nicht länger tragen und explodiert, wie hier zu sehen ist

URKNALL **S. 169** DUNKLE MATERIE **S. 175** KOSMISCHE INFLATION **S. 176**

LIGO

KIP THORNE UND R.D. BLANDFORD: *MODERN CLASSICAL PHYSICS* •
PRINCETON, NEW JERSEY, USA

2016

In seiner allgemeinen Relativitätstheorie erklärte Einstein 1915, dass Objekte den Raum um sie herum krümmen oder wölben. Eine aus dieser Theorie abgeleitete Hypothese lautete, dass Objekte, die sich durch das Universum bewegen, im Weltraum wellenförmige Spuren hinterlassen. Es dauerte 100 Jahre, bis man sie entdeckte, aber im Jahr 2016 machte das LIGO-Experiment jene Wellen, oder Gravitationswellen, ausfindig, die bei der Kollision zweier Schwarzer Löcher im Weltraum entstehen. Tatsächlich sind diese Wellen Stauchungen und Streckungen im Raum selbst. Das Bestimmen ihrer Wirkung wird daher durch die Tatsache erschwert, dass Messinstrumente zusammen mit dem Raum gestaucht und gestreckt werden. LIGO steht für Laser Interferometer Gravitational-Wave Observatory, und wie der Name vermuten lässt, spürt es mithilfe von Lasern Wellen auf. Ein Laser wird in zwei rechtwinklige Strahlen aufgespalten, die durch vier Kilometer lange Tunnel geschossen werden. An den äußeren Enden werden sie von Spiegeln reflektiert. Der eine Spiegel ist eine halbe Wellenlänge (einige Milliardstel eines Meters) weiter entfernt als der andere. Wenn die Strahlen also wieder am Detektor ankommen, sind sie nicht mehr synchron und löschen sich gegenseitig aus. Dringt eine Gravitationswelle in einen der Tunnel, verlängert sich dieser und mit ihm der Lichtstrahl in seinem Innern; dadurch verändert sich die Wellenlänge des Lichtstrahls. In der Folge löschen sich die zurückkehrenden Strahlen nicht mehr gegenseitig aus, sondern vereinen sich zu einem verräterisch flackernden Lasersignal einer Gravitationswelle. Momentan wird LIGO weiterentwickelt, um als Teleskop genutzt werden zu können, das das Universum durch die Gravitation seiner Bestandteile abbildet.

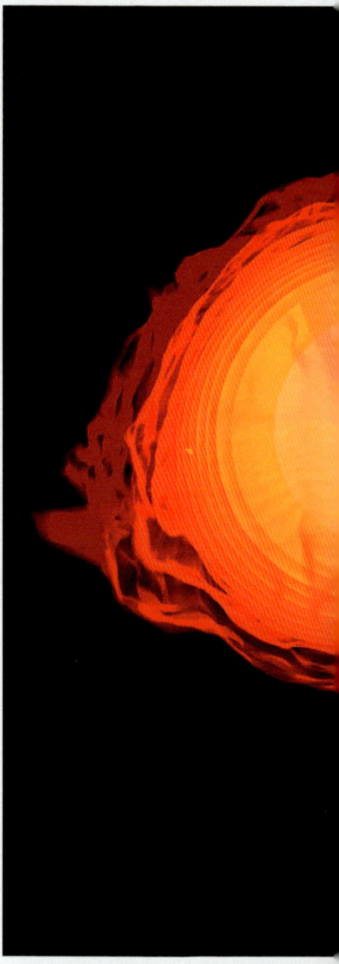

KIP THORNE

Der aus Utah stammende Kip Thorne (1940–) wurde 2017 für seine Arbeit an LIGO mit dem Nobelpreis ausgezeichnet, zusammen mit Rainer Weiss (1932–), der bei der Entwicklung des Laserinterferometers eine führende Rolle spielte, und Barry Barish (1936–). Thorne gründete das LIGO-Programm 1984; er ist auch ein weltweiter Experte für schwarze Löcher und Wurmlöcher. An dem Science-Fiction-Film *Interstellar* (2014), in dem es um diese beiden Konzepte geht, wirkte er als Berater mit.

FRÜHE ASTRONOMEN **S. 12** GRÖßE DES UNIVERSUMS **S. 28**

Schlüsselwerke von Kip Thorne

Black Holes & Time Warps: Einstein's Outrageous Legacy, 1994

The Science of Interstellar, 2014

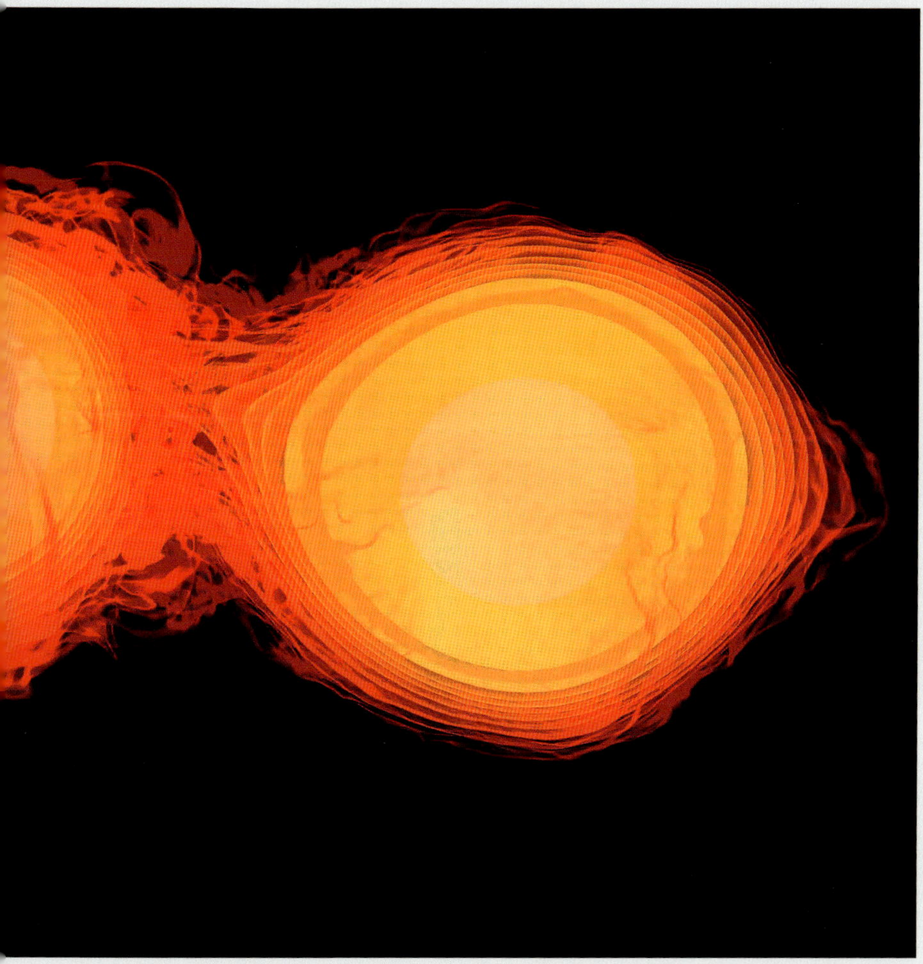

Zwei kollidierende Neutronensterne, die verschmelzen und ein schwarzes Loch bilden

GRAVITATIONSTHEORIE **S. 158** RELATIVITÄT **S. 163** TELESKOP **S. 189**

THEORIEN

Panspermie

HAUPTVERTRETER: ANAXAGORAS

Was ist der Ursprung des Lebens? Die Panspermie-Theorie geht davon aus, dass das erste Leben auf der Erde oder zumindest die komplexen chemischen Bausteine, aus denen das Leben entstand, aus dem Weltall kamen. Diese Theorie ist überraschend alt: Der griechische Philosoph Anaxagoras (ca. 500–ca. 428 v. Chr.) war der Erste, der sie aufstellte. Er ging davon aus, dass das Leben über brennende Meteoriten, die aus dem Weltall auf die Erde hagelten, hergebracht wurde. Seitdem hat sich die Theorie kaum verändert, wurde aber im Zuge der Erweiterung unseres Wissens auf den Feldern der Biochemie und der Genetik immer wieder untermauert. Sie gründet sich auf die Annahme, dass sich komplexe chemische Strukturen wie die DNA nicht spontan gebildet haben können – eine Vorstellung, die vom Miller-Urey-Experiment (siehe Seite 140) stark angefochten wurde. Die jüngste Version der Panspermie vermutet, dass lithotrophe (sich von Stein ernährende) Lebewesen im gefrorenen Kern eines Meteoriten die Erde erreichten und den Aufprall überlebten. Das ist gar nicht so weit hergeholt, sofern man glauben mag, dass Zellleben einfach anderswo entstand, vermutlich im Sonnensystem. Aber wie das geschah, wissen wir nicht.

WICHTIGE ENTWICKLUNGEN

Während Pflanzen autothroph sind („sich selbst ernährende" Lebewesen, die ihre eigenen Nährstoffe erzeugen) und Tiere heterotroph („andere Dinge fressend"), sind lithotrophe Lebewesen relativ einfache, einzellige Mikroorganismen, die die chemischen Stoffe Eisen, Schwefel oder Sticksoff im Gestein als Energiequelle nutzen. Sie finden sich in mindestens drei Kilometern Tiefe unterhalb der Erdkruste und bilden möglicherweise die Hälfte der Biomasse des Lebens auf der Erde.

Meteoritenregen am Himmel über Newark-on-Trent, England, Mezzotinto, 1783

Bewegungsgesetze

HAUPTVERTRETER: ISAAC NEWTON • GALILEO GALILEI

In seinem Meisterwerk *Philosophiæ Naturalis Principia Mathematica* (1687) präsentierte Isaac Newton das Universum als Uhrwerk, in dem alle Dinge, von den Lichtstrahlen bis zu den Planeten, von drei unveränderlichen Bewegungsgesetzen orchestriert werden. Das erste Gesetz besagt, dass ein Objekt im Zustand der Ruhe verharrt oder sich mit gleichmäßiger Geschwindigkeit weiterbewegt, sofern es nicht durch eine einwirkende Kraft zur Änderung seines Zustands gezwungen wird. Das zweite nutzt die Formel Kraft = Masse x Beschleunigung (F=ma), um darzustellen, dass eine Kraft ein Objekt mit geringer Masse stärker beschleunigt als ein schwereres Objekt. (Anders gesagt, wenn man stärker auf etwas einwirkt, bewegt es sich weiter.) Das dritte Newtonsche Gesetz lautet: Jede Aktion hat eine gleich große, entgegengerichtete Reaktion. Dieser Satz wird heute weit und locker interpretiert, Newton aber wollte damit Folgendes sagen: Wenn eine Kraft auf ein Objekt einwirkt, reagiert dieses Objekt mit ebensolcher Kraft in die entgegengesetzte Richtung. Drückt man also gegen ein schweres Objekt, kann es passieren, dass man sich rückwärtsbewegt, während sich das Objekt nicht vom Fleck rührt.

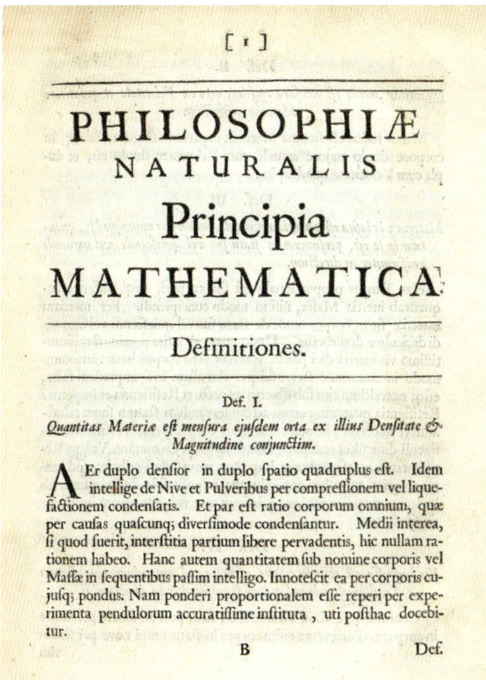
[1]

PHILOSOPHIÆ
NATURALIS
Principia
MATHEMATICA.

Definitiones.

Def. I.

Quantitas Materiæ eſt menſura ejuſdem orta ex illius Denſitate & Magnitudine conjunctim.

AEr duplo denſior in duplo ſpatio quadruplus eſt. Idem intellige de Nive et Pulveribus per compreſſionem vel liquefactionem condenſatis. Et par eſt ratio corporum omnium, quæ per cauſas quaſcunq; diverſimode condenſantur. Medii interea, ſi quod fuerit, interſtitia partium libere pervadentis, hic nullam rationem habeo. Hanc autem quantitatem ſub nomine corporis vel Maſſæ in ſequentibus paſſim intelligo. Innoteſcit ea per corporis cujuſq; pondus. Nam ponderi proportionalem eſſe reperi per experimenta pendulorum accuratiſſime inſtituta, uti poſthac docebitur.

B Def.

Titelseite der ersten Auflage von Newtons wichtigstem Werk, das auf Deutsch unter dem Titel *Die mathematischen Grundlagen der Naturphilosophie* bekannt ist

WICHTIGE ENTWICKLUNGEN

Bewegung findet stets relativ zu etwas anderem statt. Auf der Erde ist das in der Regel die Oberfläche des Planeten, die wir zu diesem Zweck stets als unbeweglich betrachten. Im Verhältnis zur Sonne oder dem galaktischen Zentrum bewegt sich unser Planet natürlich mit enormer Geschwindigkeit. Galileo war der Erste, der diese Vorstellung Jahre vor Newton in Worte fasste. Später entwickelte Einstein sie weiter, als sich herausstellte, dass das Newtonsche Universum im Widerspruch zu anderen physikalischen Phänomenen stand, zumindest zum Licht.

NATURWISSENSCHAFTLICHE REVOLUTION **S. 18** PENDELGESETZ **S. 52** FALLBESCHLEUNIGUNG **S. 55**
GEWICHT DER ERDE **S. 74**

Gravitationstheorie

HAUPTVERTRETER: ISAAC NEWTON

In seinem Werk von 1687, das üblicherweise kurz *Principia* genannt wird, beschrieb Isaac Newton nicht nur die drei Bewegungsgesetze. Er präsentierte auch eine vollständige Gravitationstheorie. Darin erklärte er, dass die Kraft, die bewirkt, dass Äpfel von Bäumen fallen, dieselbe ist, die den Mond und die Planeten in ihren Umlaufbahnen hält. Neu war dabei Newtons Erkenntnis, dass die Anziehungskraft zwischen allen Objekten wirkt, der Apfel also die Erde genauso anzieht wie die Erde den Apfel. Die Erde gewinnt, weil ihre Masse so viel größer ist; deshalb bewegt sich der Apfel in Richtung Erde. Zudem verhält sich die Kraft umgekehrt proportional zum Quadrat des Abstands ihrer beiden Schwerpunkte. Das bedeutet, wenn sich der Abstand zwischen zwei Objekten verdoppelt, verringert sich die Gravitationskraft, die zwischen ihnen wirkt, um den Faktor vier. Der Einfluss der Gravitation schwindet schnell: Vergrößert sich die Entfernung um das Zehnfache, verringert sich die Kraft auf nur 1 Prozent ihres ursprünglichen Wertes. Mithilfe seines Gravitationsgesetzes erklärte Newton die parabelförmige Flugbahn von Projektilen und zeigte, dass sie in die Erdumlaufbahn geschossen werden und der Erdanziehungskraft sogar ganz entfliehen konnten, wenn sie sich nur schnell genug bewegten.

Sir Isaac Newton formulierte als Erster die Gravitationstheorie. Gemälde, zwischen 1715 und 1720.

WICHTIGE ENTWICKLUNGEN

Newton hielt seine Erkenntnisse gern geheim, oft viele Jahre lang, was wiederholt zu Streitigkeiten darüber führte, wer bestimmte Entdeckungen zuerst gemacht hatte und für sich beanspruchen konnte. Newtons berühmte Fehde mit Gottfried Leibniz (1646–1716) über die Erfindung der Infinitesimalrechnung zog einen Graben durch das naturwissenschaftliche Establishment. Beim Thema Gravitation warf Robert Hooke Newton vor, seine Theorie der mit wachsender Entfernung abnehmenden Anziehungskraft übernommen zu haben. Nach Hookes Tod spielte Newton die Leistungen seines Rivalen herunter, der einer der produktivsten englischen Forscher gewesen war.

ENTSTEHUNG VON FORSCHUNGSEINRICHTUNGEN **S. 19** WETTLAUF INS ALL **S. 32**
FALLBESCHLEUNIGUNG **S. 55** HOOKESCHES GESETZ **S. 62**

Atomtheorie

HAUPTVERTRETER: DEMOKRIT • JOHN DALTON

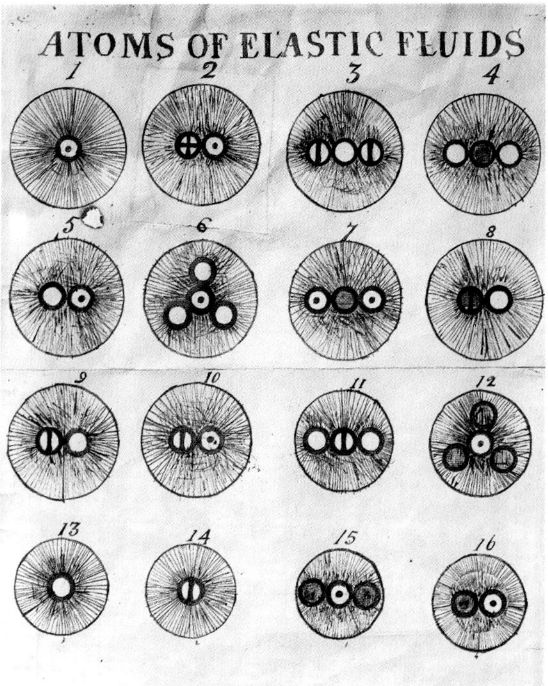

WICHTIGE ENTWICKLUNGEN
1808 stellte John Dalton seine Atomtheorie auf und baute darauf auf, um das Gesetz der konstanten Proportionen zu erklären. Frühere Chemiker hatten festgestellt, dass sich die spezielle Masse eines Elements mit der gleichwertigen Masse eines anderen verbindet und so ein Substanzgemisch bildet. Dalton vermutete den Grund dafür darin, dass sich die Atome der Elemente in bestimmten Kombinationen anordneten. Diese Kombinationen sind heute als Moleküle bekannt.

Daltons Atomtheorie geht von der Annahme aus, dass sich die Atome verschiedener Elemente durch ihre unterschiedlichen Massen unterscheiden. Zeichnung, 1925, von John Dalton.

Das Wort Atom leitet sich vom altgriechischen Wort für „unzerteilbar" ab. Das Konzept einer Einheit, die so klein ist, dass sie nicht weiter verkleinert werden kann, stammt aus der Antike. Es ging aus einer philosophischen Frage über das Wesen des Raums und der Bewegung hervor, wurde dann aber von Demokrit (ca. 460–ca. 370 v. Chr.) genutzt, um Eigenschaften von Substanzen zu erklären. Einige Atome zum Beispiel schienen hakenförmig zu sein, sodass sie verklumpten, während andere gezackt waren und beim Berühren schmerzten.

Bis Anfang des 18. Jahrhunderts blieben Atome hypothetische Gebilde. Dann fand John Dalton (1766–1844), der sich vor allem für die Verbindung zwischen Luftdruck und Wetter interessierte, den Beweis, dass sich Gase wie eigene Substanzen verhalten, selbst wenn sie miteinander vermischt werden, und jedes Gas dabei einen Partialdruck ausübt, der zusammengenommen den Gesamtdruck ergibt. Dies erklärte er damit, dass Gase aus winzigen, unterschiedlichen Einheiten oder vielleicht Teilchen oder Korpuskeln bestehen – Dalton entschied sich für den ursprünglichen Terminus: Atom.

ALCHEMIE **S. 15** GEBURT DER CHEMIE **S. 20** GASGESETZE **S. 60** BROWNSCHE BEWEGUNG **S. 90**
ENTDECKUNG DES ELEKTRONS **S. 114**

Hauptsätze der Thermodynamik

HAUPTVERTRETER: JAMES PRESCOTT JOULE • LORD KELVIN • HERMANN VON HELMHOLTZ

Die Thermodynamik ist ein Gebiet der Physik, das sich mit dem Verhalten von Energie beschäftigt. Sie basiert auf drei Gesetzen, die im 19. Jahrhundert aufgestellt wurden, nachdem man viele Jahrhunderte lang fälschlicherweise angenommen hatte, dass es sich bei Wärme und Licht um materielle Substanzen handele. Doch Energie ist keine Sache, sondern eher eine Befähigung zum Verrichten von Arbeit. Für einen Physiker meint Arbeit, dass eine Kraft über eine bestimmte Entfernung eingesetzt wird (und Energie meint die Geschwindigkeit, in der diese Arbeit erledigt wird). Um Arbeit zu verrichten, nimmt Energie viele Formen an. Genau das beschreibt der erste Hauptsatz der Thermodynamik: Energie kann nicht erzeugt oder zerstört, sondern nur umgewandelt werden, etwa in Bewegung, Wärme, Licht oder Schall. Der zweite Hauptsatz besagt: In einem abgeschlossenen, sich selbst überlassenen System nimmt die Entropie mit der Zeit zu. Dieses komplexe statistische Merkmal des Energietransfers meint, dass sich Energie immer zerstreut oder diffundiert. Der dritte Hauptsatz besagt, dass am absoluten Nullpunkt der Temperaturskala (0 Kelvin oder –273,15° Grad Celsius) jegliche thermische Bewegung zur Ruhe kommt. Diese Temperatur kann unmöglich erreicht werden, weil es dazu eines unendlich großen Gefrierschranks und unendlich langer Zeit bedürfte.

WICHTIGE ENTWICKLUNGEN

Es gibt einen nullten Hauptsatz der Thermodynamik. Er wurde so nummeriert, weil er lange vor den anderen bekannt war, der Liste aber erst hinzugefügt wurde, nachdem der erste Hauptsatz formuliert war. Er besagt, dass zwei miteinander verbundene Systeme in ein Wärmegleichgewicht treten. Einfacher ausgedrückt bedeutet dies, dass in einem warmen und einem kalten Raum am Ende dieselbe Temperatur herrscht.

William Thomson, 1. Baron Kelvin (1824–1907), dessen Temperaturskala als internationale Einheit übernommen und nach ihm benannt wurde

MODERNE PHYSIK **S. 27** GASGESETZE **S. 60** CARNOT-KREISPROZESS **S. 85**

Evolution durch natürliche Auslese

HAUPTVERTRETER: CHARLES DARWIN • ALFRED RUSSEL WALLACE • JEAN-BAPTISTE LAMARCK

Evolutionstheorien gehören zu den wichtigsten und daher auch umstrittensten Beiträgen, die die Naturwissenschaften den Menschen auf ihrer Suche nach einem besseren Verständnis ihrer selbst liefern. Fossil- und Gesteinsproben belegen, dass die Erde tatsächlich sehr alt ist und die Organismen, die heute auf ihr leben, sich von früheren unterscheiden. Zudem haben sich neue Lebensformen aus älteren entwickelt. Wie ist das möglich? Eine Antwort auf diese Frage lieferte 1859 Charles Darwin in seinem Buch *Über die Entstehung der Arten*. Darwin hatte erkannt, dass Lebewesen, die zu ein und derselben Art gehören, ganz unterschiedliche Merkmale besaßen, einige waren besser an die Lebensbedingungen angepasst als andere. Die Natur wählte sie für ein langes, fruchtbares Leben aus, während jene, die sich nicht an ihre Umwelt angepasst hatten, ohne Zucht starben. Diese natürliche Auslese sorgt dafür, das erfolgreiche Merkmale an die nächsten Generationen weitergegeben werden und alles, was bei diesem Wettbewerb nicht mithalten kann, ausgelöscht wird. Die Variationen stagnieren nicht, immer wieder tauchen neue Merkmale auf. Die natürliche Auslese setzt sich also beständig fort und verändert nach und nach das Leben auf der Erde.

WICHTIGE ENTWICKLUNGEN

Darwins Theorien kamen nicht aus dem Nichts. Sein Großvater, Erasmus Darwin (1731–1802), hatte bemerkt, dass der Überlebensdrang die Stärksten begünstigte. Erasmus' Zeitgenosse Jean-Baptiste Lamarck (1744–1829) vermutete, dass die Evolution durch den Erwerb bestimmter Merkmale im Laufe des Lebens vorangetrieben werde, etwa die verhärteten Hände und großen Muskeln der Schmiede, die diese dann an ihre Kinder vererbten. Unabhängig von Charles Darwin entwickelte dessen Zeitgenosse Alfred Russel Wallace (1823–1913) eine sehr ähnliche Evolutionstheorie, und einige ihrer Ideen veröffentlichten die beiden Forscher gemeinsam.

Die Vorstellung, dass der Mensch mit dem Affen verwandt sei, war zunächst nicht überall willkommen, wie dieser Cartoon von 1874 belegt

ENTDECKUNG DER GENE **S. 106** FUNKTION VON CHROMOSOMEN **S. 109**
URSPRUNG DES LEBENS **S. 140** DOPPELHELIX **S. 142**

Periodensystem

HAUPTVERTRETER: DMITRI MENDELEJEW

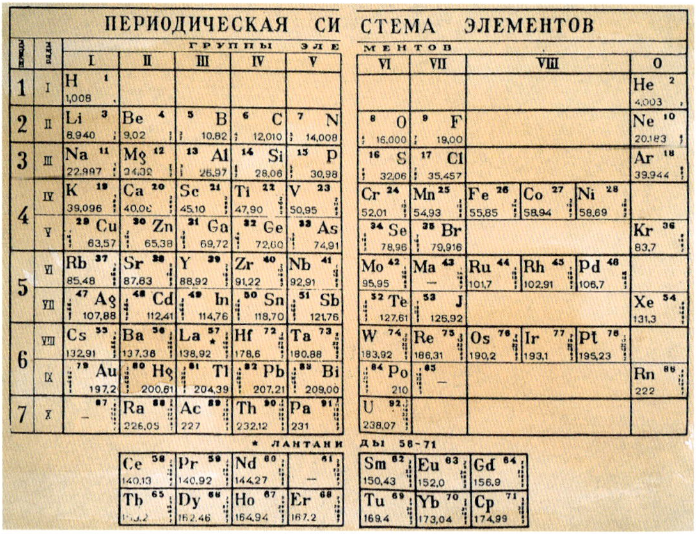

ПЕРИОДИЧЕСКАЯ СИСТЕМА ЭЛЕМЕНТОВ

ГРУППЫ ЭЛЕМЕНТОВ

		I	II	III	IV	V	VI	VII	VIII			0
1	I	H 1 1,008										He 2 4,003
2	II	Li 3 6,940	Be 4 9,02	5 B 10,82	6 C 12,010	7 N 14,008	8 O 16,000	9 F 19,00				Ne 10 20,183
3	III	Na 11 22,997	Mg 12 24,32	13 Al 26,97	14 Si 28,06	15 P 30,98	16 S 32,06	17 Cl 35,457				Ar 18 39,944
4	IV	K 19 39,096	Ca 20 40,0[illegible]	Sc 21 45,10	Ti 22 47,90	V 23 50,95	Cr 24 52,01	Mn 25 54,93	Fe 26 55,85	Co 27 58,94	Ni 28 58,69	
	V	29 Cu 63,57	30 Zn 65,38	31 Ga 69,72	32 Ge 72,60	33 As 74,91	34 Se 78,96	35 Br 79,916				Kr 36 83,7
5	VI	Rb 37 85,48	Sr 38 87,63	Y 39 88,92	Zr 40 91,22	Nb 41 92,91	Mo 42 95,95	Ma 43 —	Ru 44 101,7	Rh 45 102,91	Pd 46 106,7	
	VII	47 Ag 107,88	48 Cd 112,41	49 In 114,76	50 Sn 118,70	51 Sb 121,76	52 Te 127,61	53 J 126,92				Xe 54 131,3
6	VIII	Cs 55 132,91	Ba 56 137,36	La 57 * 138,92	Hf 72 178,6	Ta 73 180,88	W 74 183,92	Re 75 186,31	Os 76 190,2	Ir 77 193,1	Pt 78 195,23	
	IX	79 Au 197,2	80 Hg 200,61	81 Tl 204,39	82 Pb 207,21	83 Bi 209,00	84 Po 210	85 —				Rn 86 222
7	X	87 —	Ra 88 226,05	Ac 89 227	Th 90 232,12	Pa 91 231	U 92 238,07					

* ЛАНТАНИДЫ 58–71

Ce 58 140,13	Pr 59 140,92	Nd 60 144,27	61 —	Sm 62 150,43	Eu 63 152,0	Gd 64 156,9
Tb 65 [illegible]	Dy 66 162,46	Ho 67 164,94	Er 68 167,2	Tu 69 169,4	Yb 70 173,04	Cp 71 174,99

Das Periodensystem der Elemente in einer Darstellung mit kyrillischer Schrift, 1925

Das Periodensystem ist eine tabellarische Darstellung aller der Wissenschaft bekannten Elemente. Es liefert einen informativen Überblick, indem es Elemente mit ähnlichen chemischen Eigenschaften zusammen anordnet. Diese Art der Darstellung macht die Unterschiede in der subatomaren Struktur jedes einzelnen Elements sichtbar. Als Dmitri Mendelejew (1834–1907) die Tabelle 1869 erstellte, wusste er allerdings noch nicht (und auch niemand anders), dass das Atom aus Elektronen, Protonen und Neutronen aufgebaut ist. Angefangen mit dem leichtesten, dem Wasserstoff, ordnete Mendelejew die Elemente nach ihrer zunehmenden atomaren Masse an (dem Gewicht jedes Atoms). Außerdem nutzte er ein wiederkehrendes, oder periodisches, Muster, um darzustellen, wie sich die Eigenschaften der Elemente änderten. Für gewöhnlich ist das Periodensystem aus sieben Reihen (Perioden) und 18 Spalten (Gruppen) aufgebaut. Elemente derselben Periode haben ähnlich große Atome, Energie und elektrische Eigenschaften. Elemente derselben Gruppe haben im Allgemeinen dieselben Elektronenkonfigurationen.

WICHTIGE ENTWICKLUNGEN

Mendelejews Darstellung bewährte sich, als der russische Chemiker mit ihrer Hilfe die Eigenschaften bis dahin unbekannter Elemente vorhersagte – und dabei fast genau richtig lag. Knapp 50 Jahre später, als die Verbindung zur subatomaren Struktur entdeckt wurde, zeigte sich, warum. Die Anzahl der Perioden in der Tabelle entspricht der der Elektronenschalen um das Atom herum. Ist eine mit Elektronen vollständig gefüllt, beginnen eine neue Schale und eine neue Periode.

GEBURT DER CHEMIE **S. 20** ENTDECKUNG DER RADIOAKTIVITÄT **S. 112**
ENTDECKUNG DES ELEKTRONS **S. 114** ATOMKERN **S. 126** ATOMTHEORIE **S. 159**

Relativität

HAUPTVERTRETER: ALBERT EINSTEIN

Albert Einstein 1921, dem Jahr, als er den Nobelpreis für Physik erhielt

WICHTIGE ENTWICKLUNGEN

Einstein entdeckte die spezielle Relativität 1905. 1916 hatte er sie verallgemeinert und damit die erste von zwei Theorien aufgestellt, auf die sich die Physik bis heute stützt (die andere ist die Quantenmechanik). Die Allgemeine Relativität beinhaltet eine Gravitationstheorie: Alle Energie, deren sehr kondensierte Form die Masse ist, krümmt den Weltraum. Wenn eine zweite Masse in diesen gekrümmten Raum eindringt, beugt sich ihre gerade Bahn in Richtung der ersten Masse und scheint daher in ihre Richtung zu fallen.

Zu Beginn des 20. Jahrhunderts glaubten einige ältere Physiker, mehr oder weniger herausgefunden zu haben, wie das Universum funktionierte. Abweichungen zwischen Theorie und Beobachtungen wurden auf menschliche Irrtümer und ungenaue Instrumente zurückgeführt. Den Amateurphysiker Albert Einstein konnte das nicht überzeugen. Er wollte wissen, wie es möglich war, dass die Lichtgeschwindigkeit bei Messungen immer konstant blieb, wo doch in einem Universum, in dem sich alles gemäß der Newtonschen Gesetze bewegte, Geschwindigkeit relativ war. Warum erreichte dann der Lichtstrahl am Kopf eines herannahenden Zuges einen Beobachter zur selben Zeit wie der Strahl eines stationären Lichts am Bahnsteig? In Newtons Universum müsste sich das Licht des Zuges schneller bewegen. Einsteins Antwort war die Theorie der speziellen Relativität, derzufolge sich eine Masse (zum Beispiel der Zug), die sich schneller durch den Raum bewegt, sich langsamer durch die Zeit bewegt. Die Fahrt des Zuges durch die Zeit hat sich gerade genug verlangsamt, dass sein Licht das Geschwindigkeitslimit des Universums – die Lichtgeschwindigkeit – nicht durchbrechen kann.

MODERNE PHYSIK **S. 27** FEHLENDE MATERIE IM UNIVERSUM **S. 37** BROWNSCHE BEWEGUNG **S. 90** NICHTEXISTENZ DES ÄTHERS **S. 108** ENTDECKUNG ELEKTROMAGNETISCHER WELLEN **S. 110** LIGO **S. 152** BEWEGUNGSGESETZE **S. 157**

Plattentektonik

HAUPTVERTRETER: ALFRED WEGENER • MARIE THARP

Marie Tharp an ihrem Zeichentisch in Lamont Hall, Lamont-Doherty Earth Observatory, Columbia University, USA, um 1961

Als im späten 16. Jahrhundert die ersten genauen Weltkarten produziert wurden, bemerkten Geografen, dass die Kontinente wie Teile eines großen Puzzles aussahen, die sich zusammenschieben ließen, wären sie nicht durch Ozeane getrennt. Waren sie vielleicht einst verbunden gewesen, bevor sie durch Erdkräfte auseinandergerissen wurden? Diese Ahnung wurde im frühen 20. Jahrhundert durch die Erkenntnisse Alfred Wegeners (1880–1930) untermauert. Er fand heraus, dass Gesteinsformationen auf den gegenüberliegenden Seiten des Atlantiks gleich alt und gleich aufgebaut waren. Sie waren zur selben Zeit, am selben Ort entstanden. Weitere 40 Jahre später entwickelte sich aus dieser Vorstellung der Kontinentaldrift die Theorie der Plattentektonik: Die Erdkruste ist in Dutzende Teile oder Platten zerbrochen. Diese Platten treiben im aufgewühlten flüssigen Innern des Planetenmantels. Zwischen einigen Plattengrenzen schiebt sich geschmolzenes Gestein (Magma) nach oben und drückt die Platten gewaltsam auseinander. Das Magma füllt die Lücke und bildet eine neue Kruste. An anderen „zerstörerischen" Grenzen schiebt sich eine Platte unter eine andere und verschmilzt mit dem Mantel.

WICHTIGE ENTWICKLUNGEN

Ein großer Fortschritt auf dem Gebiet der Plattentektonik – „Tektonik" bedeutet „das Bauen betreffend" – war 1953 die Entdeckung des Mittelatlantischen Rückens. Mithilfe von Echolotdaten des Atlantiks erstellte die Geologin Marie Tharp (1920–2006) ein Profil des Meeresbodens und entdeckte so eine riesige Gebirgskette, die sich mittig von Norden nach Süden erstreckte. Dieser Rücken wurde später als wichtige tektonische Grenze identifiziert, entlang derer Platten auseinandergedrückt werden.

GEOLOGIE UND GEOWISSENSCHAFT **S. 23** GRÖßE DER ERDE **S. 44**

Vier Grundkräfte

HAUPTVERTRETER: ISAAC NEWTON • ALBERT EINSTEIN • MARIE CURIE • MURRAY GELL-MANN

Die Physik reduziert alle Aktivitäten im Universum auf die Effekte vier grundlegender Wechselwirkungen oder -kräfte. Die bekannteste ist die Gravitation. Sie ist die schwächste Kraft, die aber über die größten Entfernungen wirkt – insbesondere über die unbegrenzte Spannweite des Universums. Gravitation ist eine Anziehungskraft, die allen Massen eigen ist, und ihre Stärke verhält sich proportional zur Masse. Die Gravitation gewaltiger Objekte wie schwarzer Löcher führt zu einem erheblichen Sog. Die nächste Kraft jedoch, der Elektromagnetismus, ist zehn Milliarden Billionen Mal stärker als die Gravitation, wirkt aber selten in solchen Größenordnungen. Sie wird mit dem Satz „Gegensätze ziehen sich an, Gleiches stößt sich ab" zusammengefasst. Der Elektromagnetismus steht hinter magnetischen Kräften und elektrischem Strom, doch im Wesentlichen handelt es sich dabei um jene Kraft, die negativ geladene Elektronen und positiv geladene Protonen in einem Atom zusammenhält und chemische Verbindungen unterstützt. Die übrigen zwei Kräfte, die starken und schwachen Wechselwirkungen, wirken nur innerhalb der winzigen Grenzen von Atomkernen. Die starke Wechselwirkung (die stärkste aller Kräfte) hält alles zusammen und schließt die Protonen und Neutronen (und die darin enthaltenen Quarkteilchen) ein. Die schwache Wechselwirkung hingegen setzt Teilchen wie Radioaktivität ab, wenn der Atomkern selbst instabil wird. 2021 fanden Physiker nahe Chicago heraus, dass sich das Verhalten von Myonen (subatomaren Teilchen wie schweren Elektronen) nicht mit den vier Grundkräften erklären ließ. Dieses Ergebnis deutete darauf hin, dass es eine fünfte Naturkraft gibt, doch um das herauszufinden, muss noch weitere Forschungsarbeit geleistet werden.

WICHTIGE ENTWICKLUNGEN

Der Elektromagnetismus sowie die starke und die schwache Wechselwirkung werden von der Grand Unified Theory (GUT; dt. große vereinheitlichte Theorie) erklärt, die darlegt, dass diese drei Grundkräfte in einem sehr frühen Stadium des Universums quasi eins waren. Die Temperatur war so hoch, dass sie wie die elektronukleare Kraft in den ersten 10^{-36} (0.000000000000000000000000000000000001) Sekunden wirkten. Dann trennte sich die starke Kraft ab. Laut GUT sind der Elektromagnetismus und die schwache Wechselwirkung aber noch immer vereint, obwohl sie bei niedriger Energie getrennt voneinander wirken. Die Forschung versucht noch immer herauszufinden, wie sich die Gravitation in die GUT einbeziehen lässt.

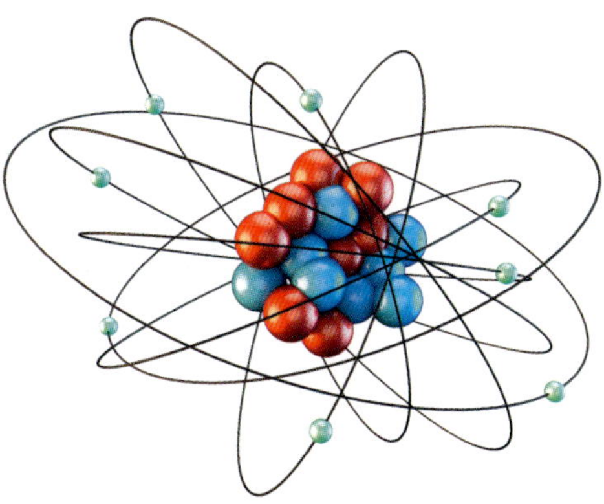

Diagramm eines Sauerstoffatoms mit acht Elektronen, die acht Protonen und acht Neutronen umkreisen

STANDARDMODELL **S. 174** GEIGER-MÜLLER-ZÄHLROHR **S. 191** TEILCHENBESCHLEUNIGER **S. 199**

Heisenbergsche Unschärferelation

HAUPTVERTRETER: WERNER HEISENBERG • LOUIS DE BROGLIE • MAX BORN

Die Heisenbergsche Unschärferelation, auch als Unbestimmtheitsprinzip bekannt, ist nach Werner Heisenberg (hier auf einem Foto aus den späten 1960er Jahren) benannt, der maßgeblich an ihrer Entdeckung beteiligt war. Heisenberg spielte eine führende Rolle bei der Entwicklung der Quantenmechanik, die mithilfe mathematischer Instrumente die subatomare Welt zu verstehen und erklären versucht.

Als sei die Vorstellung, dass Licht wie eine Welle und wie ein Teilchen funktionieren kann, nicht verwirrend genug, vermutete der französische Physiktheoretiker Louis de Broglie (1892–1987) 1924, dass sich nicht nur Photonen, also Lichtteilchen, so verhielten, sondern alle subatomaren Teilchen. Man hatte bereits erkannt, dass die Energie einer Lichtwelle in ihrer Frequenz und Wellenlänge verschlüsselt war, doch de Broglie schlug vor, alle Teilchen als „Wellenformen" zu behandeln, in denen sich gleichermaßen Energie, Position und andere physikalische Eigenschaften ausdrückten.

1927 bewies George Thomson (der Sohn von J.J. Thomson), dass sich Elektronen tatsächlich wie Wellen verhielten. Zur gleichen Zeit fanden zwei deutsche Physiker, Werner Heisenberg (1901–1976) und Max Born (1882–1970), heraus, dass Wellenformen nur funktionierten, wenn die Wahrscheinlichkeit (die Mathematik des Zufalls) berücksichtigt wurde. Das bedeutete, wenn die Position eines Teilchens bekannt war, konnte seine Bewegung nur geschätzt werden (und umgekehrt). Je exakter die Position, desto schwieriger die Einschätzung der Bewegung. Diese Aussage, die mit weiteren Quanteneigenschaften verbunden ist, wurde als Heisenbergsche Unschärferelation bekannt.

WICHTIGE ENTWICKLUNGEN

Die Heisenbergsche Unschärferelation verleiht Quantenteilchen die gespenstische Fähigkeit, mehr als ein Ding gleichzeitig zu sein, eine Eigenschaft, die als Superposition bezeichnet wird. Ein Teilchen kann im wahren Wortsinn an mehr als einem Ort gleichzeitig sein, und erst nachdem sie einmal bestimmt wurde, „kollabiert" die Wellenform und lässt sich an einem festen Ort nieder. Die Ungewissheit der Quantenmechanik unterbricht die Verbindung zwischen Ursache und Wirkung, da eine Ursache zahlreiche Wirkungen haben kann und nur der Zufall bestimmt, welche davon eintritt.

MODERNE PHYSIK **S. 27** DOPPELSPALTEXPERIMENT **S. 86** SPEKTROSKOPIE **S. 102** ENTDECKUNG ELEKTROMAGNETISCHER WELLEN **S. 110** ENTDECKUNG DES ELEKTRONS **S. 114** WELLEN-TEILCHEN-DUALISMUS **S. 128**

Quantenphysik

HAUPTVERTRETER: MAX PLANCK • ALBERT EINSTEIN • NIELS BOHR

Die Quantenphysik entstand aus der Forschung an Elektronen und Protonen. Im frühen 20. Jahrhundert fand Max Planck (1858–1947) die einzig mögliche Erklärung dafür, wie Objekte ihre Energie (Licht, Wärme und andere Arten der Strahlung) abstrahlten: Sie setzen sie in kleinen Paketen, sogenannten Quanten, frei. Quanten sind nicht gleichförmig und kommen in verschiedenen Größen vor, doch es ist unmöglich, die Größe eines Quants durch Hinzufügen oder Entnehmen von Energie zu verändern. 1905 postulierte Einstein, dass Quanten von Teilchen, sogenannten Protonen, getragen würden, und sich Licht sowohl wie eine Welle als auch wie ein Teilchenstrom verhielt. (Die Energie in jedem einzelnen Proton bestimmte die Wellenlänge, oder Farbe, des Lichts.) Aufbauend auf dieser Vorstellung fand Niels Bohr (1885–1962) heraus, dass Atome nur Energiepakete einer bestimmten Größe absorbieren und freisetzen konnten. Das erklärt, warum Atome eines bestimmten Elements stets einen einzigen Satz, oder Spektrum, farbigen Lichts freisetzen (und zudem unsichtbare Strahlung).

WICHTIGE ENTWICKLUNGEN

Bohrs Modell der Funktionsweise eines Atoms führte die Vorstellung der Elektronenorbitale ein. Dabei handelt es sich um Energielevel, die den Atomkern umgeben und innerhalb derer eine gewisse Anzahl an Elektronen mit einer bestimmten Energie sitzen können. Die genaue Energiemenge ist bei jeder Art von Atom anders. Wenn ein Photon mit der richtigen Energiemenge auf das Atom trifft, wird es absorbiert, was dazu führt, dass ein Elektron einen „Quantensprung" in eine energiereichere Umlaufbahn macht. Wenn es auf seine ursprüngliche Position zurückfällt, setzt das Elektron die Energie in Form eines weiteren Photons wieder frei.

Niels Bohr, hier im Jahr 1923, war ein Verfechter der Kopenhagener Deutung der Quantenphysik, derzufolge jede spezifische physikalische Eigenschaft zufällig aus einer Reihe von Alternativen hervorgeht

GRÖßE DES UNIVERSUMS **S. 28** DOPPELSPALTEXPERIMENT **S. 86** SPEKTROSKOPIE **S. 102**
ENTDECKUNG DES ELEKTRONS **S. 114** BESTIMMEN DER LADUNG **S. 120** WELLEN-TEILCHEN-DUALISMUS **S. 128**

Valenzbindungstheorie

HAUPTVERTRETER: LINUS PAULING

In ihrem natürlichen Zustand sind fast alle Atome mit einem oder mehreren anderen Atomen zu Molekülen verbunden. Elemente kommen bisweilen in reiner Form vor, verbinden sich aber meistens mit einem oder mehreren anderen Elementen zu Gemischen wie zum Beispiel Wasser (Wasserstoff und Sauerstoff). Die meisten Elemente haben Atome, deren äußerstes Orbital unvollständig ist – es gibt dort Platz für weitere Elektronen. Atome gehen daher Verbindungen ein, um dieses äußere Orbital zu ergänzen und so einen stabileren Zustand zu erreichen als in ungebundener Form. (Nur Edelgase wie Helium haben vollständig besetzte äußere Orbitale und sind deshalb chemisch extrem träge, das heißt sie verbinden sich nicht.) Von den zehn Millionen Gemischen, die wir heute kennen, nutzen mehr als 90 Prozent kovalente Verbindungen, bei denen sich also benachbarte Atome Elektronen teilen, um ihre äußeren Orbitale zu vervollständigen. Dieses Konzept entwickelte sich im frühen 20. Jahrhundert, vor allem, aber nicht ausschließlich, aufgrund der bahnbrechenden Abhandlung *On the Nature of the Chemical Bond* (1931) des US-Wissenschaftlers Linus Pauling (1901–1994).

WICHTIGE ENTWICKLUNGEN

Atome werden auch durch metallische und ionische Verbindungen zusammengehalten. Metallische Elemente haben nur wenige äußere Elektronen und verlieren diese daher schnell. Bei einer ionischen Verbindung hat ein Metall seine äußeren Elektronen verloren und wandelt sich in ein Ion mit positiver Ladung um. Die Elektronen werden an ein Nicht-Metall weitergegeben, das so zu einem Ion mit negativer Ladung wird, und diese Ionen mit ihrer gegensätzlichen Ladung ziehen einander an. In reinen und legierten (gemischten) Metallen bilden sich metallische Verbindungen, wenn sich die äußeren Elektronen von individuellen Atomen losreißen, um ein Meer gemeinsam genutzter Elektronen zu bilden, das die Atome zusammenhält.

Linus Pauling mit einem Molekülmodell, für dessen Beschreibung er mit dem ersten seiner zwei Nobelpreise (1954 und 1962) in Chemie ausgezeichnet wurde

Urknall

HAUPTVERTRETER: GEORGES LEMAÎTRE

Monseigneur Georges Lemaître war der erste Naturwissenschaftler, der die Vorstellung des sich ausdehnenden Universums in einer Theorie beschrieb

WICHTIGE ENTWICKLUNGEN

Der Urknall ist keine feststehende Einzeltheorie, sondern ein Mantelbegriff für eine Reihe von Ideen, die erklären, wie das Universum so wurde, wie wir es heute kennen. Die Theorie der Nukleosynthese im Urknall – diese beschreibt die Ereignisse im frühen Universum, aus denen Atome, Sterne und Galaxien hervorgingen – war zwar ein Erfolg. Doch die ersten Momente des Universums bleiben eines von mehreren ungelösten Rätseln. Außerdem gibt die Theorie keinen Aufschluss darüber, wie sich Zeit, Raum und Energie ausgebildet haben.

Die Analyse von Einsteins Relativitätstheorie offenbarte, dass das Universum unmöglich statisch sein konnte. Das perfekte Uhrwerk-Universum, wie Newton und viele andere vor ihm es sich vorgestellt hatten, in dem sich nichts je veränderte, war also ein Mythos. Das Universum musste entweder größer oder kleiner werden. Georges Lemaître (1894–1966), ein belgischer Physikprofessor und katholischer Priester, entschied sich 1927 für erstere Option (und die Expansion des Universums wurde 1929 bestätigt). Wenn das Universum größer wurde, musste es in der Vergangenheit kleiner gewesen sein und zu einem weit zurückliegenden Zeitpunkt einen einzigen dimensionslosen Punkt im Raum gebildet haben.

Lemaître nannte es das Kosmische Ei, aber Forschungen der späten 1940er Jahre erklärten, wie ein superheißes Universum von etwa der Größe einer Grapefruit sich ausdehnte, dann abkühlte und dabei Schritt für Schritt die atomare Materie des Universums ausbildete. Ein englischer Gegner dieser Theorie versuchte, sie als „Big Bang“ (dt. großer Knall) ins Lächerliche zu ziehen – diese Bezeichnung hält sich im Englischen bis heute.

GRÖßE DES UNIVERSUMS **S. 28**

Stellare Nukleosynthese

HAUPTVERTRETER: RALPH ALPHER • GEORGE GAMOW • ARTHUR EDDINGTON • FRED HOYLE

Zusammengesetztes Foto mit falschen Farben von Cassiopeia A, einer 10.000 Lichtjahre von der Erde entfernten Supernova, aufgenommen mit drei NASA-Teleskopen

Der Spruch „Wir sind Sternenstaub" mag in der Gegenkulturbewegung der 1960er Jahre verwurzelt sein. Er bringt aber auch eine allgemeine Wahrheit über die Bildung der Elemente auf den Punkt, die sich damals im allgemeinen Bewusstsein durchzusetzen begann. Dargelegt wird diese in der stellaren Nukleosynthese, einer Theorie, die ergründet, wie die vielen Elemente, die wir im Universum sehen, entstanden sind.

Rund 90 Elemente kommen in natürlicher Form auf der Erde vor. Hinzu kommen ein paar weitere, die bei hochenergetischen Ereignissen im Weltraum entstehen. Wasserstoffatome machen 75 Prozent der Materie des Universums aus. Sie entstanden bald nach dem Urknall. Heliumatome bilden weitere 23 Prozent. Die gängigen Elemente – wie Kohlenstoff, Sauerstoff und Eisen – werden durch Verschmelzung kleinerer Atome im Innern von Sternen ausgeformt. Sterne sind gewaltige Kugeln aus heißem Wasserstoffplasma. In ihrem Kern herrscht ein so hoher Druck, dass der Wasserstoff zu Helium verschmilzt. Durch diese Fusion wird weitere Energie freigesetzt, die schließlich die Oberfläche als Wärme und Licht durchdringt. Wenn der Wasserstoff ausgeht, verschmelzen ältere Sterne Helium zu schwereren Elementen, die schließlich Wolken aus Gas und Staub bilden. Aus ihnen entwickeln sich eines Tages neue Sterne und deren Planeten, Monde und vielleicht sogar Leben.

WICHTIGE ENTWICKLUNGEN

Die meisten Sterne, darunter auch unsere Sonne, sind Zwerge – weder groß noch stark genug, um Elemente hervorzubringen, die schwerer als Eisen sind. Nachdem ein Stern als roter Riese Helium verbrannt hat, zerstreut er sich in eine Nebelwolke (und hinterlässt einen heißen Kern, bekannt als weißer Zwerg). Superriesen jedoch verlöschen mit einer Explosion – einer Supernova –, die so gewaltig ist, dass dabei sehr viel schwerere und seltenere Elemente, wie Gold, Uran und Xenon, gebildet werden können.

SPEKTROSKOPIE **S. 102** KOSMISCHE STRAHLUNG **S. 124** URKNALL **S. 169**

Schlüssel-und-Schloss-Prinzip

HAUPTVERTRETER: EMIL FISCHER

Das Schlüssel-und-Schloss-Prinzip geht davon aus, dass Aktionen von Enzymen – biologischen Katalysatoren, die Reaktionen vereinfachen, die andernfalls nicht oder nur sehr langsam stattfinden würden – von einem Mechanismus geregelt werden. Alle Lebewesen nutzen Enzyme. Sie arbeiten in sämtlichen Zellen und Sekreten wie dem Speichel und den Magensäften.

Die Theorie stellte 1894 der deutsche Chemiker Emil Fischer (1852–1919) auf, der sich vorstellte, dass sich das Enzym und seine Zielchemikalie ineinanderfügen und eine temporäre Struktur bilden. Alle Enzyme bestehen aus Proteinen, Polymerstrukturen, die zu einem einzigen Gebilde aufgefaltet sind. Teil dieses Gebildes ist das aktive Zentrum (das Schloss). Die Substanzen, die von dem Enzym bearbeitet werden, sogenannte Substrate, passen genau in dieses Schloss, bilden also den Schlüssel. Sobald es im aktiven Zentrum angekommen ist, kann das Substrat reagieren und bewirkt das Wegbrechen eines Moleküls oder die Verbindung zweier Moleküle.

Als erstes Enzym wurde 1833 die Diastase (heute Amylase) isoliert, die als aktives Zentrum während der Verdauung Stärke in einfachere Zucker aufspaltet. Bis heute wurden mehr als 5000 Enzyme identifiziert.

WICHTIGE ENTWICKLUNGEN

Die Gestalt eines Proteins ist wesentlich für seine Funktion. Proteine sind Polymere – chemische Subtanzen, die aus Ketten kleinerer Moleküle, den sogenannten Monomeren, bestehen. Zu den Monomeren gehören auch Aminosäuren, von denen etwa 20 von Lebewesen genutzt werden. Die genaue Anordnung von Aminosäuren – die sogenannte Primärstruktur des Proteins – legt fest, wie sich das Molekül immer weiter auffaltet, bis es die perfekte Form für seine enzymatische Aktivität gefunden hat.

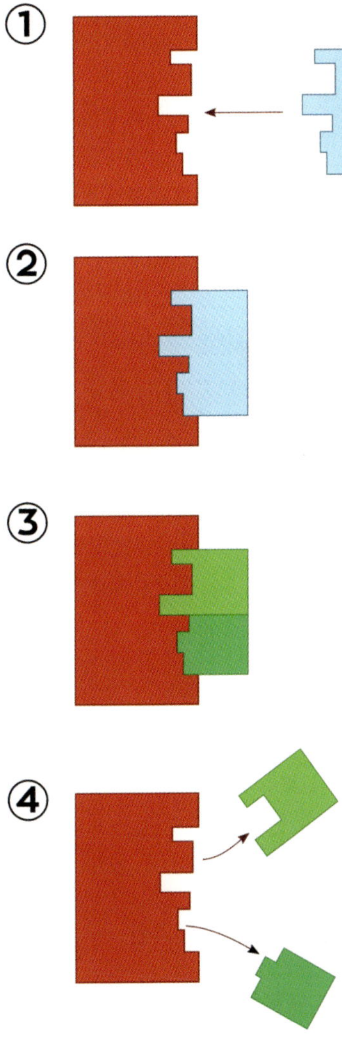

Schematische Darstellung des Schlüssel-und-Schloss-Prinzips der Enzyme: (1) Das Substrat bewegt sich in Richtung des aktiven Zentrums eines Enzyms; (2) das Substrat beginnt mit seiner Reaktion; (3) die Reaktion ist abgeschlossen, zwei Produkte haben sich ausgebildet; (4) die Produkte verlassen das aktive Zentrum.

ZELLTHEORIE **S. 25** CITRATZYKLUS **S. 139** URSPRUNG DES LEBENS **S. 140**

Zentrales Dogma der Molekularbiologie

HAUPTVERTRETER: FRANCIS CRICK • JAMES WATSON

Dieses Konzept mit dem hochtrabenden Namen, das Francis Crick in den späten 1950er Jahren erstmals aufstellte, versucht die Mechanismen zu erklären, durch die genetische Informationen in biologischen Wesen weitergegeben werden. Die Grundidee lautet: Derartige Daten können zwar von einer Nukleinsäure an eine andere weitergegeben und dann in ein Protein umgewandelt werden, doch ist diese Umwandlung einmal abgeschlossen, kann die Information ihre Form oder Position nicht mehr verändern.

Das Zentrale Dogma erwuchs aus der Entdeckung der Doppelhelixstruktur der Desoxyribonukleinsäure (DNA). Es unterteilt die möglichen Arten der Informationsweitergabe in drei Gruppen. Die wichtigste umfasst die Replikation, also die Verdopplung, der DNA; das ist die übliche Form der Weitergabe biologischer Informationen. DNA kann auch in Boten-Ribonukleinsäure kopiert (mRNA) und dann in DNA zurückübersetzt werden. Die Gestalt eines Proteins jedoch kann niemals als RNA in den Nukleus zurückübertragen werden.

WICHTIGE ENTWICKLUNGEN

Ribonukleinsäure (RNA) spielt eine wichtige Rolle bei der Translation von Genen in Proteine. Der genetische Code wandert von den Chromosomen als mRNA zu den Ribosomen, die aus verwickelten Einheiten ribosomaler RNA (rRNA) bestehen. Die mRNA schlüpft durch das Ribosom, und jede Drei-Buchstaben-Einheit, die sogenannte Codon, wird mit einem passenden Stück Transfer-RNA (tRNA) verbunden. Aufgabe der tRNA ist es, die richtige Aminosäure in die Reihe zu ziehen, bevor sich die mRNA vorwärtsbewegt und das nächste Codon signalisiert, welche Säure als nächste benötigt wird.

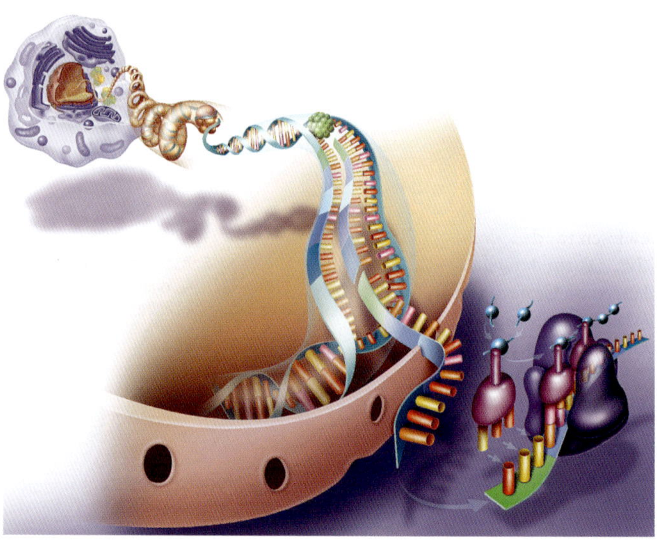

Das Diagramm zeigt, wie die DNA-Doppelhelix durch RNA aufgespalten werden kann. Der in der DNA enthaltene Code enthält Informationen, wie chemische Substanzen mit einer spezifischen Struktur, die für das Leben benötigt werden, aufgebaut werden können.

ZELLTHEORIE S. 25 GENETIK S. 31 DOPPELHELIX S. 142 SCHLÜSSEL-UND-SCHLOSS-PRINZIP S. 171

Endosymbiose

HAUPTVERTRETERIN: LYNN MARGULIS

Durch ihre Arbeit als Forscherin und Lehrende weckte die amerikanische Biologin Lynn Margulis für dieses Feld so viel öffentliche Aufmerksamkeit, dass es hieß, sie habe für die Symbiose so viel getan wie Charles Darwin für die Evolutionstheorie

Das Leben auf der Erde lässt sich in zwei Gruppen unterteilen: Prokaryoten und Eukaryoten. Zu ersteren zählen Bakterien und ähnlich mikroskopisch kleine Lebewesen, sogenannte Archaea. Diese Organismen haben kleine Zellen ohne erkennbare innere Strukturen. Zu den Eukaryoten gehört alles andere, von Algen und Amöben bis zu Eichen und Menschen. Eukaryotische Zellen sind zehn Mal größer als prokaryotische Zellen und enthalten einen Zellkern sowie einen Satz aus komplexen inneren Strukturen, sogenannte Organellen. Anhand von Fossilien konnte bewiesen werden, dass Prokaryoten die primitivere Form darstellen, die vor 3,5 Milliarden Jahren im Gestein auftauchte, ganze zwei Milliarden Jahre vor den Eukaryoten. Die amerikanische Biologin Lynn Margulis (1938–2011) formulierte 1967 die Theorie der Endosymbiose. Diese besagt, dass sich Eukaryoten aus Gruppen unzusammenhängender Prokaryoten entwickelten, die in einer Symbiose zusammenlebten, und dass ein Archaeon, begünstigt durch eine erweiterte Oberfläche, eine gefaltete Zellmembran ausbildete. Durch Zufall drangen Bakterien in diese Gastzelle ein und bildeten so den ersten Eukaryoten. Ob sich dies mehr als einmal ereignete, ist nicht bekannt; vielleicht nicht, denn alle heutigen eukaryotischen Organismen stammen von einer einzigen Zelle ab.

WICHTIGE ENTWICKLUNGEN

Die Ideen hinter der Endosymbiosetheorie begannen aufzutauchen, als mit weiterentwickelten Mikroskopen eine detailliertere Darstellung von Organellen gelang. Schon in den 1910er Jahren bemerkten Forscher, dass Chloroplasten (Organellen, die in Pflanzenzellen für die Photosynthese zuständig sind) und Mitochondrien (Organellen, die Glukose in Energie für die Zelle umwandeln) Bakterien ähnelten. Mitochondrien besitzen sogar einen eigenen genetischen Code, der von dem der Chromosomen getrennt ist. Analysen dieser DNA lassen vermuten, dass diese Organellen ursprünglich freilebende lila Bakterien waren, wie sie noch immer weit verbreitet sind, während sich Chloroplasten aus Cyanobakterien (auch bekannt als Blaualgen) entwickelten.

ZELLTHEORIE **S. 25** EVOLUTION DURCH NATÜRLICHE AUSLESE **S. 161**

STANDARDMODELL

HAUPTVERTRETER: J.J. THOMSON • MURRAY GELL-MANN • PETER HIGGS

Als Standardmodell wird ein Satz subatomarer Teilchen bezeichnet, die das Universum bilden und alle seine Prozesse steuern. Das gängige Modell umfasst 18 Teilchen, die auf unterschiedliche Weise unterteilt werden. In erster Linie wird zwischen Fermionen und Bosonen unterschieden. Fermionen sind jene Teilchen, die an der Herstellung gewöhnlicher Materie, wie zum Beispiel Atomen, beteiligt sind. Sie selbst werden in Quarks und Leptonen unterteilt. Quarks treten in Verbindung mit anderen Quarks oder Antiquarks auf, mit denen sie Hadronen bilden. Leptonen haben eine negative Ladung und umfassen Elektronen. Jene Teilchen, die zwischen Fermionen Energie übertragen, heißen Eichbosonen.

Das Standardmodell sagt die Wechselwirkungen von Quarks und Leptonen genau voraus, kann aber nicht die Massen dieser Teilchen oder die Stärke ihrer Wechselwirkungen vorhersagen. Trotz dieser Einschränkungen halten Wissenschaftler an dem Modell fest, in der Hoffnung, es werde sich nach und nach zu einer komplett vereinheitlichten Theorie entwickeln, die alle subatomaren Teilchen einschließt: die starken, die schwachen und die elektromagnetischen.

WICHTIGE ENTWICKLUNGEN

Viele Jahre lang waren alle bekannten Eichbosonen Kraftträger. Doch dann wurde 2012 ein neues Eichboson entdeckt – das Higgs-Boson, das elektrisch neutral ist und Fermionen ihre Masse verleiht. Außerdem hat jedes Teilchen im Standardmodell ein Antiteilchen, das genauso groß ist, aber eine gegensätzliche elektrische Ladung aufweist. Treffen ein Teilchen und ein Antiteilchen aufeinander, löschen sie sich gegenseitig aus.

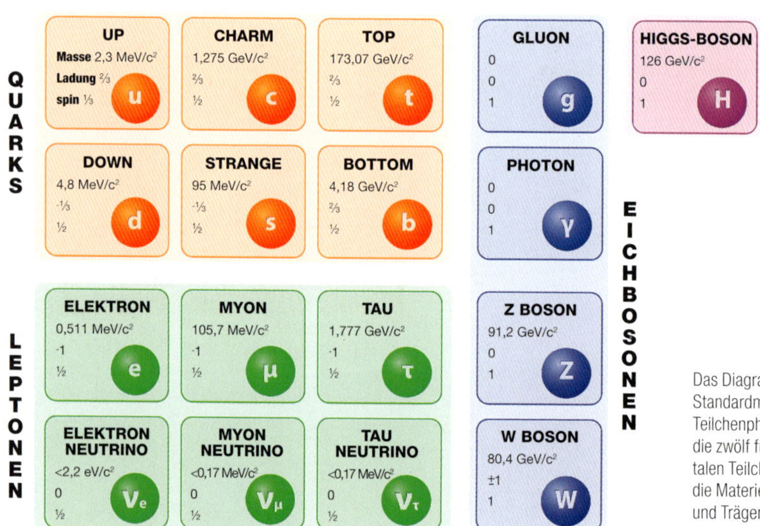

Das Diagramm des Standardmodells der Teilchenphysik zeigt die zwölf fundamentalen Teilchen, die die Materie bilden und Träger der vier Grundkräfte sind

STRINGTHEORIE **S. 39** BESTIMMEN DER LADUNG **S. 120**

Dunkle Materie

HAUPTVERTRETER: FRITZ ZWICKY • VERA RUBIN

In den 1930er Jahren stand fest, dass das Sonnensystem Teil einer Galaxie namens Milchstraße ist, die von anderen Galaxien durch nichts als Leere getrennt war. Als Astronomen begannen, Größe und Form der Galaxie zu erforschen, fanden sie heraus, dass sie sich schneller zu bewegen schien als ihr sichtbares Gewicht erlaubte. Wenn das Gewicht der Galaxie ausschließlich auf der Anzahl ihrer Sterne beruhte, müssten diese bei dem Tempo, in dem die Galaxie sich drehte, in alle Richtungen fortgeschleudert werden. Die meisten Astronomen vermuteten, dass die Beobachtungsdaten falsch seien. Doch der Schweizamerikaner Fritz Zwicky (1898–1974) nahm an, dass es möglicherweise unsichtbare Materie in der Galaxie gebe, „Dunkle Materie", wie er sie nannte.

Bis in die 1970er Jahre wurde das Problem weitgehend ignoriert, bis die amerikanische Astronomin Vera Rubin (1928–2016) verkündete, dass ihre akribisch genauen Messungen der Rotation der Andromeda, eines großen galaktischen Nachbarn, ergeben hatten, dass Galaxien tatsächlich Dunkle Materie enthielten, etwa sechs Mal soviel wie sichtbare Materie. Dieses Verhältnis gilt bis heute als zutreffend; ein Großteil der Materie des Universums fehlt.

WICHTIGE ENTWICKLUNGEN

Dunkle Materie kann nur durch ihre Gravitationswirkung aufgespürt werden, und da sie nicht mit Licht oder anderer Strahlung interagiert, ist sie unsichtbar. Man geht von zwei möglichen Quellen aus: Massive kompakte Halo-Objekte (MACHOs) oder dichte, schwachleuchtende Materie in der Peripherie von Galaxien, die bei Beobachtungen leicht übersehen werden kann. Doch wahrscheinlich kann keine von beiden die fehlende Materie erklären. Überzeugender ist da vielleicht die Behauptung, es gebe schwach interagierende massive Teilchen (WIMPs), die überall vermutet werden, bislang aber unentdeckt blieben.

Die Andromedagalaxie auf einem Foto des Galaxy Evolution Explorer von 2003 (das Raumschiff wurde 2013 außer Betrieb genommen)

FEHLENDE MATERIE IM UNIVERSUM **S. 37** ENTDECKUNG DUNKLER ENERGIE **S. 150**

Kosmische Inflation

HAUPTVERTRETER: ALAN GUTH

In den späten 1970er Jahren war durch die Weltraumforschung klar geworden, dass sich einige der beobachteten Merkmale des Kosmos nicht mit der Urknalltheorie erklären ließen. Eines der Rätsel war das „Ebenheitsproblem", das die Frage aufwarf, warum sich das Weltall so gleichmäßig in alle Richtungen ausdehnte. Laut der Urknalltheorie sollte der Weltraum nicht so gleichförmig sein, es sei denn, er habe sich zu Beginn seiner Existenz schneller ausgedehnt und abgekühlt.

Die Antwort kam in Gestalt der Theorie der kosmischen Inflation, die der amerikanische Physiktheoretiker Alan Guth (1947–) 1980 aufstellte. Seine Hypothese besagte, dass sich das Universum in den ersten 10^{-35} Sekunden um das Hundertfache vergrößerte, sich also mit Überlichtgeschwindigkeit ausdehnte. Demzufolge wäre es zu Beginn so groß gewesen wie ein Milliardstel Proton – klein genug, um den Inhalt des gesamten Universums gleichmäßig zu durchmischen – und hätte am Ende die Größe einer Murmel erreicht. Von da aus hätte es sich dann langsamer bis auf seine heutige Größe ausgedehnt.

WICHTIGE ENTWICKLUNGEN

Guths Theorie der kosmischen Inflation ist sehr gut durchdacht und erklärt alle Fragen, die die Urknalltheorie aufgeworfen hat. In den frühen 1980er Jahren fand man durch detaillierte Studien des Himmels, insbesondere der kosmischen Hintergrundstrahlung, heraus, dass das Universum tatsächlich extrem homogen ist, so wie Guth vorhergesagt hatte. Obwohl es keinen direkt sichtbaren Beweis für seine Theorie gibt, ist sie noch immer die beste Erklärung, die wir haben.

Die Evolution des Universums, die mit dem Urknall begann. Der rote Pfeil markiert den Lauf der Zeit. Man beachte die damit einhergehende Expansion.

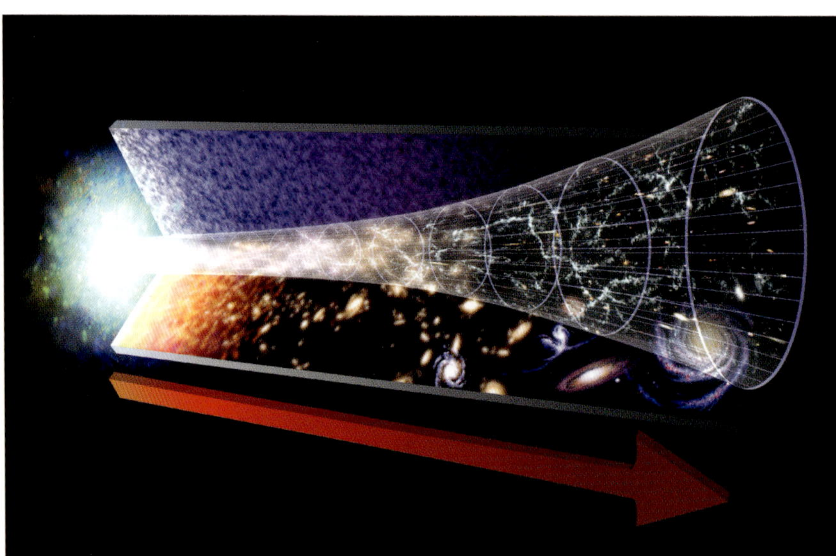

EXPANSION DES UNIVERSUMS **S. 132** KOSMISCHE HINTERGRUNDSTRAHLUNG **S. 146**

Viele-Welten-Interpretation

HAUPTVERTRETER: HUGH EVERETT

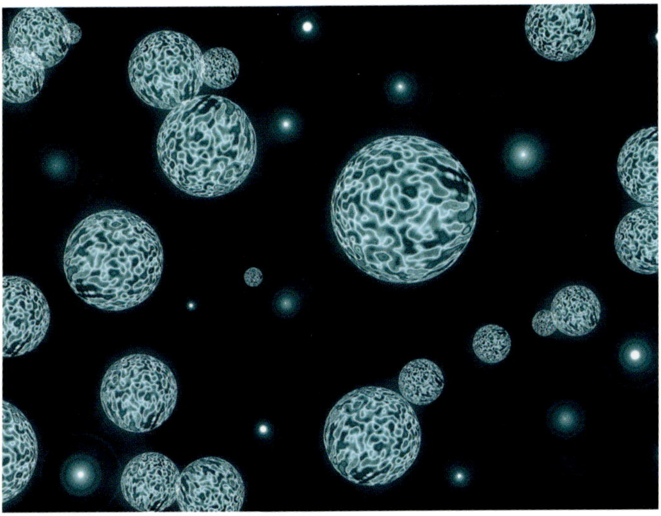

Diese abstrakte Illustration stellt den Urknall und die Entstehung multipler Universen dar

Die Quantentheorie ist bekanntermaßen eigenartig: Ereignisse auf Quantenebene sind dem Zufall überlassen. Das ist die Kernaussage der Kopenhagener Deutung aus dem frühen 20. Jahrhundert, die besagt, dass ein Quantenobjekt, bis es beobachtet wird und seine Merkmale bestimmt werden können, in vielerlei Zuständen vorkommen kann. Physiker hatten das Objekt zuvor als Wellenfunktion dargestellt, also einen Satz von Hypothesen, die jeweils die Wahrscheinlichkeit enthalten, dass es sich dabei um das beobachtete Objekt handelt. Diese Wellenfunktion „bricht zusammen", wenn das Objekt auf einen festen Satz beobachteter Merkmale reduziert wird; bis dahin überlagern sich alle seine möglichen Zustände. Das bedeutet zum Beispiel, dass ein Teilchen an mehreren Orten gleichzeitig sein kann.

1957 begehrte der amerikanische Physiker Hugh Everett (1930–1982) gegen diese Deutung auf. Er glaubte, dass die Wellenfunktion keine Hypothese, sondern eine Tatsache war, und wagte die Vermutung, dass das gesamte Universum eine unvorstellbar komplexe Wellenfunktion sei.

WICHTIGE ENTWICKLUNGEN

Kernpunkt von Everetts Interpretation ist die Vorstellung, dass die Wellenfunktion nicht zusammenbricht. Sie scheint lediglich zu verschwinden, weil die Realität in diesem Universum zur Wellenfunktion ihrer Geschwisteruniversen dekohärent wird. Zu dieser Dekohärenz kommt es, weil Unterschiede zwischen lokalen Realitäten die lokalen Wellenfunktionen auf eine Weise zu verändern beginnen, dass diese nicht länger zu denen der benachbarten Welten oder Universen passen.

DOPPELSPALTEXPERIMENT **S. 86**

Menschengemachter Klimawandel

HAUPTVERTRETER: EUNICE NEWTON FOOTE • SVANTE ARRHENIUS • CHARLES KEELING

Die amerikanische Naturwissenschaftlerin, Erfinderin und Frauenrechtlerin Eunice Newton Foote forschte schon früh an dem Phänomen, das heute als Treibhauseffekt bekannt ist

Seit 1880 hat sich die durchschnittliche Erdtemperatur um 0,8° Celsius erhöht. Auf einer globalen Skala stellt dieser winzige Anstieg einen enormen Energieschub dar, der den Klimawandel vorantreibt.

Der Mechanismus, durch den sich das Klima erwärmt, ist der ganz natürliche Treibhauseffekt. Die Erdatmosphäre ist weitgehend durchlässig für das Sonnenlicht, das von der Erdoberfläche absorbiert und als Wärme wieder abgegeben wird. Doch die Wärme kann nicht einfach in den Weltraum abstrahlen. Treibhausgase wie Kohlendioxid fangen sie in der Atmosphäre ein und halten die durchschnittliche Erdtemperatur bei 14° Celsius. Ohne Treibhausgase wäre die Erde ein in großen Teilen gefrorener Ort. Kohlendioxid wird von allen Lebensformen in die Luft abgegeben. Pflanzen nehmen es als Rohmaterial wieder auf, um mittels Photosynthese Zucker herzustellen. Dieser „Kohlenstoffkreislauf" hält den Kohleanteil in der Atmosphäre auf nahezu konstantem Niveau.

Fossile Brennstoffe sind Kohlenstoff, der in ferner Vergangenheit aus dem Kohlenstoffkreislauf entnommen wurde. Durch das Verbrennen dieser Stoffe für industrielle Zwecke ist der Kohlenstoffgehalt in der Atmosphäre in den vergangenen 250 Jahren um ein Drittel gestiegen. Der Zusammenhang zwischen diesem rapiden Anstieg und der beobachteten globalen Erwärmung ist gut dokumentiert.

WICHTIGE ENTWICKLUNGEN

Der Zusammenhang zwischen dem Kohlendioxid und der Erdtemperatur ergab sich aus dem überarbeiteten Werk von Eunice Newton Foote (1819–1888), die darlegte, dass sich reines Kohlendioxid im Sonnenlicht stärker erwärmte als andere Gase. In den 1960er Jahren erbrachte ihr amerikanischer Landsmann Charles Keeling (1928–2005) den Beweis, dass die globale Erwärmung menschengemacht ist. Dieser Teil der wissenschaftlichen Debatte ist nun endgültig abgeschlossen. Um präventive Maßnahmen zu fördern, liegt der Fokus nun auf der modellhaften Darstellung künftiger Klimata.

UMWELTWISSENSCHAFT S. 35

Entstehung des Sonnensystems

HAUPTVERTRETER: RODNEY GOMES • HAL LEVISON • ALESSANDRO MORBIDELLI • KLEOMENIS TSIGANIS

Das innere Sonnensystem umfasst vier Erdplaneten aus Gestein und Metall; der größte von ihnen ist die Erde. Die äußeren vier Planeten sind gigantische Welten aus Gas und Eis. Zudem gibt es im Asteroidengürtel Millionen kleinere Gesteinskörper und jenseits des Neptuns, im Kuipergürtel, Millionen kometengleiche Eiskörper, zu denen auch Pluto gehört. Dieses Arrangement entstand vermutlich, als sich das Sonnensystem aus einer Scheibe aus Staub, Eis und Gas bildete, die bei der Entstehung der Sonne übriggeblieben waren. Die dichteren Stoffe, wie Gestein und Metall, die bei hohen Temperaturen ihre Festigkeit behalten, sanken in Umlaufbahnen nahe der Sonne zurück. Die volatileren, weniger dichten Substanzen drifteten weiter ab in kühlere Gebiete und bildeten die eiskalten Riesenplaneten aus. Wenn Materie zusammenstieß, verschmolz sie zu immer größeren Körpern, den sogenannten Planetesimalen. Die Gravitation zog diese größer werdenden Objekte in Kugelform, und die größten Körper wuchsen stetig weiter, indem sie sich die kleineren einverleibten. Nachdem sie ihre Umlaufbahnen von allen anderen Körpern bereinigt hatten, wurden sie zu den acht Planeten. Der Asteroiden- und der Kuipergürtel werden aus dem übriggebliebenen Gestein beziehungsweise Eis gebildet.

WICHTIGE ENTWICKLUNGEN

Als Astronomen in den späten 1990er Jahren begannen, die Sonnensysteme anderer Sterne zu beobachten, bemerkten sie etwas Eigenartiges: Gasgiganten kreisten häufig in großer Nähe um ihre Sterne. Diese sogenannten „hot Jupiter" (dt. heiße Jupiter) bewirkten ein Umdenken hinsichtlich der Entstehung unseres eigenen Systems, dem sogenannten Nizza-Modell (nach der französischen Stadt). Dies enthält einen Mechanismus, durch den die Riesenplaneten der Sonne anfangs sehr viel näher waren und jedes Mal, wenn sie von außen ein Planetesimal zu sich hin zogen, durch die Gravitationsreaktion ein Stück weiter in Richtung ihrer heutigen Umlaufbahnen wanderten.

Künstlerische Darstellung der Entstehung einer protoplanetaren Scheibe, dem Vorläufer unseres – und vielleicht eines jeden – Sonnensystems

WETTLAUF INS ALL **S. 32** EXOPLANETEN **S. 148**

METHODEN UND INSTRUMENTE

Naturwissenschaftliche Methode

HAUPTVERTRETER: WILLIAM OF OCKHAM • FRANCIS BACON • KARL POPPER • THOMAS KUHN

WICHTIGE ENTWICKLUNGEN
Bacons Methode bestand in der Abkapselung von Ideen, die sich seit der Zeit von Aristoteles entwickelt hatten. Ockhams Rasiermesser, ein wissenschaftliches Prinzip, das besagt, dass die einfachste Erklärung wahrscheinlich die richtige ist, geht auf das Mittelalter zurück und ist bis heute ein nützliches Instrument. Der Philosoph Karl Popper (1902–1994) entwickelte die Methode in den 1930er Jahren weiter, indem er klarstellte, dass die Naturwissenschaften keine Wahrheit als solche offenbaren, sondern eine Vorstellung, die noch nicht als falsch bewiesen wurde.

Der Universalgelehrte Francis Bacon war Philosoph, Staatsmann, Naturwissenschaftler und Autor

Die Naturwissenschaften sind ein effizientes Instrument zum Erforschen der Natur und dem Enthüllen neuer Erkenntnisse. Sie gehen dabei in fünf Schritten vor. Zunächst beobachten Wissenschaftler die Natur und suchen nach einer Frage, auf die es noch keine Antwort gibt. Dann recherchieren sie, was über das Thema bereits bekannt ist. Im dritten Schritt stellen sie eine Hypothese auf, mit der das Problem erklärt werden könnte. Im vierten Schritt überlegen sie sich einen Versuch, um diese Hypothese zu überprüfen. Dazu müssen sie auf Grundlage ihrer Theorie die Ergebnisse des Experiments vorhersagen. Im letzten Schritt werten sie die Ergebnisse aus und ziehen Schlüsse auf die Richtigkeit oder Falschheit der Hypothese. Forschung, die auf diese Weise durchgeführt wird, kann niemals scheitern; auch ein negatives Ergebnis offenbart etwas Wichtiges. Die naturwissenschaftliche Methode wird im Allgemeinen dem englischen Gelehrten Francis Bacon (1561–1626) zugeschrieben, der 1620 ein „neues Instrument der Wissenschaft" entwarf. Das inspirierte andere Gelehrte, darunter Robert Boyle, Edmond Halley und Robert Hooke, die im späteren 17. Jahrhundert zu Schlüsselfiguren der naturwissenschaftlichen Revolution wurden.

ALCHEMIE **S. 15** NATURWISSENSCHAFTEN IN DER ISLAMISCHEN WELT **S. 16** NATURWISSENSCHAFTLICHE REVOLUTION **S. 18** NATURWISSENSCHAFTEN UND DAS INTERESSE DER ALLGEMEINHEIT **S. 29**

Graphen und Koordinaten

HAUPTVERTRETER: RENÉ DESCARTES • ISAAC NEWTON • GOTTFRIED LEIBNIZ

Die Ergebnisse wissenschaftlicher Versuche und Beobachtungen in grafischer Form darstellen zu können, ist eine große Hilfe beim Auswerten ihrer Bedeutung und dem Präsentieren von Schlussfolgerungen. Wenn man zudem jedes Ergebnis als Punkt auf einem Graphen einzeichnet, können die Daten in eine Linie oder ein anderes geometrisches Objekt umgewandelt werden. Wegbereiter dieser Arbeitsmethode, der sogenannten synthetischen Geometrie, war René Descartes (1596–1650). Das einfache Koordinatensystem mit einer X- und einer Y-Achse wurde deshalb zu Ehren des französischen Gelehrten Kartesisches Koordinatensystem genannt. Es heißt, die Idee zu diesem System sei Descartes gekommen, während er im Bett lag und beobachtete, wie eine Fliege an der Zimmerdecke mit regelmäßigen Pausen eine Bahn zeichnete. Mithilfe der Koordinaten der Pausenplätze konnte er die Bahn des Insekts mathematisch beschreiben. Die synthetische Geometrie macht genau das: Wissenschaftler wandeln Daten in eine Linie um und werten die dargestellte Information aus. Zum Beispiel bildet die Steilheit einer Linie die Geschwindigkeit ab, mit der sich die aufgezeichneten Werte verändern, während sich die Häufigkeit von Schwankungen im Ansteigen und Abfallen einer Linie offenbart.

WICHTIGE ENTWICKLUNGEN

Eine Generation nach Descartes entwickelten Isaac Newton und Gottfried Leibniz die Infinitesimalrechnung, mit der sich Daten analysieren lassen, die in stetem Fluss sind – bei Naturphänomenen ist dies häufig der Fall. Beide Wissenschaftler entwickelten diese Methode unabhängig voneinander und verteidigten sie stolz, aber beide froren die Daten an einem unendlich kleinen Punkt auf dem Graphen ein, um zu zeigen, wie schnell eine Veränderung zu diesem Zeitpunkt vonstatten ging.

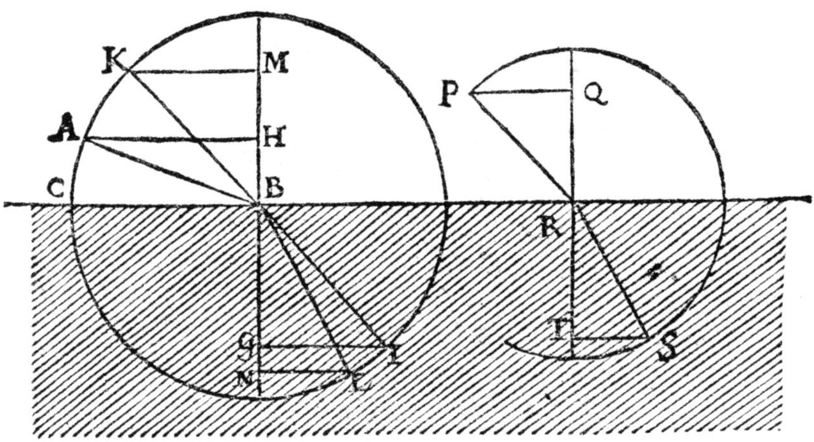

Dieses Diagramm stammt aus der Erstauflage der *Abhandlung über die Methode* (1637), in der Descartes mithilfe von Mathematik eine Methode des deduktiven Denkens formuliert, die sich auf alle Wissenschaften anwenden lässt

NATURWISSENSCHAFTLICHE REVOLUTION **S. 18** PENDELGESETZ **S. 52** FALLBESCHLEUNIGUNG **S. 55**
HEISENBERGSCHE UNSCHÄRFERELATION **S. 166**

Wahrscheinlichkeitstheorie und Ungewissheit

HAUPTVERTRETER: PIERRE DE FERMAT • BLAISE PASCAL

Kein Messwert eines natürlichen Phänomens, sei es die Körpertemperatur einer Maus oder der Energieausstoß eines Sterns, ist je ganz präzise. Naturwissenschaftler müssen daher statistische Tests durchführen, um herauszufinden, ob die erhobenen Daten von Bedeutung sind oder nur eine zufällige Ansammlung unzusammenhängender Messwerte. Das Herzstück der Statistik ist die Wahrscheinlichkeitstheorie – ein Gebiet der angewandten Mathematik, das zukünftigen Ergebnissen Werte zuschreibt, die darauf beruhen, mit welcher Wahrscheinlichkeit sie sich ereignen werden. Diese wird als Proportion aller möglichen Ergebnisse berechnet.

Die Wahrscheinlichkeitstheorie entstand 1654, als ein Gentleman-Zocker Blaise Pascal (1623–1662) und Pierre de Fermat (1607–1665), zwei führende Denker Europas, mit einer Frage nach Wettstrategien um Rat ersuchte. Sie offenbart, dass wir mit unserer natürlichen Intuition in Glücksachen häufig falsch liegen. Beim Werfen einer Münze zum Beispiel nimmt die Wahrscheinlichkeit, einen Kopf zu bekommen, mit der Anzahl der geworfenen Zahlseiten nicht zu, sondern bleibt stets konstant. Die Theorie zeigt außerdem, dass bei einem variablen Phänomen wie der Körpergröße von Menschen in einer Gruppe, Durchschnittswerte häufiger vorkommen als Extremwerte (klein und groß). Diese Verteilung der Daten wird als „Normalverteilung" bezeichnet, manchmal auch als „Glockenkurve". Sie ist ein wertvolles Instrument bei der Einschätzung, ob eine Beobachtung dem Durchschnitt entspricht oder in signifikanter Weise davon abweicht.

WICHTIGE ENTWICKLUNGEN

In den 1920er Jahren offenbarten Forschungen zum Wesen der subatomaren Physik, dass die Natur probabilistisch ist. Das bedeutet, dass ein Teilchen das Potenzial hat, in mehreren Zuständen gleichzeitig vorzukommen, wobei manche Zustände wahrscheinlicher sind als andere.

Der französische Mathematiker Pierre de Fermat leistete bahnbrechende Beiträge zur Zahlentheorie, Wahrscheinlichkeitsrechnung und Geometrie

GESUNDHEITSWESEN **S. 26** MODERNE PHYSIK **S. 27** WELLEN-TEILCHEN-DUALISMUS **S. 128**
HAUPTSÄTZE DER THERMODYNAMIK **S. 160** QUANTENPHYSIK **S. 167**

Standardmaße

HAUPTVERTRETER: JOSEPH-LOUIS LAGRANGE • PIERRE-SIMON LAPLACE

Der Platin-Iridium-Zylinder (rechts) bildete jahrelang das Standard-US-Kilogramm. Links, unter der Glasglocke, ist sein französisches Gegenstück zu sehen.

Empirische Beobachtungen vergleichen und wiederholen zu können, ist ein wesentlicher Bestandteil der naturwissenschaftlichen Methode. Dazu nutzen Naturwissenschaftler sogenannte SI-Einheiten, ein internationales System von Maßeinheiten.

Es gibt sieben SI-Basiseinheiten, von denen sich alle anderen Größen, etwa Geschwindigkeit und Kraft, ableiten: Zeit (Sekunde; s), Entfernung (Meter; m), Masse (Kilogramm; kg), Strom (Ampere; A), Temperatur (Kelvin; K), Menge (Mol; mol, das für gewöhnlich zum Zählen von Atomen verwendet wird) und die Leuchtintensität oder Stärke einer Lichtquelle (Candela; cd).

2019 wurden einige ältere Definitionen des SI-Einheitensystems revidiert und durch Einheiten ersetzt, die sich über unveränderbare physikalische Phänomene definieren. Eine Sekunde Zeit beruht auf der Schwingungsgeschwindigkeit eines Cäsiumatoms-133; ein Meter ist die Distanz, die ein Photon alle 3,335641 Nanosekunden zurücklegt. Das Kilogramm basiert auf der in Materie gespeicherten Energiemenge, die wiederum mithilfe von Zeit und Entfernung berechnet wird. Ampere und Candela werden auf ähnliche Weise von anderen physikalischen Konstanten definiert, basierend auf dem Verhalten von Energie auf atomarer Ebene. Ein Mol ist $6{,}02214076 \times 10^{23}$, die Anzahl der Wasserstoffatome in einem Gramm dieses Gases.

WICHTIGE ENTWICKLUNGEN

Ein frühes Beispiel eines Standardmaßes war das ägyptische Kubit, eine Längeneinheit, die sich an der Unterarmlänge des Pharaos bemaß. Das US-amerikanische Maßsystem entwickelte sich über das britische aus dem römischen System, in dem Einheiten generell in Zwölftel, sogenannte Uncia, unterteilt wurden. Die englischen Begriffe „inch“ und „ounce“ gehen auf diese Unterteilung zurück.

ENTSTEHUNG VON FORSCHUNGSEINRICHTUNGEN **S. 19** GRÖßE DER ERDE **S. 44** GEWICHT DER ERDE **S. 74**

Zeitmessung

HAUPTVERTRETER: CHRISTIAAN HUYGENS • JOHN HARRISON

WICHTIGE ENTWICKLUNGEN

Die alltäglichen Zeitmessungen gründen sich auf die Bewegung der Sonne und nutzen dafür sowohl den Tag-Nacht-Zyklus als auch das Jahr. Die alten Ägypter unterteilten das Tageslicht in zehn Stunden und ergänzten jeweils eine Stunde für die Morgen- und die Abenddämmerung. So schufen sie den 24 Stunden langen Tag-Nacht-Zyklus. Ein Monat basierte ursprünglich auf dem zeitlichen Abstand zwischen einem Vollmond und dem nächsten. Um den Zeitfortschritt den vier Mondphasen anzupassen, wurde der Monat grob in vier Wochen unterteilt.

Die Wissenschaft von der Messung der Zeit heißt Horologie. Während viele fundamentale Fragen über das Wesen der Zeit – sogar die, ob sie wirklich existiert – zu den fortwährenden Rätseln der Physik gehören, haben Uhrmacher immer präzisere Instrumente entwickelt, um den Lauf der Zeit zu erfassen. Genaue Uhren basieren stets auf einer physikalischen Schwingung mit einer konstanten Periode (die Zeit, die es braucht, um eine Schwingung abzuschließen). Ein frühes Beispiel war die Schwingung eines Pendels; für heutige Uhren wird eher ein Quarzkristall verwendet. Quarz ist eine piezoelektrische Substanz, das heißt, sie vibriert, wenn sie unter Strom gesetzt wird. Mithilfe dieser rhythmischen Verformungen werden elektrische Impulse gesteuert, die in einen Sekundentakt übersetzt werden.

Atomuhren sind sogar noch genauer: Sie machen sich für die Schwingung die Frequenz zunutze, in der Cäsiumatome (oder solche aus ähnlichem Metall) Energie absorbieren und abgeben. Während eine gute Quarzuhr alljährlich einige Sekunden hinzufügt oder verliert, weicht eine Atomuhr innerhalb von (mindestens) 100 Millionen Jahren nur um eine Sekunde ab.

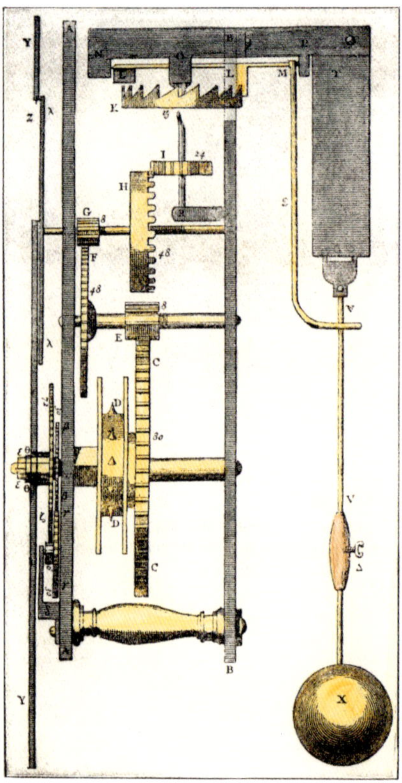

Seitenansicht des Pendelmechanismus' einer der ersten Uhren, die Christiaan Huygens in den 1660er Jahren produzierte, handkolorierter Holzschnitt

Thermometer

HAUPTVERTRETER: GALILEO GALILEI • OLE RØMER • DANIEL GABRIEL FAHRENHEIT • ANDERS CELSIUS • LORD KELVIN

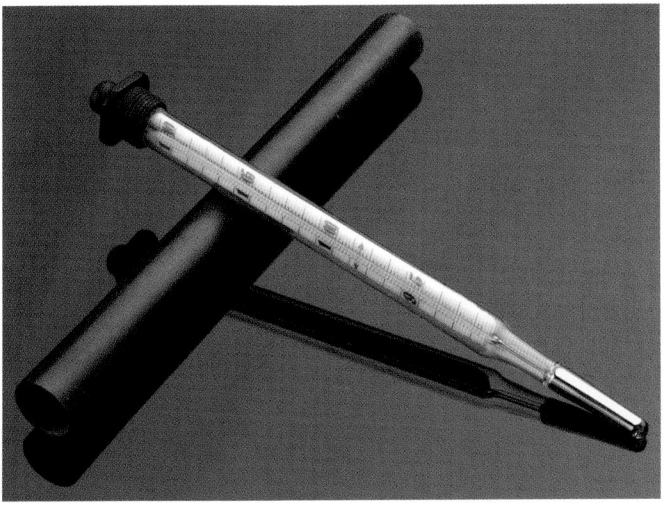

Ein medizinisches Thermometer mit Fahrenheit-Skala aus dem späten 19. Jahrhundert. In diesem Messinstrument, das nach seinem Erfinder, dem polnisch-holländischen Naturwissenschaftler Daniel Gabriel Fahrenheit (1686–1736), benannt ist, gefriert Wasser bei 32 Grad und beginnt bei 212 Grad zu kochen.

Sich bewegende Atome und Moleküle manifestieren sich in Wärme oder Wärmeenergie. Je schneller ihre Bewegung (oder ihr Hin- und Hertaumeln), desto mehr Energie enthalten sie. Die Temperatur misst die durchschnittliche Wärmeenergie in einer Substanz. Ein Thermometer misst die Temperatur anhand einer Skala, die vollkommen willkürlich gesetzte höhere und niedrigere Punkte hat. Die erfolgreichsten Skalen legen diese Fixpunkte auf Temperaturen, die sich einfach reproduzieren lassen. Die Celsius-Skala zum Beispiel setzt sie an den Punkt, wo Wasser gefriert und jenen, an dem es zu kochen beginnt. Die dazwischen liegenden Temperaturen werden durch 100 gleichwertige Einheiten, oder Grad, abgebildet. Ein digitales Thermometer nutzt einen Heißleiter – eine elektronische Komponente, die ihren Widerstand verändert, wenn die Temperatur variiert. Der Laser in einem Laserthermometer ist nur eine Zielhilfe; das Instrument misst die Infrarotwellen, die ein Körper oder ein anderes Objekt aussendet. Frühere Thermometer, die heute größtenteils nicht mehr in Gebrauch sind, nutzten eine Flüssigkeit, etwa Quecksilber oder Alkohol, die auf Temperaturveränderungen reagierte, indem sie sich innerhalb eines schmalen kalibrierten Röhrchens ausdehnte und zusammenzog.

WICHTIGE ENTWICKLUNGEN

Die ersten Instrumente zum Messen der Lufttemperatur arbeiteten mit verschlossenen Wassersäulen. Im 18. Jahrhundert wurde das Wasser durch Quecksilber ersetzt, da sich das Metall viel gleichmäßiger ausdehnte. Heutige Naturwissenschaftler messen die Temperatur in Kelvin (K). Ein Anstieg um 1K beschreibt dieselbe Größe wie ein Anstieg um ein Grad Celsius. Null Grad Kelvin (0K) beschreibt jedoch die niedrigste Wärmeenergie subatomarer Teilchen, den absoluten Nullpunkt der Kelvin-Skala.

GASGESETZE **S. 60** MECHANISCHES WÄRMEÄQUIVALENT **S. 96** HAUPTSÄTZE DER THERMODYNAMIK **S. 160**

Mikroskop

HAUPTVERTRETER: ROBERT HOOKE • ANTONIE VAN LEEUWENHOEK

Die Idee, mithilfe einer Linse kleine Details zu vergrößern, geht mindestens auf die Zeit um 700 v. Chr. zurück, als durchsichtige Kristalle zu den charakteristisch gebogenen Formen geschliffen wurden. Durch die sanfte Wölbung der Linse treffen die Lichtstrahlen aus leicht unterschiedlichen Winkeln darauf und werden daher entsprechend unterschiedlich stark gebrochen (in ihrer Richtung verändert). Das führt dazu, dass alle Strahlen in einem einzigen Punkt auf der anderen Seite der Linse gebündelt werden. Hält man die Linse vors Auge, sodass der Brennpunkt mit der Netzhaut übereinstimmt, hat man den Eindruck, auf ein viel größeres „virtuelles Bild" des Originals zu blicken, das verborgene Details sichtbar macht. Um diesen Effekt noch zu verstärken, arbeitet ein Mikroskop mit mindestens zwei Linsen. Die untere, die Objektivlinse, liefert ein scharfes „reelles" Bild des Objekts im Mikroskop. Die Augenlinse vergrößert dieses dann zu einem sehr viel größeren virtuellen Bild, das potenziell viele hundert Mal größer ist als das Originalobjekt. Optische Mikroskope sind so ausgestattet, dass sie Proben von oben oder unten beleuchten und mithilfe spezieller Filter verschiedene Lichtqualitäten nutzen können, um bestimmte Merkmale sichtbar zu machen. Biologische Proben werden zudem häufig mit Chemikalien eingefärbt, die bestimmte Regionen des Gewebes oder der Zelle hervorheben.

WICHTIGE ENTWICKLUNGEN

Lichtmikroskope können maximal um das 2000-fache vergrößern. Jenseits dieses Wertes erscheinen kleine Objekte verschwommen und sind schwer zu unterscheiden, wenn sie dicht gepackt sind. In den 1930er Jahren wurde diese Grenze durch die Entwicklung des Elektronenmikroskops (EM) sprunghaft erhöht. Mit Elektronenstrahlen erzeugte Bilder können Objekte viele tausend Mal höher auflösen. Mit dem Raster-EM lassen sich Objekte, einschließlich einzelner Atome, auf dem 50 Milliardstel eines Meters aufspüren.

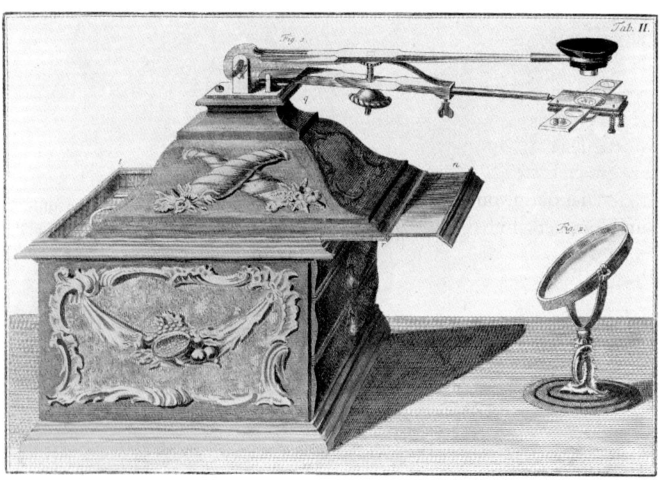

Mikroskop aus dem Jahr 1763, konstruiert von dem deutschen Biologen Wilhelm Friedrich von Gleichen-Rußwurm (1717–1783)

ZELLTHEORIE **S. 25** GENETIK **S. 31** ENTDECKUNG VON MIKROORGANISMEN **S. 64**

Teleskop

HAUPTVERTRETER: HANS LIPPERSHEY • GALILEO GALILEI

FAST, das weltgrößte Radioteleskop in der chinesischen Provinz Guizhou, mit einem Durchmesser von 500 Metern

Der Nutzen von Teleskopen wurde durch Astronomen des 17. Jahrhunderts bewiesen, die damit sehr viel kleinere und weiter entfernte Objekte sehen konnten und so anfingen, eine Vorstellung vom Ausmaß des Universums zu entwickeln. Bei diesen frühen Geräten handelte es sich um Linsenteleskope. Anders als in einem Mikroskop sitzt hier die größere Linse vorn. Diese Objektivlinse ist so groß wie möglich, um so viel Licht wie möglich aus größtmöglicher Entfernung aufnehmen zu können. Dieses Licht bündelt sie in einem klaren Bild innerhalb des Teleskoprohrs, das dann von der Augenlinse vergrößert und somit erkennbar wird. Ein Teleskop enthüllt also Details weit entfernter Objekte, wie Planeten, und macht weitere Objekte sichtbar, die so schwach leuchten, dass wir sie mit bloßem Auge nicht erkennen können. Ferngläser sind im Wesentlichen zwei nebeneinander angeordnete Linsenteleskope. Bei Spiegelteleskopen wird die Objektivlinse durch einen gewölbten Spiegel ersetzt, der das Licht auffängt. Diese Ausführung lässt sich einfacher in größerem Maßstab produzieren und wird daher für sehr leistungsstarke Teleskope genutzt, etwa das Extremely Large Telescope (ELT) und das Hubble-Weltraumteleskop.

WICHTIGE ENTWICKLUNGEN

Das Universum lässt sich auch mithilfe von Strahlung abbilden. Ein Radioteleskop funktioniert wie eine lange Antenne, die Signale aus dem Weltraum empfängt, und macht interessante Objekte im All, wie Quasare, sichtbar. Röntgen- und Ultraviolett-Teleskope lassen sich am besten im Weltraum benutzen, da ihre Strahlen von der Atmosphäre blockiert werden. Das James-Webb-Weltraumteleskop wird, sobald es zum Einsatz kommt, das Universum mit seiner Wärmesignatur abbilden und Forscher weiter blicken lassen als je zuvor.

CAMERA OBSCURA **S. 46** HERTZSPRUNG-RUSSELL-DIAGRAMM **S. 122** KOSMISCHE HINTERGRUNDSTRAHLUNG **S. 146** EXOPLANETEN **S. 148** LIGO **S. 152** DUNKLE MATERIE **S. 175**

Mikrofon und Lautsprecher

HAUPTVERTRETER: THOMAS EDISON • ALEXANDER GRAHAM BELL

WICHTIGE ENTWICKLUNGEN

Die Akustik – die Wissenschaft des Schalls – untersucht, wie sich Druckwellen durch Gase, Flüssigkeiten und feste Körper bewegen, die jeweils eine spezifische Schallgeschwindigkeit haben, welche maßgeblich von der Dichte des jeweiligen Mediums abhängt. Die früheste Entdeckung auf dem Gebiet der Akustik wird dem altgriechischen Mathematiker Pythagoras zugeschrieben. Er bemerkte, dass die Töne einer Oktave dadurch aufsteigen, dass die Wellenlänge des ersten Tons durch zwei, dann durch drei, vier, fünf, sechs und sieben geteilt wird.

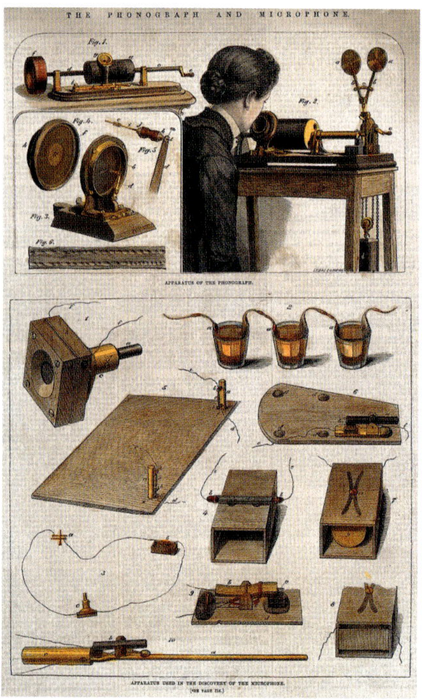

Die Technologie, mit der man Töne aufnehmen und abspielen kann, entstand im späten 19. Jahrhundert als Zweig der aufblühenden Unterhaltungs- und Kommunikationsindustrie. Seither ist sie in den Naturwissenschaften ein allgegenwärtiges Instrument, mit dem sich Informationen über Naturphänomene aller Art, von der Tierkommunikation bis zu Sonaraufnahmen zum Kartografieren des Meeresbodens, sammeln und analysieren lassen.

Mikrofone wandeln Schallwellen in der Luft (oder einem anderen Medium) in entsprechende elektrische Signale um, die übertragen, verstärkt und aufgezeichnet werden können. In der einfachsten Form des Mikrofons stoßen die Druckwellen des Schalls auf eine Membran, die im selben Rhythmus zu schwingen beginnt. Durch diese Schwingungen werden Magneten gegeneinander bewegt und dadurch ein schwankender elektrischer Strom erzeugt, der als Schallsignal dient. Der Lautsprecher nimmt dieses Signal auf und setzt damit einen Elektromagneten unter Strom, der dann wiederum einen weiteren Magneten anzieht und abstößt und so eine rhythmische Bewegung erzeugt. Diese Bewegung wird auf einen Kolben übertragen, der die Luft in Schwingung versetzt und so eine Schallwelle erzeugt, die die gleiche Struktur besitzt wie die ursprüngliche.

Phonograph von Edison mit einem Kohlemikrofon, kolorierter Holzschnitt

GRIECHISCHE PHILOSOPHEN **S. 13** NATURWISSENSCHAFTEN UND DAS INTERESSE DER ALLGEMEINHEIT **S. 29**
ELEKTROMAGNETISCHE WECHSELWIRKUNG **S. 88**

Geiger-Müller-Zählrohr

HAUPTVERTRETER: HANS GEIGER • WALTHER MÜLLER

Dieses Instrument, das nach Hans Geiger (1882–1945) und Walther Müller (1905–1979) benannt ist, die es 1928 erfanden, wird gemeinhin als Geigerzähler bezeichnet. Geiger entwickelte das Funktionsprinzip, während er sich mit der Erforschung des Atomkerns beschäftigte. Das Gerät spürt ionisierende Strahlung auf. Dabei handelt es sich im Allgemeinen um sich schnell bewegende, von radioaktiven Atomen produzierte Teilchen und Strahlen, die genug Energie haben, um Elektronen aus Atomen „herauszuschlagen“. Auf diese Weise werden Ionen mit elektrischer Ladung erzeugt. Die hochenergetische Strahlung, die dabei freigesetzt wird, bildet eine Gefahr für die Gesundheit. Das Zählrohr wird mit einem Gasgemisch gefüllt, das etwa ein Zehntel des atmosphärischen Drucks aufweist. Unter normalen Bedingungen sind die beiden Elektroden innerhalb des Rohrs nicht in der Lage, einen elektrischen Strom durch das Gas zu schicken. Ist jedoch ionisierende Ladung vorhanden, erzeugt diese im Innern des Rohrs elektrisch geladene Ionen, die wiederum einen Impulsstrom erzeugen. Dieser Strom aktiviert einen Lautsprecher, der ein Knackgeräusch macht. Steigt die Anzahl der Ionisationen, nimmt auch die Frequenz des Knackens zu, und diese Geräusche fließen in einem Ton zusammen. Je höher der Ton, desto größer ist die Gefahr.

WICHTIGE ENTWICKLUNGEN

Das Zählen der Ionisationen ist zwar ein sehr nützliches Instrument, doch der einfache Geigerzähler gibt nicht an, wieviel Energie die Strahlung enthält. Alphateilchen enthalten sehr viel mehr Energie als zum Beispiel Gammastrahlen oder Röntgenstrahlen. Um herauszufinden, welcher Energiemenge eine Person durch gefährliche Strahlung ausgesetzt ist, muss man ein Dosimeter benutzen.

Diesen Verstärker, der mit einem Geigerzähler verbunden war, nutzten Irène Joliot-Curie und ihr Mann Frédéric Joliot-Curie, die Tochter und der Schwiegersohn von Pierre und Marie Curie, für ihre Versuche mit Radioaktivität

NATURWISSENSCHAFTEN UND DAS INTERESSE DER ALLGEMEINHEIT **S. 29** UMWELTWISSENSCHAFT **S. 35**
ENTDECKUNG DER RADIOAKTIVITÄT **S. 112** KERNSPALTUNG **S. 136**

Fotografie

HAUPTVERTRETER: NICÉPHORE NIÈPCE • LOUIS DAGUERRE • WILLIAM HENRY FOX TALBOT

Das Wort „Kamera" leitet sich vom lateinischen „camera" (dt. Kammer) ab, und die frühesten Kameras waren genau das: dunkle Räume, die die Funktionsweise des menschlichen Auges nachbildeten. Das Licht drang durch eine kleine Öffnung in einer Wand ein, um auf der gegenüberliegenden Wand Bilder der Außenwelt zu erzeugen. Im 19. Jahrhundert wurden mehrere Systeme entwickelt, um diese Bilder mithilfe lichtempfindlicher Chemikalien, wie Silberiodid, einzufangen.

Bis in die 1990er Jahre arbeitete die Fotografie mit Kunststofffolie. Diese Technologie veränderte die Naturwissenschaften: Es war nun nicht mehr nötig, Beobachtungen in Zeichnungen festzuhalten; zudem konnte man Ereignisse, die für das bloße Auge zu schnell oder zu undeutlich waren, visuell festhalten.

Die digitale Fotografie hat den Film inzwischen weitgehend abgelöst. Bilder werden heute mit lichtempfindlicher Elektronik aufgenommen, um Pixelmuster zu erstellen, die als Computerdaten gespeichert werden. Digitalkameras sind viel kleiner und haltbarer als ihre Vorgänger und deshalb mittlerweile sehr verbreitet. Außerdem können Kameras heute Live-Bilder von entlegenen Orten, wie dem All oder dem Ozean, als Daten verschicken.

WICHTIGE ENTWICKLUNGEN

Die Persistenz des Sehens beschreibt ein Phänomen, bei dem das menschliche Gehirn ein Bild speichert und eine Sequenz von schnell aufeinanderfolgenden Bildern zu einer nahtlosen Bewegung verschmilzt. Erfolgreich vorgeführt wurde dies 1887, als die Fotos eines galoppierenden Pferdes offenbarten, dass das Tier in dieser Gangart alle vier Hufe gleichzeitig vom Boden hebt. Bald darauf wurden mithilfe der Fototechnik auch Filme und Videos produziert.

Dieses Foto nahm William Henry Fox Talbot (1800–1877) 1839 auf. Das Bild wurde ohne Kamera mit einer durchscheinenden Alge aufgenommen, die direkt auf fotosensitives Papier gelegt wurde. Auf den bedeckten Stellen blockierte die Pflanze das Sonnenlicht und hinterließ einen Lichtabdruck ihrer Form.

ELEKTRONIK UND COMPUTERTECHNIK **S. 30** CAMERA OBSCURA **S. 46**

Kathodenstrahlröhre

HAUPTVERTRETER: HEINRICH GEISSLER • WILLIAM CROOKES

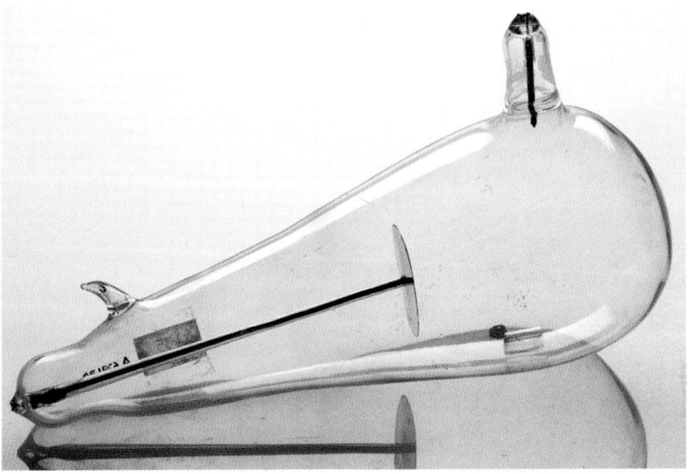

In den 1870er Jahren studierte William Crookes (1832–1919) die Effekte von Elektrizität, die durch teilweise luftentleerte Röhren wie diese floss. Die Kathode, eine Aluminiumscheibe im Innern der Röhre, gab Strahlen ab. Später fand man heraus, dass diese Kathodenstrahlen Elektronen enthielten.

Eine Kathodenstrahlröhre (CRT, vom englischen „cathode-ray tube“) ist ein geschlossener Glaskolben mit einem Beinahe-Vakuum, einer Kathode (negative Elektrode) und einer Anode (positive Elektrode) im Innern. Die CRT, die heute weitgehend von elektronischer und Digitaltechnologie abgelöst wurde, war bei der Erforschung des Atoms und des Elektromagnetismus von großem Nutzen und spielte auch bei der Entdeckung der Röntgenstrahlen und der Elektronen eine wichtige Rolle.

Sie wurde ausgehend von einfacheren Geräten entwickelt, die mehr Gas enthielten. Diese leuchteten in unterschiedlichen Farben und waren frühe Versionen der heutigen fluoreszierenden Glühbirnen. Wenn das Gas zu einem großen Teil ausgesaugt war, bildete sich, scheinbar aus dem Nichts, ein geheimnisvoller Strahl. Das war der Kathodenstrahl, der sich später als Elektronenstrahl erwies. Das Anbringen elektromagnetischer Spulen um die Röhre ermöglichte es, die Richtung des Strahls zu steuern. Durch diese Neuerung entstand das Oszilloskop, ein elektronisches Messgerät, bei dem der Strahl auf einem Bildschirm als Punkt erschien, der sich entsprechend der Aktivität der Elektromagneten bewegte. In ihrer einfachsten Form stellen Oszilloskope Veränderungen in einem elektrischen Strom visuell dar. Sie können aber auch für andere Zwecke genutzt werden, etwa um den Herzschlag, Erdbeben, Schallwellen und alle Arten sich konstant verändernder Phänomene abzubilden.

WICHTIGE ENTWICKLUNGEN

Die Kathodenstrahlröhre war das Herzstück des ursprünglichen elektronischen Fernsehers. Sie erzeugte ein Bild, indem sie den Elektronenstrahl in Reihen über einen fluoreszierenden Bildschirm bewegte und diesen so zum Leuchten brachte. Ein flackernder Strahl erzeugte ein Bild als Muster aus hellen und dunklen Flecken. Dieses Bild wurde viele Male pro Sekunde erneuert und aktualisiert, viel schneller, als das menschliche Auge wahrnehmen konnte. So entstand die Illusion eines bewegten Bildes.

ENTDECKUNG DES ELEKTRONS **S. 114** WELLEN-TEILCHEN-DUALISMUS **S. 128** ATOMTHEORIE **S. 159**

Röntgenbildgebung

HAUPTVERTRETER: JAMES CLERK MAXWELL • HEINRICH HERTZ • WILHELM RÖNTGEN

WICHTIGE ENTWICKLUNGEN

Röntgengeräte waren die ersten medizinischen Scanner, die Ärzten einen Einblick in die innere Anatomie ihrer Patienten gewährten. Sie sind bis heute viel in Gebrauch, wenngleich Röntgenbilder nur die harten Körperteile zeigen oder solche, die mit einem bestimmten Kontrastmittel behandelt wurden. Computertomografische (CT) Scans verwenden mehrere Röntgenbilder, die aus verschiedenen Winkeln aufgenommen werden, um ein detailliertes Bild zu erzeugen. Röntgenstrahlen haben genug Energie, um Zellen zu beschädigen. Es ist daher gefährlich, sich ihnen häufig auszusetzen. Doch gelegentliche Röntgenstrahlen bergen kein nennenswertes Risiko.

In den späten 1880er Jahren untersuchten Physiker die Eigenschaften von Kathodenstrahlen. Dabei handelte es sich um gespenstisch leuchtende Strahlen, die dadurch entstanden, dass eine Vakuumröhre elektrisch aufgeladen wurde. Auf Fotopapier zeigten die Strahlen dieselbe Wirkung wie gewöhnliches Licht: Sie ließen es dunkler werden und wie vernebelt erscheinen. 1895 entdeckte der deutsche Physiker Wilhelm Röntgen (1845–1923), dass seine elektrisch aufgeladene Röhre Fotopapier vernebelte, ohne das erwartete Leuchten abzugeben. Offenbar handelte es sich um einen unsichtbaren Strahl. Röntgen bezeichnete seine rätselhafte Entdeckung als X-Rays (dt. X-Strahlen), ein Ausdruck, der sich in anderen Sprachen bis heute hält. Weitere Forschungen ergaben, dass diese Strahlen einige feste Körper durchdringen konnten. Röntgen fertigte daraufhin ein Foto von der Hand seiner Frau an, das, genau wie wir es heute kennen, die Knochen im Innern sichtbar machte. Röntgenstrahlen haben sehr viel höhere Energie als sichtbares Licht. Deshalb können sie Haut und weiche Gewebe durchdringen, werden aber von harten Knochen aufgehalten. Die Knochen werfen daher einen Schatten auf das Papier, während die übrige Fläche weiß bleibt. Im Jahr darauf wurde in einem Krankenhaus im schottischen Glasgow das erste Röntgengerät in Betrieb genommen. 1898 nutzte die britische Armee ein mobiles Röntgengerät im Sudan, um verletzte Soldaten hinter den Kampflinien zu untersuchen.

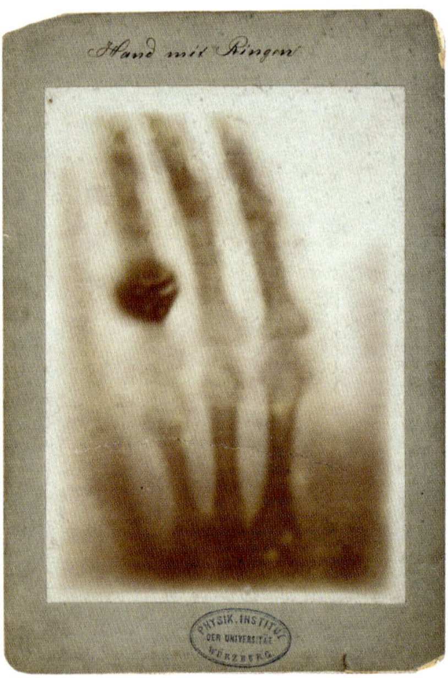

Als Anna Röntgen das Bild sah, dass ihr Mann von ihrer Hand (und dem Ehering) gemacht hatte, erschrak sie und sagte: „Ich habe meinen eigenen Tod gesehen"

MODERNE PHYSIK **S. 27** NATURWISSENSCHAFTEN UND DAS INTERESSE DER ALLGEMEINHEIT **S. 29**
ENTDECKUNG ELEKTROMAGNETISCHER WELLEN **S. 110**

Laser

HAUPTVERTRETER: CHARLES TOWNES • GORDON GOULD

Das Licht natürlicher Lichtquellen wie Sonne oder Feuer ist eine Mischung aus Farben oder Wellenlängen, und seine Strahlen sind inkohärent, das heißt seine Lichtwellen vibrieren nicht im Gleichklang. Ein Laser ist eine Lichtquelle, die nur eine oder zwei Wellenlängen enthält; sein Strahl ist kohärent, seine Wellen genau synchronisiert. Ein kohärenter Strahl lässt sich auf sehr genaue Weise manipulieren (zum Beispiel reflektieren oder aufspalten) und kann daher für viele Zwecke eingesetzt werden. Das Wort Laser ist ein Akronym für „light amplification by stimulated emission of radiation" (dt. Lichtverstärkung durch stimulierte Emission von Strahlung). Die erste Version war ein Maser, eine Mikrowelle. 1960 wurde der Lichtlaser erfunden. Dabei wird Licht in einen Kristall – ursprünglich ein Rubin, heute werden die meisten Laserkristalle künstlich hergestellt – eingeschossen. Bestimmte Photonen im Licht werden von den Atomen des Kristalls aufgenommen und wieder abgegeben. Auf diese Weise regen sie weitere Atome an. Der Kristall ist umgeben von einer Spiegelfläche, sodass das Licht darin umherspringt und an Intensität gewinnt. Dieses Licht wird dann von einem Ende des Geräts als starker Laserstrahl freigesetzt.

WICHTIGE ENTWICKLUNGEN

Laser werden für viele Zwecke genutzt. Sie können Daten auslesen und versenden, wenn sie zum Beispiel von einem Strichcode oder einer sich drehenden DVD reflektiert werden, oder über Lichtimpulse, die durch Glasfaserkabel laufen, verschlüsselte Informationen übertragen. Mit Lasern werden auch präzise Messungen durchgeführt. Sie wurden zum Beispiel regelmäßig gegen jene Spiegel geworfen, die Apollo-Crews auf dem Mond aufgestellt hatten. Anhand der Zeit, die ein Laser brauchte, um – in Lichtgeschwindigkeit – dorthin und wieder zurück zu gelangen, konnte man die Entfernung zwischen Erde und Mondoberfläche sehr genau bestimmen. Laser setzen Energie frei, die in der Chirurgie anstelle von Skalpellen, in der Industrie anstelle von Bohrern und Sägen und sogar als Waffe zum Einsatz kommt.

Mit diesem Laserstrahl aus dem Keck-II-Teleskop in Hawaii, USA, wird gemessen, wie die Erdatmosphäre bewirkt, dass das Licht der Sterne zu leuchten und zu funkeln scheint

INTERNET **S. 36** LIGO **S. 152**

Seismograf

HAUPTVERTRETER: ZHANG HENG • JEAN DE HAUTEFEUILLE • ALFRED EWING CHARLES RICHTER

Die Nadel eines Seismografen zeichnet eine rote Linie auf Papier und bildet so seismische Wellen und Erdbebenaktivität ab

Ein Seismograf ist ein Instrument zum Messen von Erschütterungen im Boden. Diese Erschütterungen können von Gestein verursacht werden, das unterirdisch auseinanderbricht; sie werden vor allem mit Erdbeben in Verbindung gebracht. Der erste Seismograf wurde 132 n. Chr. in China gebaut. Er bestand aus einem Gefäß mit einem Pendel in der Mitte, das sich bei Erschütterungen in Bewegung setzte, dabei eine von mehreren rund um die Außenfläche des Behälters platzierten Kugeln aus ihrer Halterung löste und so die Richtung des Erdbebens anzeigte. In den darauffolgenden Jahrhunderten wurden ähnliche mechanische Seismografen entwickelt, die die Erschütterungen auf Papier aufzeichneten. Heute wird diese Aufgabe von empfindlicher Elektronik erledigt. Während des 19. und 20. Jahrhunderts wurden überall auf der Welt Seismografen aufgestellt, die Erschütterungen von größeren Erdbeben aufzeichneten. Die dabei entstehenden seismischen Wellen sind so stark, dass sie den gesamten Planeten durchdringen. Als Geologen verglichen, wie unterschiedliche Wellen auf ihrer unterirdischen Reise reflektiert und gebrochen werden, fanden sie heraus, dass die Erde einen dichten Metallkern besitzt und eine obere Mantelschicht aus geschmolzenem Gesteinsmaterial.

WICHTIGE ENTWICKLUNGEN

Die Stärke eines Erdbebens wird üblicherweise auf der von Charles Richter (1900–1985) entwickelten Richterskala gemessen. Die Skala reicht von Stärke 1, die mehr oder weniger kontinuierliche Mikrobeben anzeigt, die nur durch einen Seismografen wahrgenommen werden können, bis zu mehr als Stärke 9, was etwa alle 50 Jahre einmal vorkommt. Es handelt sich dabei um eine logarithmische Skala: Der Anstieg um eine Stärke bedeutet also einen zehnfachen Anstieg an Intensität.

GEOLOGIE UND GEOWISSENSCHAFT **S. 23**

Radiokohlenstoffdatierung

HAUPTVERTRETER: WILLARD LIBBY • ARTHUR HOLMES

Anhand natürlicher Vorkommen von Radioaktivität lässt sich das Alter sehr alter Objekte bestimmen. Jedes radioaktive Isotop hat eine spezifische Halbwertszeit, die beschreibt, wie lange es dauert, bis die Hälfte seiner Atome zerfällt. Dieser Prozess setzt sich unendlich fort: Wenn ein bestimmtes Isotop eine Halbwertszeit von einer Woche hat, verliert es innerhalb der ersten sieben Tage die Hälfte seiner Atome, in den darauffolgenden sieben Tagen die Hälfte seiner übrigen Atome und so geht es unendlich weiter.

Wird ein Objekt älter, reduziert sich die Proportion dieser Isotope. Durch Bestimmen, um wie viel sie sich reduziert, lässt sich das Alter des Objekts gut einschätzen. Organische Objekte – Körper, aus Holz oder Knochen gefertigte Werkzeuge, aus Naturmaterialien gewebte Stoffe – lassen sich mithilfe ihres Kohlenstoffanteils datieren, da dieses Element in allen Lebewesen vorkommt. Carbon-14, eine radioaktive Form von Kohle, kommt in kleinen Mengen in der Natur vor. Während des Lebens bleibt die Proportion dieses Isotops im Körper gleich, da sie immer wieder erneuert wird. Nach dem Tod jedoch sinkt der Carbon-14-Anteil, da die Atome in eine stabile Form von Stickstoff zerfallen. Mit einer Halbwertszeit von 5.730 Jahren kann Carbon-14 zum Datieren von Objekten genutzt werden, die bis zu 50.000 Jahre alt sind.

WICHTIGE ENTWICKLUNGEN

Millionen oder sogar Milliarden Jahre alte Gesteine und Mineralien werden mithilfe von Uran und anderen radioaktiven Metallen datiert, die eine sehr viel längere Halbwertszeit haben als Carbon-14. Diese Form der radiometrischen Datierung, die erstmals im frühen 20. Jahrhundert durchgeführt wurde, erbrachte den ersten Beweis für die langgehegte Vermutung, dass die Erde sehr viel älter ist als sich anhand menschlicher Belege feststellen ließ.

Von der inneren Oberfläche eines alten menschlichen Knochens wird organisches Material entnommen, um mithilfe der Radiokohlenstoffdatierung das Alter des Knochens zu bestimmen

NATURGESCHICHTE UND BIOLOGIE **S. 22** GEOLOGIE UND GEOWISSENSCHAFT **S. 23**
ENTDECKUNG DER RADIOAKTIVITÄT **S. 112**

Blasenkammer

HAUPTVERTRETER: DONALD A. GLASER • CHARLES WILSON

WICHTIGE ENTWICKLUNGEN

1928 entwickelte der britische Quantenphysiker Paul Dirac (1902–1984) eine Gleichung, die das Verhalten von Elektronen vollständig beschrieb. Die Mathematik offenbarte jedoch die Möglichkeit für die Existenz eines weiteren Teilchens mit derselben Masse, aber komplett entgegengesetzten Eigenschaften. Dieses Teilchen nannte man Positron, eine positive Version des Elektrons. Es war das erste Beispiel für Antimaterie. Antimaterie hat eine sehr kurze Lebensdauer. Wenn sie auf Materie trifft, wird sie zu Nichts zerschlagen.

Die Entdeckung subatomarer Teilchen zu Beginn des 20. Jahrhunderts warf ein technologisches Problem auf: Wie sollte man die nahezu unendlich kleinen Gebilde beobachten? Noch komplizierter wurde das Problem durch eine Entdeckung, die man bei der Beobachtung kosmischer Strahlung machte, die auf die Atmosphäre prallte: Die meisten subatomaren Teilchen haben eine sehr kurze Lebensdauer und werden nur für den Bruchteil einer Sekunde nach Hochenergiekollisionen sichtbar. 1911 wurde die Nebelkammer erfunden, in der winzige Teilchen durch dichten Wasserdampf sausten. Die Teilchen luden die Moleküle elektrisch auf und erzeugten so eine Spur, die in einem Foto festgehalten wurde. In den 1950er Jahren wurde dieses System zu einer Blasenkammer weiterentwickelt, die der Legende nach davon inspiriert war, wie sich in Bier Blasen bilden. Die Kammer ist mit tiefkaltem flüssigem Wasserstoff gefüllt, der unter hohem Druck und genau am Siedepunkt steht. Die einlaufenden Teilchen bringen den Wasserstoff zum Sieden und hinterlassen besagte Spur. In der Kammer befinden sich elektrische und magnetische Felder, wodurch die Teilchen präzise gekrümmte Bahnen beschreiben, an denen sich ihre Ladung, Masse und Energie ablesen lassen. Blasen- und Nebelkammern spielten bei der Entdeckung exotischer Teilchen wie Positronen und Mesonen eine wichtige Rolle. Ende des 20. Jahrhunderts waren sie weitgehend von elektronischen Detektoren abgelöst worden.

Eine alte Blasenkammer im Fermi National Accelerator Laboratory (Fermilab) in Illinois, USA, wo Naturwissenschaftler die kleinsten Bausteine der Materie erforschen

MODERNE PHYSIK **S. 27** ENTDECKUNG DES ELEKTRONS **S. 114** KOSMISCHE STRAHLUNG **S. 124**
STANDARDMODELL **S. 174**

Teilchenbeschleuniger

HAUPTVERTRETER: ERNEST LAWRENCE • M. STANLEY LIVINGSTON • GLENN SEABORG

M. Stanley Livingston (links; 1905–1986) und Ernest O. Lawrence (1901–1958) vor ihrem Werk: dem 68-Zentimeter-Zyklotron im alten Radiation Laboratory an der University of California, Berkeley (1934)

Bis heute haben Physiker herausgefunden, dass das Universum aus 18 grundlegenden Teilchen besteht. Die meisten von ihnen wurden dadurch entdeckt, dass man Materie aufeinanderprallen ließ und bei diesen Kollisionen Atome destabilisiert wurden. Man beobachtete, dass sich die Materie danach wieder zu einer stabilen Form zusammenfügte und so Hinweise auf die Entstehung des Universums gab.

Diese Art Forschung findet in Teilchenbeschleunigern statt, die seit ihrer Erfindung in den 1920er Jahren stetig weiterentwickelt wurden. Das Kernstück des Beschleunigers ist eine von starken Magneten umgebene Vakuumröhre. Die Magneten erzeugen elektrische und magnetische Felder, die einen Teilchenstrahl durch die Röhre leiten und immer wieder anstoßen, um seine Geschwindigkeit zu erhöhen. Dann werden zwei Strahlen so ausgesteuert, dass sie frontal gegen einen Detektor prallen. Der aktuell größte Teilchenbeschleuniger ist der Large Hadron Collider (LHC). Er kann Protonen bis zu 299,8 Millionen Meter pro Sekunde beschleunigen. Bei diesem Tempo werden die Protonen durch das Hinzufügen von Energie nicht schneller, sondern schwerer. Wenn sie kollidieren, wiegen sie im LHC 7.500 Mal mehr als zu dem Zeitpunkt, als sie in den Beschleuniger eingedrungen sind.

WICHTIGE ENTWICKLUNGEN

Die Teilchenphysik arbeitet üblicherweise mit Ringbeschleunigern wie dem LHC. Mit Linearbeschleunigern werden schwerere Objekte – ganze Atome – auf ein Ziel am äußeren anderen Ende geschossen. Diese Maschinen werden zum Erforschen superschwerer Elemente benutzt, wo Atome erzeugt werden, die so schwer sind, dass sie in der Natur nicht vorkommen und dadurch entstehen, dass zwei kleinere Atome miteinander verschmelzen. Bisher wurden 25 dieser künstlichen Elemente produziert. Sie alle sind instabil, aber Naturwissenschaftler sagen voraus, dass schwerere Atome, die im gleichen Verfahren hergestellt werden, künftig stabiler sein könnten.

KERNSPALTUNG **S. 136** STANDARDMODELL **S. 174** DUNKLE MATERIE **S. 175**

ATLAS (CERN)

HAUPTVERTRETER: PETER JENNI • FABIOLA GIANOTTI • DAVID CHARLTON • KARL JAKOBS

Der Large Hadron Collider (LHC) im CERN, einem physikalischen Forschungsinstitut an der Grenze zwischen Frankreich und der Schweiz, verfügt über acht Detektoren. Der größte ist ATLAS, der an der Entdeckung des Higgs-Bosons 2012 den Hauptanteil hatte. Dieses neue Teilchen, für dessen Entdeckung der LHC gebaut wurde, verleiht Materieteilchen, wie Elektronen und Protonen, die Eigenschaft der Masse. ATLAS wiegt 7000 Tonnen, ist sechs Stockwerke hoch und in etwa so lang wie eine Boeing 737. In seinem Innern findet sich eine Kollisionskammer, in der Protonen mit einer Energie aufeinanderprallen, wie sie im Universum seit den frühen Momenten des Urknalls nicht mehr erzeugt wurde. Die bei der Kollision entstehenden Teilchen stieben in alle Richtungen auseinander, und durch die Wechselwirkung mit einem starken Magnetfeld, das die Kammer umgibt, folgt jedes einer eigenen Bahn. Dann dringen die Teilchen durch die Schichten eines Siliziumdetektors, der die Teilchenpositionen aufzeichnet und genau feststellt, an welcher von 80 Millionen möglichen Positionen innerhalb des ATLAS sie sich befinden. Als Nächstes werden die Teilchen durch dickere Siliziumstreifen nachverfolgt, bevor sie äußere Detektoren erreichen, die Masse, Energie und andere Merkmale jedes einzelnen Teilchens identifizieren. Jede Sekunde verfolgt ATLAS 40 Millionen Protonenkollisionen.

WICHTIGE ENTWICKLUNGEN

Der LHC verfügt zudem über einen ALICE-Detektor, der untersucht, was passiert, wenn sehr viel schwerere Blei-Atomkerne aufeinanderprallen. Die Atomkerne enthalten Protonen und Neutronen, die aus Quarkteilchen bestehen. Quarks werden von Gluon-Teilchen zusammengehalten, die die stärksten Kräfte im Universum steuern. Mithilfe von ALICE – ein Akronym für A Large Ion Collider Experiment – können Forscher beobachten, auf welche Weise diese starke Kraft Materie erzeugt, so wie es in der Frühzeit des Universums geschehen ist.

Der Aufbau des ATLAS-Detektors im Large Hadron Collider, CERN, Schweiz

STANDARDMODELL **S. 174**

Neutrino-Detektoren

HAUPTVERTRETER: ENRICO FERMI • WOLFGANG PAULI

Bei einigen Kernreaktionen spalten sich Neutronen in Protonen auf und setzen dabei Elektronen frei. Die Produkte, die bei dieser Umwandlung entstehen, ergeben zusammen nicht genau dieselbe Masse wie das ursprüngliche Teilchen. Ein weiteres Teilchen – ein Neutrino – wird ebenfalls freigesetzt. Neutrinos haben eine Masse, aber die ist so gering, dass Physiker noch immer versuchen, sie genau zu bestimmen. Außerdem sind Neutrinos so kurzlebig, dass sie kaum mit anderen Teilchen in Wechselwirkung treten. Da sie also kaum etwas machen, lassen sich ihre Merkmale schwer erforschen. Damit dies doch gelingt, wurden Neutrino-Detektoren an Orten aufgestellt, wo sie vor kosmischer Strahlung geschützt sind: auf dem Grund des Ozeans, unter dem antarktischen Eis oder in tiefen, aufgegebenen Bergstollen. Wenn ein Neutrino einen solchen Detektor durchdringt, könnte es mit einem Atom zusammenstoßen und dabei einen Funken Strahlung freisetzen, der von hochempfindlichen Kameras eingefangen wird. Neutrinos sind sehr häufig und machen einen Großteil der Materie im Universum aus. Jede Sekunde strömen rund 65 Milliarden von ihnen durch jeden Quadratzentimeter der Erdoberfläche. Doch auch der größte Detektor kann am Tag nur zehn von ihnen einfangen.

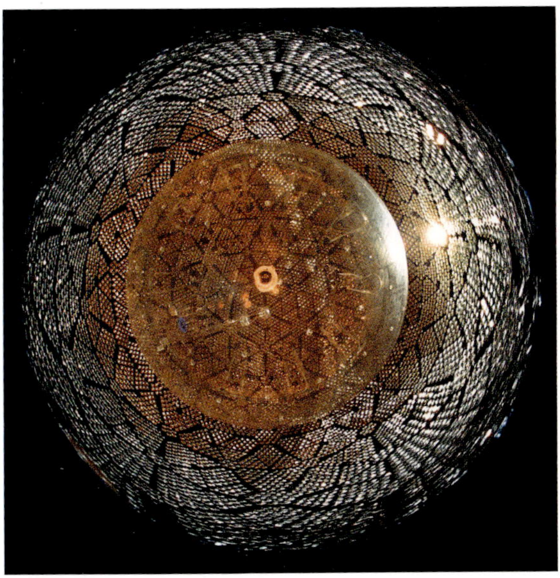

Sphärische Messkammer knapp 2500 Meter unter der Oberfläche der Creighton-Zeche im Sudbury Neutrino Observatory in Ontario, Kanada

WICHTIGE ENTWICKLUNGEN

Wie der Name vermuten lässt, haben Neutrinos keine elektrische Ladung – sie sind neutral. Und doch kommen sie in verschiedenen Arten oder „Zuständen" vor. Eine Art ist mit dem Elektron verbunden, zwei andere werden mit Myon- und Tau-Teilchen assoziiert, schwereren Versionen des Elektrons, die sich bei Kernreaktionen flüchtig beobachten lassen. Um das Rätsel um das Neutrino noch zu vergrößern, nimmt man an, dass die Teilchen wiederholt von einem Zustand zum anderen wechseln und bei diesem Übergang einen vierten, „sterilen" Zustand annehmen. Sterile Neutrinos sind noch schwerer nachzuweisen als andere Arten.

MODERNE PHYSIK **S. 27** STANDARDMODELL **S. 174** KERNSPALTUNG **S. 136** DUNKLE MATERIE **S. 175**

Massenspektrometer

HAUPTVERTRETER: J.J. THOMSON

Das Massenspektrometer ist ein Instrument, mit dem in der Physik und der Chemie die Zusammensetzung einer Mischprobe aus subatomaren Teilchen, Atomen und Molekülen analysiert wird. Es wurde von J.J. Thomson als Erweiterung der Kathodenstrahlröhre entwickelt, in der mithilfe eines elektrischen Felds Elektronenstrahlen gebeugt werden, um so ihr Gewicht zu bestimmen.

Thomson entwickelte das Verfahren, indem er eine Materialprobe in die Röhre gab und dann beobachtete, wie die verschiedenen Bestandteile vom elektrischen Feld entsprechend ihrer Masse verteilt wurden. Das ist das Grundprinzip eines Massenspektrometers. Ein Detektor am Ende einer Vakuumröhre zeigt die Verteilung der Objektmassen in der Probe sowie ihre jeweiligen Quantitäten an.

Auf diese Weise bestimmte Thomson die Proportionen von Isotopen – diese abweichenden Versionen der Atome eines Elements besitzen dieselben chemischen Eigenschaften, aber leicht abweichende Massen. Heute analysieren Chemiker mithilfe von Massenspektrometern komplexe chemische Mixturen und nutzen die entdeckten Massen als Hinweise auf die Struktur der vorliegenden Moleküle.

WICHTIGE ENTWICKLUNGEN

Das Phänomen der Isotope entdeckte 1912 der englische Physiker Frederick Soddy (1877–1956). Zusammen mit vielen anderen namhaften Atomphysikern versuchte er herauszufinden, wie radioaktive Atome wie Uran zerfallen. Sie entdeckten, dass diese instabilen Atome wiederholt ihre Formen veränderten (heute wird dies als Zerfallsreihe verstanden), die sie anfangs für neue, unentdeckte Elemente hielten. Soddy aber fand heraus, dass es sich bei allen um bekannte Substanzen handelte, die jedoch in leicht unterschiedlichen Massen auftraten – Soddy nannte sie Isotope.

J.J. Thomson, der Erfinder des Massenspektrometers, Entdecker von Elektronen und Isotopen sowie Pionier der Atomphysik, Foto, 1906

ENTDECKUNG DER RADIOAKTIVITÄT **S. 112** ENTDECKUNG DES ELEKTRONS **S. 114** DAS PERIODENSYSTEM **S. 162**

Chromatografie

HAUPTVERTRETER: MICHAIL ZWET

Die Chromatografie (griechisch für „Schreiben mit Farbe“) ist vielen als naturwissenschaftliches Experiment aus der Schule bekannt. Bei diesem Verfahren werden Tinte und Tuschfarben in ihre Farbkomponenten zerlegt. Es bietet also eine Möglichkeit, Substanzgemische in ihre einzelnen Bestandteile aufzutrennen.

Die Wissenschaft der Gemische ist komplex. Ein heterogenes Gemisch aus Sand und Meerwasser kann mithilfe eines Filters aufgetrennt werden, weil einer der Bestandteile viel größer ist als der andere. Meerwasser hingegen ist ein Gemisch aus Salz und Wasser, dessen Komponenten ähnlich groß sind und somit eine homogene Mischung bilden. Mit Filtern kommt man hier nicht weiter. Aber Salz und Wasser haben unterschiedliche physikalische Eigenschaften: Das flüssige Wasser kann verkocht werden, und übrig bleibt das reine Salz.

Chromatografie kommt zum Einsatz, wenn ein homogenes Gemisch aus Substanzen mit sehr ähnlichen Eigenschaften besteht. Diese Substanzen werden durch ein Medium wie Wasser, Gas oder Gel bewegt. Das kann auf passive Weise geschehen, etwa indem man das Material natürlich einweichen oder diffundieren lässt. Oder indem man das Gemisch einem elektrischen Feld aussetzt. Jeder Bestandteil wird sich daraufhin über eine spezifische Distanz bewegen, was zu einer Trennung der Komponenten führt. Diese können dann analysiert oder aufgefangen werden.

WICHTIGE ENTWICKLUNGEN

Die Isotope eines Elements unterscheiden sich durch winzige Abweichungen in ihrer Masse. Sie werden durch eine Gaszentrifuge, die dem chromatografischen Verfahren gleicht, getrennt und gereinigt. Die Isotope werden gasförmig in die Zentrifuge gegeben. Durch die Drehbewegung werden die Atome nach außen geschleudert. Dabei gelangen die leichteren Isotope für gewöhnlich näher an den Rand, während die schwereren weiter innen bleiben. Mit diesem System werden vor allem spaltbare Uranisotope aufgefangen, die für Atombrennstoff und -waffen eingesetzt werden.

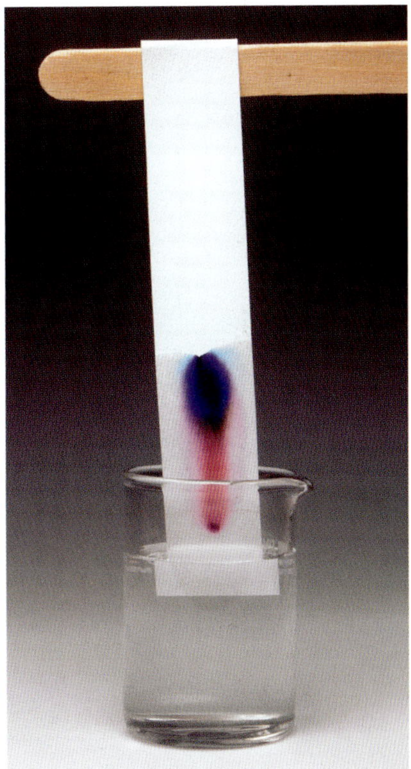

Farbpigmente, die durch einfache Chromatografie voneinander getrennt werden

ALCHEMIE **S. 15** GEBURT DER CHEMIE **S. 20**

Destillation

HAUPTVERTRETER: JUSTUS VON LIEBIG

Die Destillation ist eine Technik, mit der gemischte Flüssigkeiten voneinander getrennt werden. Diese alte Technologie wird vor allem genutzt, um reinen Alkohol aus fermentierten Getränken zu gewinnen. Bei dem Verfahren wird die Temperatur des Gemisches kontrolliert, sodass nur die Flüssigkeit mit dem niedrigeren Siedepunkt verdampft und die mit dem höheren Siedepunkt in ihrem ursprünglichen Zustand zurückbleibt.

In vorindustriellen Zeiten wurde die Destillation mit einer Retorte durchgeführt, einem Kolben, dessen Form grob an eine Träne erinnerte. Der aufsteigende Dampf des Gemisches kondensierte am höchsten Punkt der Retorte, wo es kühler war, und rieselte dann durch ein sich verjüngendes Rohr in einen Auffangbehälter. Heute sind Chemielabore mit Kondensatoren ausgestattet, in denen der Dampf durch eine Röhre geleitet wird, die von einem Kühlmantel umhüllt ist. Durch die schnelle Absenkung der Temperatur kondensiert der Dampf im Innern sehr effizient zu einer Flüssigkeit. Beim Destillieren von Gemischen mit sehr ähnlichen Siedepunkten wird der Dampf in eine Fraktionierkolonne geleitet. Die leichteren Materialien steigen bis an den höchsten Punkt, die schwereren bleiben weiter unten. Rohöl wird in industriellem Maßstab mit einer Fraktionierkolonne in seine Bestandteile aufgespalten.

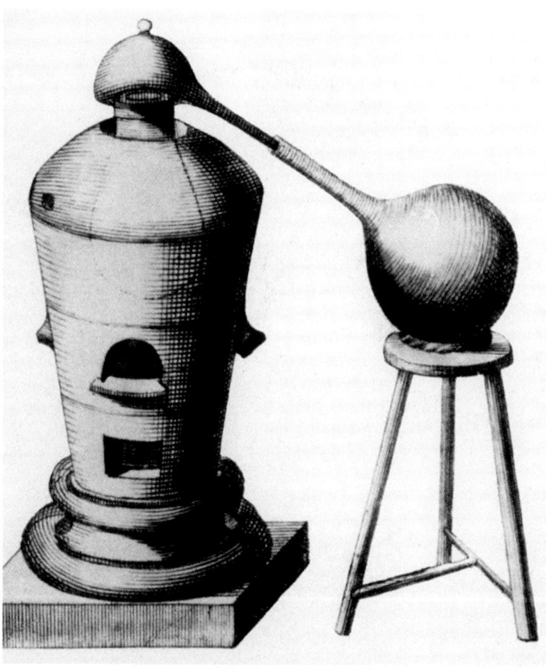

WICHTIGE ENTWICKLUNGEN

Die gasförmigen Bestandteile der Luft werden ebenfalls mithilfe von Destillation getrennt, allerdings arbeitet man in diesem Fall statt mit Erwärmen mit Abkühlen. Nachdem kleine Mengen Kohlendioxid und Wasser entfernt worden sind, ist Stickstoff das erste Gas, das sich verflüssigt. Danach folgt Sauerstoff. Etwa ein Prozent, bestehend aus inerten, also trägen, Edelgasen wie Argon und Neon, bleibt zurück.

Mit Destillierkolben wie diesem aus dem 18. Jahrhundert können Substanzen in ihre Bestandteile zerlegt werden

ALCHEMIE **S. 15** NATURWISSENSCHAFTEN IN DER ISLAMISCHEN WELT **S. 16** GEBURT DER CHEMIE **S. 20**

DNA-Profil

HAUPTVERTRETER: ALEC JEFFREYS

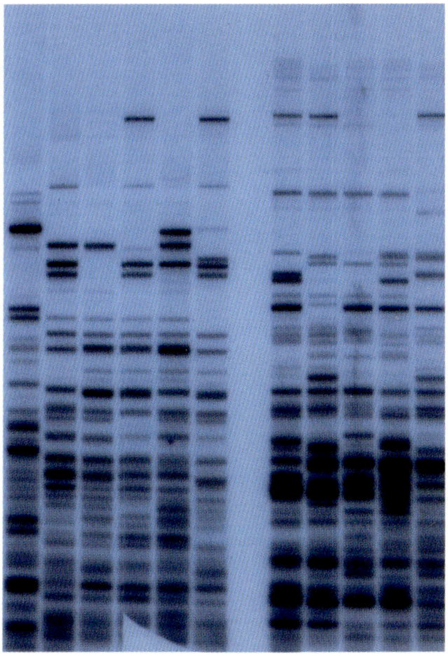

Dieser frühe DNA-Fingerabdruck zeigt das DNA-Muster einer Mutter (Bahn 2 und 8) und ihrer vier Kinder (Bahnen rechts daneben). Man beachte die Ähnlichkeiten zwischen diesen Bahnen und ihre Unterschiede zu Bahn 1, die das DNA-Muster einer nicht verwandten Person zeigt.

WICHTIGE ENTWICKLUNGEN

Die DNA aller Menschen ist zu 99,9 Prozent gleich. Und doch enthält jede einzelne DNA einen einzigartigen genetischen Code. DNA-Profile sind jedoch nicht einzigartig. Die Wahrscheinlichkeit, dass zwei Personen dasselbe DNA-Profil haben, liegt bei eins zu fünf Millionen. Daher ist es möglich, dass ein Tatortprofil rein zufällig zu einem Verdächtigen passt. Das Gericht muss abwägen, ob diese Möglichkeit für einen Angeklagten, der mit dem Verbrechen in Verbindung gebracht wird, in Betracht kommen könnte.

Die Erfindung des DNA-Profils, auch bekannt als genetischer Fingerabdruck, revolutionierte 1984 die Wissenschaft der Forensik: Es lieferte sehr überzeugende Beweise dafür, dass ein Verdächtiger am Tatort gewesen war. Mithilfe dieser Technik lässt sich auch eine umstrittene Abstammung schneller bestätigen. Zudem wird sie für medizinische Tests und Forschung verwendet sowie zum Bestimmen der genetischen Veränderlichkeit in Populationen gefährdeter Tierarten.

Entgegen der allgemeinen Annahme gibt das Profil keine Auskunft über das Genom eines Menschen, entschlüsselt seine Gene also nicht komplett. Stattdessen erstellt es ein hochspezifisches Muster, das auf besonderen Merkmalen im genetischen Code einer Person beruht. Das Verfahren sucht nach Sequenzen im genetischen Code, die sich häufig wiederholen. Diese Wiederholungen gibt es bei jedem Menschen, doch ihre Länge und der Ort, an dem sie zu finden sind, unterscheiden sich von Mensch zu Mensch. Diese wiederkehrenden Sequenzen werden im Labor vielfach kopiert und dann auf einem Gel getrennt und eingefärbt, sodass sich ein Muster aus unterschiedlich starken Balken ergibt. Stimmt dieses Muster mit dem eines anderen Profils überein, ist bewiesen, dass die DNA von derselben Person stammt. Der Vergleich mit dem Profil eines Familienmitglieds kann den Beweis erbringen, dass eine genetische Verwandtschaft vorliegt.

GENETIK **S. 31** GENTECHNISCHE VERÄNDERUNGEN **S. 38** ENTDECKUNG DER GENE **S. 106** DOPPELHELIX **S. 142**
ZENTRALES DOGMA DER MOLEKULARBIOLOGIE **S. 172**

CRISPR-Methode

HAUPTVERTRETER: FRANCISCO MOJICA • JENNIFER DOUDNA • EMMANUELLE CHARPENTIER

Die amerikanische Biochemikerin Jennifer Doudna (1964–), Erfinderin der revolutionären CRISPR-Methode, im Li Ka Shing Center an der University of California, Berkeley, USA

Die Gentechnik umfasst eine Reihe von Technologien, die es ermöglichen, den genetischen Code eines Organismus zu verändern. In der Regel werden sie dazu genutzt, ein funktionierendes Gen von einem Organismus in einen anderen, nicht verwandten zu übertragen. 2013 wurde die CRISPR-Methode entwickelt, die dieses Verfahren erheblich vereinfachte. CRISPR (ausgesprochen: „krisper") steht für „clustered regularly interspaced short palindromic repeats" (dt. gehäuft auftretende, regelmäßig unterbrochene kurze Palindrom-Wiederholungen). Das sind DNA-Abschnitte, die sich im Erbgut von Bakterien finden. Sie bilden den genetischen Code von Viren ab, die die Zelle angegriffen haben. Mithilfe eines Enzyms (Cas9) nehmen die Bakterien die virale DNA als Erinnerung in ihren eigenen genetischen Code auf, sodass sie eine schnelle Immunantwort geben können, wenn das Virus noch einmal angreifen sollte. Die CRISPR-Methode macht sich die Stärke von Cas9 zunutze, um eine beliebige DNA-Sequenz in einen beliebigen Teil des Erbguts eines beliebigen Organismus einzubringen. Am besten funktioniert das System bei einzelligen Organismen und Viren. Es wird für die Entwicklung wichtiger biochemischer Stoffe und medizinischer Therapien genutzt. Zudem macht die CRISPR-Methode es für die Eizellen oder Zygote (die erste befruchtete Eizelle) leichter, einen genmanipulierten vielzelligen Organismus zu erzeugen.

WICHTIGE ENTWICKLUNGEN

Die CRISPR-Methode hat die Gentechnik bis zu einem gewissen Maße demokratisiert. Dadurch hat sich auch eine Subkultur des Biohackings entwickelt – mit noch unvorhersehbaren Auswirkungen. Es ist heute möglich, eine DNA mit vordefinierter – ja bewusst gestalteter – Gensequenz zu bestellen, und Biohacker nutzen dies, um Produkte wie Bierbrauhefe zu entwickeln, die im Dunkeln leuchtet, oder – was sehr viel bedenklicher ist – um Menschen mit genetischen Erkrankungen dubiose Heilmittel anzudienen.

GENETIK **S. 31** GENTECHNISCHE VERÄNDERUNGEN **S. 38** ENTDECKUNG DER GENE **S. 106**
DOPPELHELIX **S. 142** ZENTRALES DOGMA DER MOLEKULARBIOLOGIE **S. 172**

Stammzellen

HAUPTVERTRETER: ERNEST MCCULLOCH

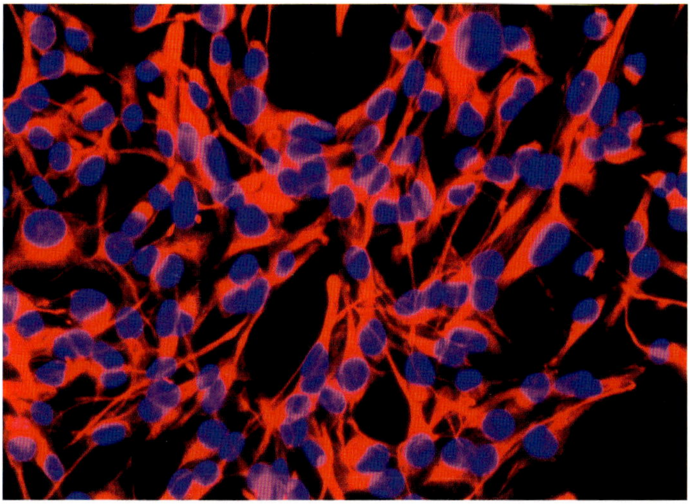

Nervenzellen einer Maus, die in einer Kultur wachsen. Nervenstammzellen können in ihrer Entwicklung so beeinflusst werden, dass sie sich zu Zellen des zentralen Nervensystems entwickeln: Neuronen, Astrocyten und Oligodendrocyten.

Der menschliche Körper ist (wie andere große Organismen auch) aus Tausenden von Zelltypen aufgebaut. Eine Blutzelle unterscheidet sich zum Beispiel stark von einer Nerven- oder einer Knochenzelle. Doch alle diese Zelltypen sind aus einer einzigen Zelle hervorgegangen, einer Zygote. Wenn sich der Körper aus einer Kugel sich teilender Zellen zu einem Embryo und weiter zu erwachsener Größe entwickelt, differenzieren oder spezialisieren sich die dazu erforderlichen Zellen bei ihrer Teilung. Sobald sich eine Zelle einmal spezialisiert hat, kann sie nur noch Kopien ihrer selbst machen. Den Kern dieses Wachstums jedoch bilden Stammzellen, die die Fähigkeit besitzen, sich zu jedem beliebigen Körpergewebe weiterzuentwickeln. Die Stammzellenforschung ist in der heutigen Medizin von enormer Bedeutung. Ist der Körper einmal ausgewachsen, wird die Anzahl der funktionsfähigen Stammzellen drastisch reduziert, und die verbleibenden Stammzellen sind multipotent, das heißt, sie können sich nur zu einer begrenzten Anzahl verwandter Zelltypen weiterentwickeln – zum Beispiel zu roten und weißen Blutzellen. Ärzte lernen gerade, wie sich Stammzellen in ihre pluripotente Form zurückversetzen lassen, von der aus sie sich in alle beliebigen Zelltypen ausdifferenzieren können. Sobald dieses Verfahren perfektioniert ist, könnten mithilfe von Stammzellen beschädigte oder erkrankte Körperteile wieder in Stand gesetzt werden.

WICHTIGE ENTWICKLUNGEN

Eine der Techniken, mit der Stammzellen erschaffen werden, ist von jener Technologie abgeleitet, mit der 1996 das weltweit erste geklonte Säugetier, das Schaf Dolly, erzeugt wurde. Die DNA einer Hautzelle wird in eine Eizelle injiziert, die sich dann zu einer Zellkugel weiterentwickelt – bestehend aus lauter pluripotenten Zellen. Im Fall von Dolly ließ man die Kugel sich komplett entwickeln. Im Falle menschlicher Zellen wird der Prozess nach wenigen Tagen gestoppt: So können die Stammzellen „geerntet" werden, bevor sie einen zukunftsfähigen menschlichen Embryo bilden.

ZELLTHEORIE **S. 25**

Klinische Versuche

HAUPTVERTRETER: JAMES LIND • EDWARD JENNER • GEOFFREY MARSHALL

Steht die therapeutische Wirksamkeit eines Arzneimittels fest, muss es unter klinischen Bedingungen getestet werden, um herauszufinden, ob es ungefährlich ist. Einen frühen Versuch dieser Art führte 1747 James Lind (1716–1794) durch, ein Arzt der British Royal Navy. Die karge Ernährung an Bord von Schiffen hatte zur Folge, dass die Mannschaften an Skorbut litten, was damals eine rätselhafte Krankheit war. Lind – so wird berichtet – verabreichte sechs Matrosenpaaren sechs verschiedene Therapien – alles Säuren. Das Paar, das mit Zitrusfrüchten behandelt wurde, erholte sich, und ebnete (viel später) den Weg für die Erkenntnis, dass Skorbut von Vitamin-C-Mangel hervorgerufen wird. Heute gehen klinische Versuche noch einen Schritt weiter. Die Ärzte, die sie leiten, behandeln alle Probanden gleich, testen sie und überwachen sie in Hinblick auf Veränderungen und Nebenwirkungen. Doch nur ein Teil der Probanden erhält das neue Arzneimittel; die anderen bekommen ein Placebo oder ein älteres Mittel, das sich bereits bewährt hat. Die Probanden wissen nicht, welches Mittel sie bekommen, und – ganz wichtig – auch die betreuenden Ärzte sind nicht darüber informiert. Mit diesem System der Doppelblindstudie, das Geoffrey Marshall (1887–1982) in den 1940er Jahren als Erster durchführte, wird sichergestellt, dass die Ergebnisse nicht durch menschliche Voreingenommenheit verzerrt werden.

WICHTIGE ENTWICKLUNGEN

Klinische Versuche haben die Bedeutung des Placebo-Effekts hervorgehoben, bei dem anstelle eines therapeutischen Mittels eine inaktive Substanz verabreicht wird. Diese Pseudobehandlung führt dennoch zu einer Verbesserung der Symptome, etwa einem Rückgang von Schmerzen oder Müdigkeit, obwohl sie keine nachweisbare Wirkung auf eine Infektion oder was auch immer die Krankheit verursacht, hat. Ein klinischer Versuch muss beweisen, dass mit einem neuen Arzneimittel eine deutlich größere Wirkung erzielt werden kann als mit einem Placebo.

James Lind, der aufgrund seiner Bemühungen zum Ausmerzen von Skorbut „Begründer der Marinehygiene" genannt wurde

GEBURT DER MEDIZIN **S. 14** KEIMTHEORIE **S. 104** ANTIBIOTIKUM **S. 130**

Kladistik und Taxinomie

HAUPTVERTRETER: ARISTOTELES • CARL VON LINNÉ • CARL WOESE

Seit ihren frühesten Tagen in der griechischen Antike werden in der Biologie Lebensformen anhand ihrer Ähnlichkeiten in Gruppen unterteilt. Zu Beginn der naturwissenschaftlichen Revolution, als die Zahl der Arten nach oben schnellte, schuf Carl von Linné (1707–1778) ein binäres System, das jede Art von Lebensform mit zwei Namen versah. Das beseitigte jegliche Verwirrung, die durch ungeregelte gängige Namen für Organismen entstanden war. Zudem ordnete Linné alles Leben in einer Rangfolge aus Gruppen, oder Taxonen, an, die von Reich und Abteilung bis Gattung und Art reichten. Innerhalb dieser Hierarchie wurden Organismen danach klassifiziert, wie viele Ähnlichkeiten miteinander sie aufwiesen. Alle Säugetiere zum Beispiel finden sich in der Klasse der Säugetiere, aber nur die großen Raubkatzen sind der Gattung der Panther zugeordnet. Linné klassifizierte die Arten gemäß ihren gemeinsamen anatomischen Merkmalen. Eine neuere Systematik, die Kladistik, stützt sich auf die Evolution. Hier orientiert sich die Einteilung des Lebens an einem gemeinsamen Vorfahren; jedes Mitglied eines Taxons hat sich aus derselben Art entwickelt. Je größer die Gruppe, desto älter ist die Abweichung von diesem Vorfahren.

WICHTIGE ENTWICKLUNGEN

In den 1990er Jahren schlugen Carl Woese (1928–2012) und andere vor, über der Reich-Ebene ein weiteres Taxon zu ergänzen. Das Tier-, Pflanzen- und Pilzreich gehören genau wie einzellige Wesen, etwa Amöben, zur Domäne der Eukaryoten, denn ihnen allen ist eine ähnliche Zellanatomie gemein. Die übrigen Lebensformen gehören zwei anderen Domänen an, den Archaeen und den Bakterien, zu denen Organismen mit einfacheren Zellstrukturen zählen.

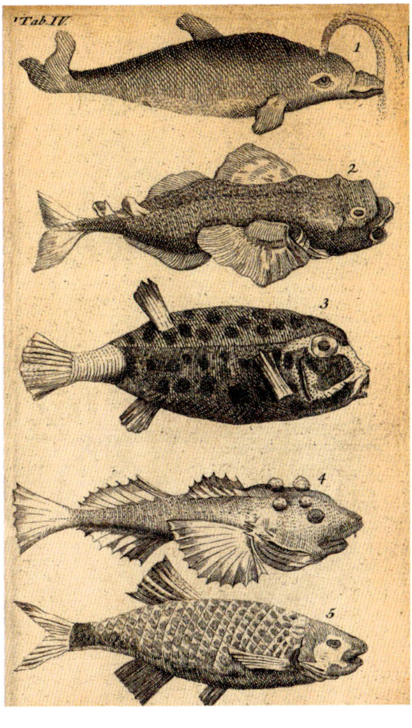

Diese Illustrationen aus einer Auflage von Linnés *Systema Naturae* (1748) zeigen die Klassifizierung von Fischen. Die Abhandlung wurde erstmals 1735 veröffentlicht.

NATURGESCHICHTE UND BIOLOGIE **S. 22** ENTDECKUNG VON MIKROORGANISMEN **S. 64**
ENTDECKUNG DER GENE **S. 106** EVOLUTION DURCH NATÜRLICHE AUSLESE **S. 161**

Schrödingers Katze und andere Gedankenexperimente

HAUPTVERTRETER: ERWIN SCHRÖDINGER • GALILEO GALILEI • ALHAZEN • ALBERT EINSTEIN • PIERRE-SIMON LAPLACE

Schrödingers Katze ist das vielleicht berühmteste Gedankenexperiment. Erwin Schrödinger (1887–1961) entwarf es 1935 als Möglichkeit, zeitgenössische Interpretationen der Quantenmechanik zu überprüfen. In dem hypothetischen Szenario wird eine Katze außer Sichtweite in eine Kiste gesperrt. In der Kiste befindet sich ein Fläschchen mit Gift, das mit einem Geigerzähler verbunden ist. Dieser schlägt an, wenn ein radioaktives Atom zerfällt. Der Zerfall passiert zufällig und unvorhersehbar. Solange die Kiste also verschlossen war, konnte Schrödinger unmöglich sagen, ob das Gift die Katze getötet hatte oder nicht. Die Katze war also in einer sogenannten Superposition, einer Überlagerung zweier Zustände: tot und lebendig zugleich. Sein Punkt war, dass diese absurde Situation exakt der entsprach, die zur Beschreibung der Zustände von Quantenobjekten vorgeschlagen wurde.

In den Naturwissenschaften sind Gedankenexperimente wichtige Instrumente; schon Galileo, Alhazen und Einstein machten Gebrauch davon. Die Relativitätstheorie soll ihren Ausgang genommen haben, als Einstein sich vorstellte, was er wohl sehen würde, wenn er auf einem Lichtstrahl säße. Mit Gedankenexperimenten können keine Beweise erbracht werden, aber sie lenken das Denken, wenn Naturwissenschaftler Theorien entwickeln.

Das Paradox von Schrödingers hypothetischer Katze besteht darin, dass sie gleichzeitig lebendig und tot ist

WICHTIGE ENTWICKLUNGEN

Pierre-Simon Laplace (1749–1827) führte ein Gedankenexperiment durch, das heute als Laplacescher Dämon bekannt ist. Darin spielt eine übernatürliche Intelligenz eine Rolle, die zu jedem Zeitpunkt die Position und die Bewegung jedes Objekts im Universum genau kennt, und mithilfe der Bewegungsgesetze darzustellen vermag, wie sie sich zu jedem zukünftigen Zeitpunkt verändern werden. Der Laplacesche Dämon stellt die Frage, ob das Universum deterministisch ist, mit einer vorherbestimmten Zukunft, die im ersten Moment der Zeit festgelegt wurde.

GRIECHISCHE PHILOSOPHEN **S. 13** NATURWISSENSCHAFTLICHE REVOLUTION **S. 18** FALLBESCHLEUNIGUNG **S. 55**
TURINGMASCHINE **S. 138** ATOMTHEORIE **S. 159** RELATIVITÄT **S. 163** QUANTENPHYSIK **S. 167**

Computermodelle

HAUPTVERTRETER: EDWARD LORENZ • STANISLAW ULAM • JOHN VON NEUMANN

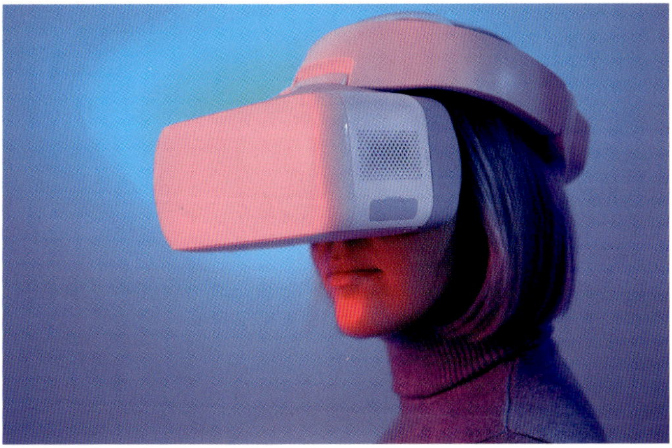

Frau mit einer Virtual-Reality-Brille

Wie hilfreich es ist, Naturphänomene mithilfe einer Software zu modellieren, wurde bereits in den frühesten Tagen der Computertechnik erkannt, als raumgroße primitive Computer zum Vorhersagen des Wetters eingesetzt wurden. 1963 entdeckte Edward Lorenz (1917–2008) mit seinem Wettervorhersagemodell den Schmetterlingseffekt. Er fand heraus, dass eine winzige Veränderung in den Ausgangsbedingungen des Modells zu sehr großen Abweichungen führen konnte – ein mathematisches Merkmal, das das Kernstück einer Theorie bildet, die wir heute als Chaostheorie kennen. Lorenz' Entdeckung veranschaulichte den Spruch „Alle Modelle sind falsch, aber manche sind nützlich". Sie ersetzen nicht das Erheben realer Daten, üben aber dennoch erheblichen Einfluss aus.

Mit Klimamodellen zum Beispiel werden die Auswirkungen der globalen Erwärmung vor Augen geführt. Computer können auch virtuelle chemische und nukleare Reaktionen veranschaulichen. So können Forscher nach neuen Arznei- und Gegenmitteln suchen oder das Verhalten subatomarer Teilchen abbilden. Zudem lassen sich mithilfe eines Computers 3D-Gebilde leichter darstellen, die Berechnungen mit vier räumlichen Dimensionen erfordern.

WICHTIGE ENTWICKLUNGEN

Eines der ersten Projekte, bei denen ein Computermodell zum Einsatz kam, war das Manhattan-Projekt, in dem Nuklearwaffen entwickelt wurden. Nuklearwaffen stützen sich auf Neutronen, die sich durch radioaktives Material bewegen, um eine Kettenreaktion auszulösen. Das Berechnen der dafür notwendigen Bedingungen rief bei menschlichen Mathematikern Ratlosigkeit hervor. Die Monte-Carlo-Methode – so benannt, weil sie wie das Casino in Monte Carlo mit Zufallswahrscheinlichkeiten arbeitet – wurde entwickelt, um diese Berechnungen mit zufälligen Veränderungen durchzuführen, die zum Erfolg führten oder scheiterten. Dafür waren viele schnelle Wiederholungen nötig, eine perfekte Aufgabe für den Electronic Numerical Integrator and Computer (ENIAC), einen der ersten digitalen Computer, der 1946 in den USA vorgestellt wurde.

ELEKTRONIK UND COMPUTERTECHNIK **S. 30** INTERNET **S. 36** TURINGMASCHINE **S. 138**

Klimasimulation

HAUPTVERTRETER: EUNICE NEWTON FOOTE • SVANTE ARRHENIUS • CHARLES KEELING • ROGER REVELLE

Die Tatsache, dass Kohlendioxid Wärme stärker absorbiert als andere Gase in der Luft, wurde in den 1850er Jahren entdeckt. Ein Jahrhundert später zeigten Wetterdaten aus jahrzehntelangen Aufzeichnungen, dass sich das Klima erwärmte. Das erklärte sich vor allem durch den Anstieg von Kohlendioxid und anderer durch menschliche Aktivitäten produzierter Treibhausgase. Naturwissenschaftler versuchten fortan zu verstehen, wie menschengemachte Emissionen auf das ohnehin komplexe Klimasystem einwirkten. Das erste Klimamodell von 1956 unterteilte die Luft in nur 500 Zonen. Heutige Modelle nutzen ein 3D-Raster mit 150.000 Zonen, jede davon mit zeitsensitiven Variablen, wie Temperatur, Druck, Bewölkung und Feuchtigkeit. In dem Modell kann jede Zelle Einfluss auf die Bedingungen in den umliegenden Zellen ausüben, so wie es auch in Wirklichkeit zu jeder Stunde des Tages geschehen würde. Doch das Modell kann diese Veränderungen sehr viel schneller erfassen. Die Auflösung einer Simulation hängt von der Rechenleistung ab. Um Vorhersagen über die künftige Erdatmosphäre treffen zu können, sind Klimaforscher daher mit einigen der weltgrößten Supercomputer ausgerüstet.

WICHTIGE ENTWICKLUNGEN

Das Klima ist ein chaotisches System, in dem kleine Veränderungen zu Beginn stark abweichende Ergebnisse hervorbringen können. Daher versucht jede Klimasimulation, die Atmosphäre noch detaillierter darzustellen. Da über die Richtigkeit solcher Modelle oft gestritten wird, werden sie penibel geprüft, etwa indem man sie rückwärts durchspielt. So zeigt sich, ob sie unter Verwendung heutiger Voraussetzungen am Ende wieder bei den Bedingungen ankommen, die in der Vergangenheit aufgezeichnet wurden. Wenn dem so ist, können wir den Voraussagen des Modells über die Zukunft mehr Vertrauen schenken.

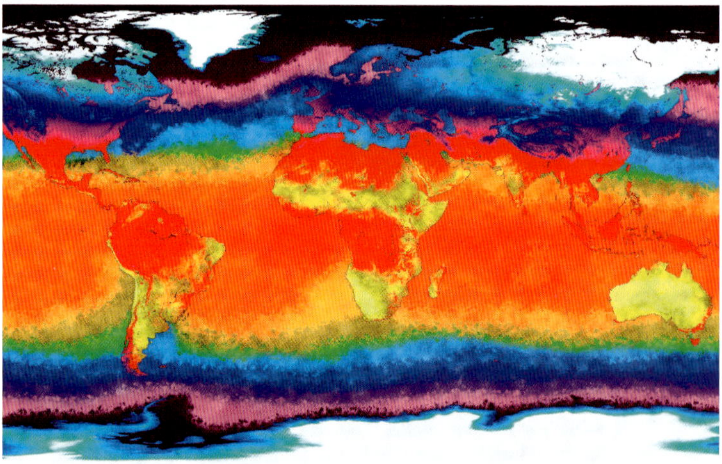

Konzeptionelle Darstellung der globalen Erwärmung über den gesamten Globus. Die durchschnittliche Temperatur der Erdoberfläche ist seit dem späten 19. Jahrhundert um 1,18° Celsius gestiegen. Ein Großteil dieses Anstiegs ist seit 1980 erfolgt.

ELEKTRONIK UND COMPUTERTECHNIK **S. 30** UMWELTWISSENSCHAFT **S. 35**
MENSCHENGEMACHTER KLIMAWANDEL **S. 178**

Maschinelles Lernen

HAUPTVERTRETER: ALAN TURING

Ein Merkmal künstlicher Intelligenz (KI) ist die Fähigkeit des Computers, sich selbst zu programmieren. Dieses Verfahren, bekannt als maschinelles Lernen, wird von der KI genutzt, um eine Mustererkennung zu entwickeln, wie sie zum Lesen eines Textes, zur Gesichtserkennung und zum Verstehen von Sprache benötigt wird. Maschinelles Lernen erfordert ein neuronales Netz, ein Instrument, das die Funktionsweise einiger Teile unseres Gehirns nachbildet und Hard- oder Software sein kann. Das Netz unterscheidet den Input eines Computers vom Output mittels vieler Schichten miteinander verknüpfter Knoten. Somit entsteht eine sehr große Anzahl von Bahnen durch das Netz. Maschinelles Lernen beginnt mit einem Training, bei dem das Gerät zum Beispiel lernt, Bilder von Katzen zu erkennen, indem es Millionen Bilder von Katzen und anderen Dingen empfängt. Zunächst wandert der Code, aus dem die Bilder bestehen, mehr oder weniger zufällig durch das Netz und produziert, ebenfalls zufällig, ein oder zwei Outputs (Katze/keine Katze). Eine Bahn, die einen richtigen Output produziert, wird einer falschen vorgezogen und schließlich, nach vielleicht Millionen Versuchen, ist die KI in der Lage, ein Katzenbild (oder Sprache, Gesichter oder irgendetwas anderes) nur anhand der Bahn zu erkennen, auf der seine Daten durch das Netz wandern.

WICHTIGE ENTWICKLUNGEN

Es gibt zwei Arten von KI. Die gängigere ist eine kleine KI, die bei Mustererkennungssoftware in smarten Lautsprechern oder Gesichtserkennungssystemen zum Einsatz kommt. Sie kann eine Reihe von Aufgaben besser erlernen als ein Mensch, ohne müde zu werden oder sich zu langweilen, aber sie weiß nicht, dass es Dinge gibt, die sie nicht tun kann. Die zweite Art ist eine allgemeine KI, die unserer eigenen Fähigkeit entspricht, unser Lernen zu lenken, um neue Aufgaben zu bewältigen. Eine wahrhaft allgemeine KI ist wahrscheinlich noch immer theoretisch, wenngleich Expertensysteme, bei denen Wissenschaftler die KI mit einer Datengrundlage menschlichen Wissens füttern, die KI mit Sicherheit cleverer machen.

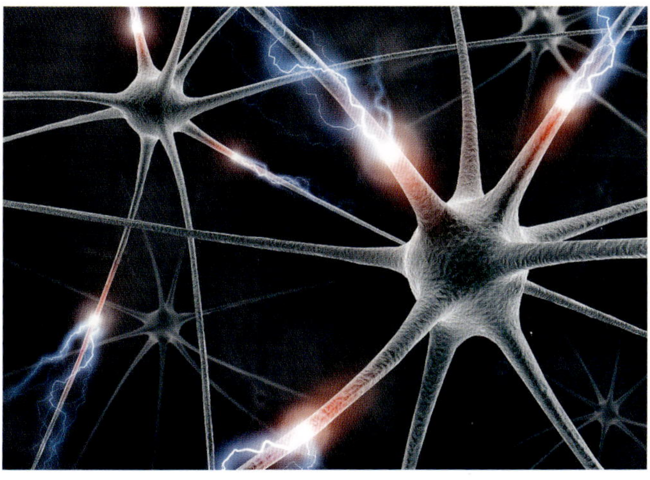

Computergeneriertes Bild eines neuronalen Netzes. Die KI verknüpft und wächst auf ähnliche Weise wie das menschliche Gehirn.

ELEKTRONIK UND COMPUTERTECHNIK **S. 30** INTERNET **S. 36** TURINGMASCHINE **S. 138**

Big Data

HAUPTVERTRETER: ALAN TURING • CLAUDE SHANNON • MARK ZUCKERBERG
LARRY PAGE • SERGEY BRIN

Das Sammeln und Analysieren von Big Data bietet in vielen Berufen und Geschäftszweigen eine große Hilfe, von der Medizin bis zum Marketing

In den 1960er Jahren wurde das Internet zunächst als Möglichkeit betrachtet, Computer miteinander zu verbinden. In den 2000er Jahren brachte das Web 2.0 viele menschliche Nutzer zusammen – 2018 etwa die Hälfte der Weltbevölkerung, Tendenz steigend. Heute stehen wir am Beginn einer neuen Phase, dem Internet der Dinge. Es gibt bereits drei mit dem Internet verbundene Instrumente, die für jeden Menschen auf der Erde zugänglich sind; und 2030 wird es mehr als 50 Milliarden Dinge geben, von Autos und Wetterstationen bis zu Kühlschränken und Herzmonitoren, die Daten versenden und empfangen. Das Konzept von Big Data (dt. Massendaten) besteht darin, alle diese verstreuten Informationen zu sammeln und nach Mustern zu suchen, die unbemerkte Verbindungen aufdecken könnten. Diese Analysemethode könnte bahnbrechende Wirkung auf das Studium natürlicher, weltweiter Phänomene haben, das derzeit durch die verfügbare Datenmenge begrenzt ist. Mit Big Data könnte auch die KI trainiert werden, um ein „System der Systeme" zu erschaffen, das öffentliche Versorgungsstrukturen – Wasser- und Energieversorgung, Transport, Gesundheitswesen und Kommunikation – organisiert, damit diese besser aufeinander reagieren und optimal arbeiten können.

WICHTIGE ENTWICKLUNGEN

Big Data können in der evidenzbasierten Medizin von Nutzen sein, wo messbare Signale zum Diagnostizieren von Krankheiten eingesetzt werden und nur dann Behandlungen nach sich ziehen, wenn diese nachgewiesenermaßen wirksam sind. In der Medizin werden standardmäßig zu jedem Patienten detaillierte Aufzeichnungen gemacht. Anonymisierte Versionen dieser Daten könnten zusammengeführt werden, um nach frühen Anzeichen entstehender Krankheiten zu suchen oder die Erfolge und Misserfolge bestimmter Therapien mit zuvor nicht erkennbaren Faktoren zu verknüpfen.

ELEKTRONIK UND COMPUTERTECHNIK **S. 30** INTERNET **S. 36** TURINGMASCHINE **S. 138**

Planetarischer Rover

HAUPTVERTRETER: EUGENE SHOEMAKER

Während man sich im ersten Jahrzehnt des Wettlaufs ins All darauf konzentrierte, Menschen in den Raum und zu fremden Welten zu schicken, richtete sich die Aufmerksamkeit in den 1970er Jahren auf die günstigere und ungefährlichere Alternative, mobile Roboter auf Rädern in den Weltraum zu schicken. Die ersten dieser Rover waren Lunokhod 1 und 2, die die Sowjetunion auf den Mond brachte, wo sie in insgesamt 15 Monaten 39 Kilometer über die Oberfläche rollten. Ihre modernen Nachfolger sind die Nasa-Marsrover Spirit, Opportunity und Curiosity. Zusammen haben sie knapp 30 Jahre auf dem roten Planeten gearbeitet. Nur Curiosity ist bis heute im Einsatz. Ein Marsrover ist mit stereoskopischen Kameras ausgestattet, die 3D-Ansichten von der Oberfläche des Planeten erstellen. Diese werden von Lotsen auf der Erde genutzt, um Routen vorzugeben, während der Rover die Autonomie über die Geschwindigkeit und die Kraft behält, mit der er Hindernisse in Angriff nimmt. Die Rover sind dafür ausgerüstet, Gestein und Mineralien zu analysieren und suchen nach Anzeichen für Wasser und Leben. Das tun sie, indem sie mit Bohrkratzern und Schaufeln Proben sammeln, die mit Laserspektroskopen und in bordeigenen Laboren analysiert werden.

WICHTIGE ENTWICKLUNGEN

2020 war Curiosity der einzige aktive Rover auf dem Mars. 2021 kam der NASA-Rover Perseverance hinzu sowie Ingenuity, eine kleine Drohne mit Doppelrotor, die das Terrain auskundschaften soll. Ein europäischer Rover, Rosalind Franklin, soll ebenfalls in den 2020er Jahren hier ankommen. 2018 landete der chinesische Rover, Chang'e 4, der als Erster die abgelegene Seite des Mondes erreichte, und 2020 schickte die Raumfahrtmission Chang'e 5 erste Gesteinsproben von dort zurück.

Ein Marsrover der NASA 2020 bei der Untersuchung eines Felsbrockens auf der Planetenoberfläche

WETTLAUF INS ALL **S. 32** EXOPLANETEN **S. 148** ENTSTEHUNG DES SONNENSYSTEMS **S. 179**

Register

Haupteinträge sind durch **fett** gesetzte Ziffern gekennzeichnet. Illustrationen sind durch *kursiv* gesetzte Ziffern gekennzeichnet.